Water Pollution Sources Apportionment and Refined Management in River Basins

流域水污染源解析与精细化管理

陈 岩 王永桂 曾维华 赵琰鑫 等著

化学工业出版社

·北京·

内 容 简 介

本书立足于为国家水污染防治攻坚战的决胜提供支撑，基于水质目标精细化管理的需求，介绍了一套基于“陆-水”一体化耦合模型的流域污染源解析技术体系，能实现流域污染物产量、排放量的动态量化，并提供一套流域污染源动态排放和负荷清单的编制方法，详细总结了如何利用数值模型定量分析不同污染源对流域控制断面精细化贡献的方法。并在此基础上介绍了图书提出的技术体系在湟水河流域和沱江流域的典型应用实例，旨在为水环境质量目标精细化管理提供方便、快捷的陆源输入核算，陆-水环境响应评估，水环境污染贡献追溯和污染源调控分析等技术方案，以期为流域或区域尺度的水污染防治、水污染修复等有序推进提供理论依据、技术参考和案例借鉴。

本书具有较强的技术应用性和针对性，可供从事流域污染源解析、水污染溯源以及水污染治理等工作的工程技术人员、科研人员和管理人员参考，也可供高等学校环境科学与工程、生态工程、市政工程及相关专业师生参阅。

图书在版编目（CIP）数据

流域水污染源解析与精细化管理/陈岩等著．—北京：化学工业出版社，2022.11（2023.8重印）

ISBN 978-7-122-42349-8

Ⅰ.①流… Ⅱ.①陈… Ⅲ.①水污染源-污染源管理 Ⅳ.①X52

中国版本图书馆CIP数据核字（2022）第189411号

责任编辑：刘兴春 刘 婧　　文字编辑：郭丽芹 陈小滔
责任校对：王鹏飞　　装帧设计：张 辉

出版发行：化学工业出版社（北京市东城区青年湖南街13号 邮政编码100011）
印 装：北京科印技术咨询服务有限公司数码印刷分部
787mm×1092mm 1/16 印张15¼ 字数334千字 2023年8月北京第1版第2次印刷

购书咨询：010-64518888　　售后服务：010-64518899
网 址：http://www.cip.com.cn
凡购买本书，如有缺损质量问题，本社销售中心负责调换。

定 价：98.00元

《流域水污染源解析与精细化管理》
著者名单

著者（按姓氏笔画排序）：

丁雪连　马鹏宇　王　楠　王小雨　王永桂　王明阳
邓　黎　白　辉　关国梁　李　强　李东升　杨　玲
杨水化　佟洪金　余　晴　宋　珍　张雅新　张德昊
陈　卓　陈　岩　岳金钊　赵琰鑫　徐子怡　郭琰琪
葛劲松　曾维华　魏　峣

前言

防治水污染、保护水资源，实现水资源的可持续利用，是世界各国的重要课题。2015年，为改善我国水环境质量、加大水污染防治力度，国务院颁布《水污染防治行动计划》提出到本世纪中叶，生态环境质量全面改善，生态系统实现良性循环的目标。要贯彻落实《水污染防治行动计划》，改善流域水环境质量，系统推进水污染防治、水生态保护和水资源管理，落实流域水生态环境功能分区的差异化要求，需要全方位开展流域水环境质量目标管理。开展水环境质量目标管理，其根本目标是改善水环境质量，而重要手段则是控制污染源，厘清污染源输入与水环境质量的响应关系。而要明确陆源输入与水质的响应反馈机制，需要确定不同控制单元陆源入汇对水体的污染贡献率，明晰控制单元的点源和非点源等污染源的贡献比，而这离不开一套实用、可靠的数值定量计算技术的支撑。以非点源模型、水动力水质模型为基础的数值模型体系，是当前进行陆源输入-水质响应关系研究的重要工具，也是完成《重点流域水生态环境保护“十四五”规划编制技术大纲》中有关流域主要问题识别、规划任务优化制定的重要手段，是实现流域水环境全要素、全流程管控的重要支撑。

因此，本书以服务水环境精细化管理为目标，以满足水质目标精细化管理的需求为原则，针对提高流域水环境质量、维持流域可持续发展方面存在的难题和瓶颈，在系统梳理水质管理理论的基础上，图文并茂、较为翔实和全面地介绍了“陆-水”一体化耦合模拟模型构建的污染源解析技术、污染源贡献分析技术、污染源调控分析方法，并以湟水河流域和沱江流域两个典型流域为例进行分析与应用，为流域环境质量改善提升及科学环境管理提供技术支撑。

全书共分7章。第1章概述了流域水质管理的相关理论及国内外水质管理的研究与发展；第2章介绍了流域水环境质量的概念及评价的方法、水质目标管理体系等，并进一步定义和明晰了水环境容量的相关内容，在此基础上简要介绍了陆水响应关系、污染源总量分配的原则和方法；第3章全面地介绍了污染源从产生、排放到输入河流中全过程的污染解析技术和方法，并介绍了污染源动态管理清单的编制方法和从不同时空尺度分析污染源与水质响应关系的方法；第4章详细介绍了当前进行贡献率研究的主要方法，对比了几种贡献率核算方法的特征，进而全面地介绍了基于陆水耦合模型的水质断面贡献解析技术；第 5 章介绍了流域污染源的调控理论及相关的技术方法等；第 6 章、第 7 章分别以湟水河流域、沱江流域两个典型流域为例，对上述技术方法进行应用，加深对这一精细化解析技术体系的理解，也为流域水污染源解析与水质目标精细化管理提供典例参考。

本书由陈岩、王永桂、曾维华、赵琰鑫等著，具体编写分工如下：第 1 章由陈岩、王永桂、郭琰琪著；第 2 章由赵琰鑫、丁雪连著；第 3 章由曾维华、陈岩、马鹏宇、王明阳著；第 4 章由陈岩、白辉、杨水化、杨玲著；第 5 章由王永桂、李强著；第 6 章由白辉、邓黎、葛劲松、王永桂、宋珍、张雅新、张德昊著；第 7 章由曾维华、佟洪金、魏峣、赵琰鑫、王小雨、陈卓著。全书最后由陈岩、王永桂统稿并定稿。此外，岳金钊、余晴、徐子怡、李东升、王楠、关国梁等参与了本书资料的整理、校对和绘图等相关工作。

本书内容涉及相关项目的研究，得到了青海省环境规划和环保技术中心、四川省生态环境科学研究院等单位的支持，在此向各位专家和同行表示诚挚的感谢。

限于著者水平及编写时间，书中存在不足和疏漏之处在所难免，敬请读者和有关专家批评指正。

著者

2022 年 5 月

目录

第1章 概 述

1.1 流域水质管理概论

2015 年 4 月 16 日发布的《水污染防治行动计划》（国发〔2015〕17 号）提出到本世纪中叶，生态环境质量全面改善，生态系统实现良性循环的目标。要贯彻落实《水污染防治行动计划》，改善流域水环境质量，系统推进水污染防治、水生态保护和水资源管理，落实流域水生态环境功能分区的差异化要求，需要全方位开展流域水环境质量目标管理。

水质管理是水环境管理的一个组成部分，由于我国污染河流众多，污染类型复杂，污染来源多样，亟须在借鉴国外先进经验的基础上进行水质目标管理[1]。水质目标管理是以先进规范化的技术指导体系为支撑、以水质目标为基础、以流域水生态系统健康为最终目的，依据“分类、分区、分级、分期”的流域水污染防治原则，将污染负荷削减和流域水质、水生态安全有机结合在一起所建立的水环境容量总量控制技术[2]。流域水环境质量目标管理是我国当前和未来水环境管理工作的重中之重，环境保护部（现生态环境部）、国家发展改革委和水利部联合印发的《重点流域水污染防治规划》，要求开展以水环境质量目标管理为核心的分级分类精细化环境管理模式，推进“十三五”重点流域水污染防治任务；《“十三五”生态环境保护规划》则指出要精准发力，实施以控制单元为基础的水环境质量目标管理，明确划分控制单元水环境质量责任、从严控制污染物排放量，改善水环境质量。

1.2 国外水质目标管理经验

水是人类社会生存和发展的基础。然而，随着社会的发展，人类活动对水环境造成的影响越来越大。为保护水环境，一些发达国家和地区如日本、美国、欧盟等自 20 世纪 70 年代就开始研究水污染管理制度，并取得了较好的效果[3]。学习借鉴发达国家的经验，对于构建我国的水质目标管理体系具有重要的意义。

1.2.1 日本总量控制计划

20 世纪 70 年代，日本的水环境管理开始了以部分区域总量控制为核心的综合防治时期。日本将环境质量达标状况作为评定政府政绩的指标，称为“政务目标”，环境标准基本达到设定的目标后，国家会不断发布更严格的新标准，同时各地还会颁布严于国家标准要求的标准。在排放标准方面，针对有害物质和其他一般污染物制定排放标准，但当排放标准不能满足需要时，即达标排放也很难达到环境标准时，则在浓度控制之外制定总量控制标准（特别排放标准）[3]。

在日本的水污染物总量控制制度中，完备的水环境保护立法是水环境质量改善的前

提，健全组织和完善责任追究制是水污染物防治的可靠保证，科学合理的总量削减计划是取得明显成效的关键，必要的经济支持和优惠政策是水污染物总量削减的重要条件，开发处理技术、加强技术推广是水污染物总量削减的有效手段，普及环保知识、发挥公众参与监督作用是促进水环境质量改善的重要措施，种种举措使得该制度理念先进、措施具体、效果明显[4]。

1.2.2 美国最大日负荷总量（TMDL）计划

美国于1972年开始实行“最大日负荷总量”（total maximum daily loads，TMDL），并提出了总量分配的思想方法及污染物排放许可证制度。TMDL是指在满足水质标准的情况下，水体能够接受的某种污染物的最大日负荷量，包括污染负荷在点源和非点源之间的分配；同时还要考虑安全余量（可允许污染负荷的不确定性）和季节性的变化，为采取有效措施使断面水质达到相应的水质标准提供了依据[5]。

TMDL的实施主要有以下五个步骤：第一步，水质受限水体的识别，指识别那些即使实施1972年水污染控制修正案所规定的排放限制，也无希望实现水质标准的水体；第二步，考虑水体的污染程度和水体的使用功能，按优先顺序确定需要优先制定TMDL计划的水体；第三步，制定TMDL计划，主要步骤有重点污染物的筛选、目标水体同化容量的估算、排入目标水体的污染物总量的估算、水体允许的污染负荷总量的确定以及各个污染源污染负荷的分配；第四步，控制措施的实施，对水质管理计划进行更新，接着按TMDL计划中制定的污染负荷分配目标对点源和非点源进行分配；第五步，评估TMDL和控制措施对水质保护和环境改善的有效性[6]。

1.2.3 欧盟水框架指令

2000年，欧盟《水框架指令》(Water Framework Directive，WFD）作为一个里程碑式的法规，其颁布实施标志着欧盟进入了综合和全方位管理的新阶段。《水框架指令》突破了传统的行政区域划分方式，提出以流域为基本单元进行综合管理，并将水域的保护与污染控制措施紧密结合了起来[7]。

欧盟水污染控制技术体系的实质是一种基于最佳技术的总量控制方法，明确了点面源联合治理的方法，并且要求成员国最迟于2012年按照最佳可行技术、相关排放限值、最佳环境实践等综合方式控制进入地表水体的污染物，执行新颁布的污染物排放控制标准[3]。该指令的主要内容有：对管理目标进行设定，对不同水体的管理目标进行区别对待，同时允许运用综合和创新的方法实现目标；综合水资源数量、质量和生态内容的环保目标，实行流域范围内地表淡水、地下水体、湿地、沿海水域等所有水体、水资源的一体化管理；采用灵活的分级系统来监测欧洲众多不同种类的水体，并依据这种方法协调监测的结果与生态评估的结果；将地表水和地下水的监测信息作为制定水体分类系统的基础信息，同时为流域规划服务，为检查规划的实施情况和目标的实现情况提供客观依据；通过公众参与的方式，保证决策的依据是大众共识、经验和科学证据等等[8]。

1.3 我国流域水质管理的发展

自20世纪70年代起，我国相继开展了水环境容量、水功能区划、流域水污染防治综合规划等方面的大量研究[9]，管理制度不断完善。目前，我国水污染控制管理主要经历了以下三个阶段（表1-1）。

表1-1 我国水污染控制管理发展过程[10]

阶段	管理技术	特点
"五五"～"八五"	浓度控制	以国家、地方和行业环境污染物排放标准为依据，通过控制污染源排放口排出污染物的浓度进行环境管理的方法体系。无法排除污染源以稀释手段降低污染物排放浓度等缺陷，因而不能保证整个地区（或流域）达到环境质量标准的要求
"九五"～"十五"	目标总量控制	把允许排放污染物总量控制在管理目标所规定的污染负荷削减范围内，未充分考虑水环境容量和水生态承载力，污染负荷削减分配过程缺乏有效依据
"十一五"至今	水质目标管理	把允许排放的污染物总量控制在受纳水体给定功能所确定的水质标准范围内，将水污染控制管理目标与水质目标两者紧密联系，从而实现水生态系统健康为最终目标

1.3.1 以浓度控制为主的阶段

浓度控制是指以控制污染源排放口排出污染物的浓度为核心的环境管理方法体系。在"五五"（1976～1980年）至"八五"（1991～1995年）期间，我国水环境管理的核心以浓度控制为主，内容为达标排放，即达到国家水污染物浓度排放标准，我国的排污收费、"三同时"、环境影响评价等制度都是以浓度排放标准为主要评价标准来执行的。

浓度控制策略操作方便，控制简单，对我国水环境管理制度形成影响深远，但浓度控制只控制单个排污口的限量，企业可以采取稀释污染物浓度增加排污量的方式来达到污染物排放浓度标准，而且即使所有企业达标排放，在工业密集区也会造成一定面积内污染物总量的增大并超过环境容量，其结果是仍然难以控制对环境的污染[3]。

1.3.2 以总量控制为主的阶段

总量控制是指根据一个区域的水环境现状和自净能力，考虑社会经济发展水平，计算出该区域所允许的各类污染物的最大排放量，把污染物的排污总量控制在环境容量内。"九五"计划（1996～2000年）明确提出对废水中排放的化学需氧量、石油类、砷、汞、铅、镉等指标实行排放总量控制，这标志着我国水质管理进入了总量控制阶段。

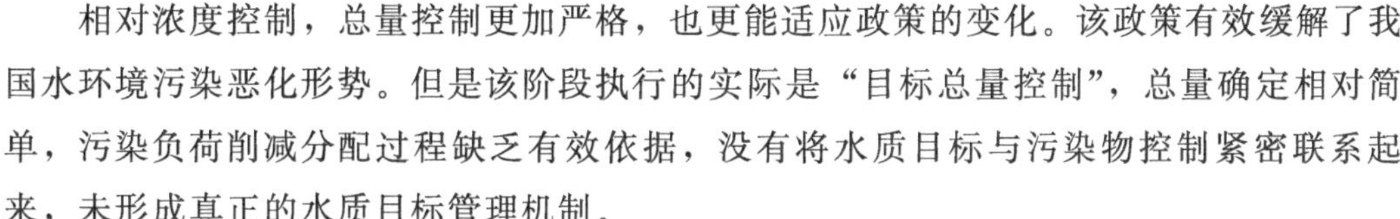

相对浓度控制，总量控制更加严格，也更能适应政策的变化。该政策有效缓解了我国水环境污染恶化形势。但是该阶段执行的实际是“目标总量控制”，总量确定相对简单，污染负荷削减分配过程缺乏有效依据，没有将水质目标与污染物控制紧密联系起来，未形成真正的水质目标管理机制。

1.3.3 水质目标管理的阶段

水质目标管理是把允许排放的污染物总量控制在受纳水体给定功能所确定的水质标准范围内，把水污染控制管理目标与水质目标紧密联系在一起，以实现水生态系统健康为最终目标。“十一五”期间，环境保护部开始推动目标总量控制向容量总量控制转变，以减少负荷削减目标确定的主观性[11]。

2015 年国务院正式发布《水污染防治行动计划》（“水十条”），在全国范围内确定了 1900 余个控制断面及其水质目标要求。《“十三五”生态环境保护规划》明确提出“以提高环境质量为核心”，把环境质量作为约束性指标和环保工作的核心，表明在未来一定时间内我国将实行以水质目标管理为导向的水环境管理。

1.4 我国现行流域水质目标管理体系

流域水质目标管理是在我国现行水污染物排放总量管理制度的基础上进一步发展形成的，强调以水生态系统健康为水环境质量目标要求，以先进的、规范的技术方法体系为支撑，建立一种以水质目标为基础的水环境管理技术体系[12]。

1.4.1 流域水质目标管理遵循的主要原则

(1) 水生态完整性保护优先原则

水生态系统是由水生生物群落与水环境共同构成的具有特定结构和功能的动态平衡系统，水生态完整性保护优先原则要求保障流域资源的可持续利用，并保持流域完整的生态功能[13]。

(2)“分区、分类、分级、分期”原则

① 分区：基于流域水环境生态系统的特征差异，按照流域、生态功能和行政规划等分区类型，有针对性地制订当地管理目标。

② 分类：针对流域不同类型和不同治理优先级的污染物制订不同的污染控制方案。

③ 分级：基于水体功能差异性以及与其相适应的水环境质量标准体系，实施不同级别管理。

④ 分期：实施与流域社会经济水平发展和技术水平发展相适应、相同步的阶段性防治策略。

“分区、分类、分级、分期”管理是国际上水环境管理的最佳模式[12]。

控制单元水质目标管理即是在该理念的指导下，可兼顾行政区划和流域的特点，为污染治理提供具体的、操作性强的方案，也可根据需求逐级细化管理目标对象，有利于考察水质目标的实现情况和污染源的治理效果，是一种便捷而直接的水环境管理技术，也是我国水环境管理发展的方向[9]。

(3) 流域综合管理原则

流域水环境管理需要流域生态系统将山水林田湖作为整体考虑，在流域环境承载力和生态系统完整性的框架下进行系统优化，实现水土资源管理、污染控制措施、生态保护与修复工程的优化组合。

(4) 承载力原则

流域社会—经济—自然复合系统是人为主体、要素众多、关系错综、目标功能多样的复杂系统[14]。水质管理和人类活动应该根据流域水生态承载力特点合理布局规划，以最大限度地实现水生态系统与经济社会发展的协调。

1.4.2 流域水质目标管理的主要制度

在坚持水生态保护优先，“分区、分类、分级、分期”管理，综合管理和承载力原则前提下，流域水质目标管理以生态保护确定管理目标为导向，实施风险防控和容量总量控制，建立质量管理、风险管理和总量控制管理三位一体的管理模式[12]。

(1) 质量管理

划定水生态功能区，识别主要生态服务功能，制订适宜的水环境基准标准，实施流域生态承载力调控，恢复水生生物多样性。

(2) 风险管理

完善水环境监测技术，构建风险评估与预警体系，形成突发性和累积性风险预警和应急能力。

(3) 总量控制管理

根据水环境质量标准，实施污染物排放容量总量控制确定各类污染源允许排放负荷，实施最佳污染治理技术，建立排污许可管理体系。

1.4.3 流域水质目标管理技术体系

围绕如何确定和评估水质目标、如何保障水质目标、如何规避水质目标潜在风险三个方面技术需求，我国流域水质目标管理技术体系如图 1-1 所示。其关键技术包括流域水生态功能分区、水环境容量控制、基于水质的排污许可管理、水环境监测与风险预警等内容[12]。

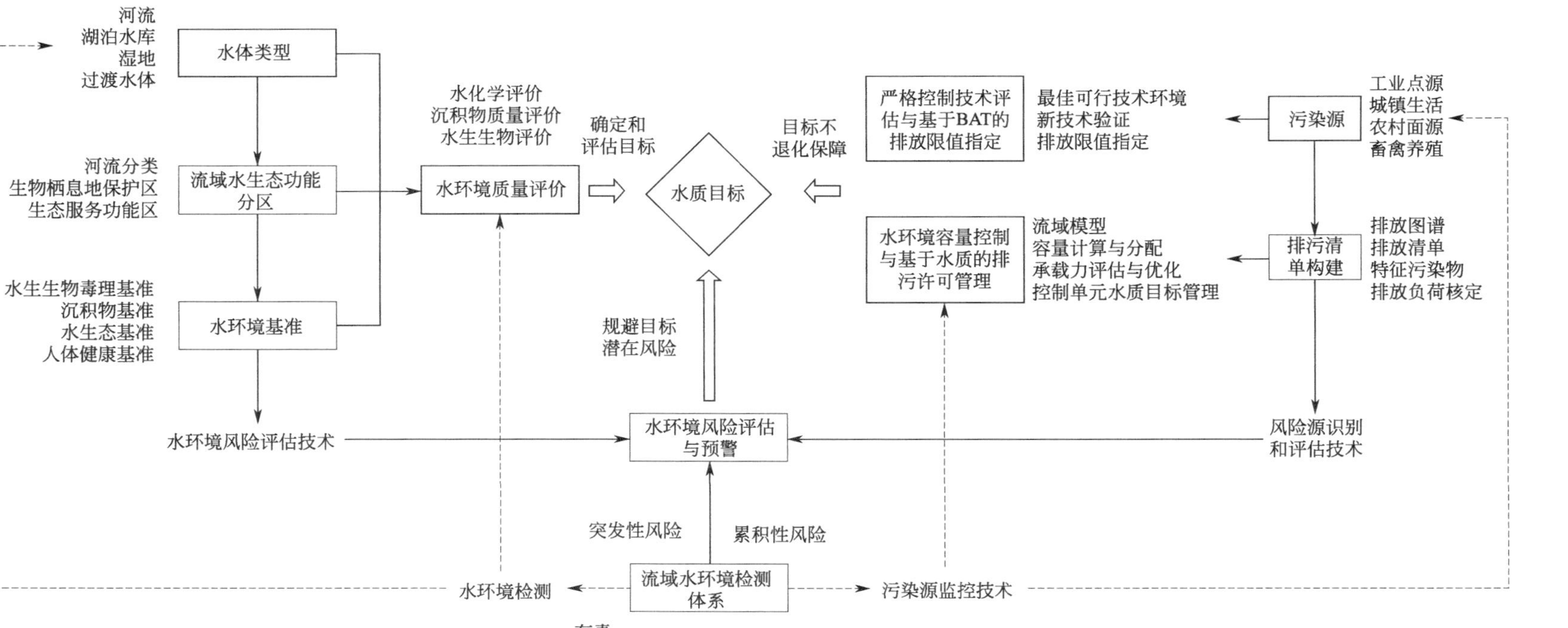

图 1-1　我国流域水质目标管理的技术框架[12]

1.5 我国现行流域水质目标管理的问题

流域水质目标管理技术将科学合理的核算和具体的管理措施紧密结合，是遏制水环境污染、改善水环境质量、实现社会经济可持续发展的重要保障。近年来，我国虽然也开展了大量的相关研究，但现行的流域水质目标管理体系仍存在着以下几方面的问题[10]。

① 因尚未从国家层面上进行流域水生态功能分区的划分工作，目前我国控制单元的划分大都以流域自然形成的汇水区、行政区划和水环境功能区划为基础进行划分，总体上与流域水生态功能分区衔接不强。今后应在国家层面上进行水生态分区的划分工作，建立适用于我国的水生态环境基准，建立全国性的水生态监测网络。

② 我国现行的水环境质量标准主要参考国外的水环境基准，没有充分考虑到我国生态地域的复杂性特点，因而科学性不足，亟待建立符合我国国情的水环境基准。因此，急需开展关于适用于我国水环境特点的质量标准研究，建立符合我国国情的水环境基准。

③ 我国在用机理模型进行非点源污染负荷核算时，大多数情况是直接套用一些发达国家，特别是美国的一些模型。但这些模型的产生背景和适用条件可能和我国有较大的差异，同时我国许多地区缺乏大量数据，难以满足模型的输入，往往会导致较大的误差。因此，在应用国外流域模型时，应考虑到我国研究区域的流域特征，使用相关的有中国特点的关键参数，或在选用、改进和开发模型时针对中国河流监测数据缺乏的现状，可优先考虑结构简单、输入数据少的模型。最关键的是需要研发符合我国流域特征的污染负荷计算模型。

④ 目前，我国的污染负荷分配主要针对点源进行，较少考虑非点源污染，与国外存在较大差距，且许多分配方法可操作性和实用性不强，较少考虑到水量分配对水质和污染负荷分配的影响。需要设计科学的水文条件并合理确定安全余量。在污染负荷分配的实际应用中，不同水体应采用不同的水文计算模型进行水环境容量核算，并考虑研究区域各水期水量对污染物的稀释及自净作用，综合选取适宜的参量进行计算。

1.6 流域水质目标精细化管理

1.6.1 流域水质目标精细化管理理论

精细化管理起源于20世纪50年代日本企业的管理理念，是一种建立在常规管理基础上、强调管理者责任的具体化和明确化，以及强调被管理者责任的社会分工精细化，其本质是一种对战略和目标分解、细化和落实的过程[15]。精细化管理是通过规则的系

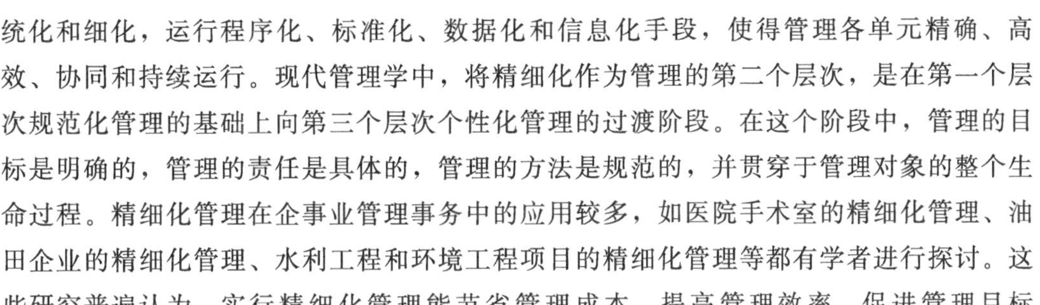

统化和细化，运行程序化、标准化、数据化和信息化手段，使得管理各单元精确、高效、协同和持续运行。现代管理学中，将精细化作为管理的第二个层次，是在第一个层次规范化管理的基础上向第三个层次个性化管理的过渡阶段。在这个阶段中，管理的目标是明确的，管理的责任是具体的，管理的方法是规范的，并贯穿于管理对象的整个生命过程。精细化管理在企事业管理事务中的应用较多，如医院手术室的精细化管理、油田企业的精细化管理、水利工程和环境工程项目的精细化管理等都有学者进行探讨。这些研究普遍认为，实行精细化管理能节省管理成本、提高管理效率、促进管理目标实现。

水环境精细化管理是水环境管理发展的必然趋势，是国家结合精细化管理和水环境管理的特点提出的划时代的管理理念。发达国家通过制定精细化的管理目标和管理方式，对环境精细化管理进行了一些实践和探索。例如，针对环境管理对象和目标，欧盟制定了针对每个流域的总量-质量联动的精细化管理方法，提出了水框架指令（WFD）；美国建立了国家污染源排放清单，实施最大日负荷总量（TMDL），并以州为单位制定更符合实际的水质标准，这些措施取得了良好的效果。我国全面推行河长制、实行“一河一策”开展河道差异化管理的策略，一定程度上也是一种精细管理目标、明确责任主体的精细化管理方式。

基于国家管理和规划部门对水环境精细化管理的解读，结合精细化管理在管理学、经济学领域的概念及环境管理的核心要义，以及现有精细化管理的实践经验，提出水环境精细化管理是综合运用经济、技术、法律、行政和教育等手段，确定水环境管理的主体和对象，明确可达的目标，采用可执行的方法，实现社会经济与水环境相协调的可持续发展过程。水环境精细化管理主要包括三个方面：首先，要建立流域水环境保护规划的可监测、可评价、可考核、可追责的精细化管理的目标指标体系，使之贯穿于流域规划制定和实施的全过程；其次，要将流域水环境规划的首要目标分解为精细化的、可执行的管理措施；再次，要能对管理措施的实施效果进行精细化评价。

1.6.2 流域水质目标精细化管理技术需求

流域精细化水环境管理，需要以精细化的管理理念为指导，明晰管理指标、差异化量化管理目标、确定管理对象，开展针对性的环境管理工作。而这依赖于数据及准确的水环境精细化分析工具。

随着我国生态环境大数据建设的不断开展，通过自动化监测设备、遥感监测设备以及人工监测结合组成的环境大数据监测物联网，将为我国水环境管理提供一系列丰富多样的数据体系。2016 年以来，随着河长制、湖长制的实施，每条河道、每个断面都有自己的管理者。截至 2017 年年底我国已构建了包括省、地区、市（县）、乡（镇）、村四级或五级河长体系，任命了超过几十万名河长（湖长），这些河长（湖长）既是水体的管理者也是水环境数据的采集者。可以预见，数据的体量以及数据的种类将不再是制约我国水环境精细化管理的主要问题。

在统一数据标准、开放数据网络的智慧水务和智慧环保全面建设背景下，管理数据和使用数据的标准、政策与方法将成为水环境精细化管理的核心制约因素。针对这些覆盖面广、纵向深度大的不同类别的水环境大数据，从数据的管理上亟须进行数据融合，消除数据孤岛，实现数据共享，提高数据的利用率；而要确保能用好数据、用对数据、用数据说话，则离不开一套高效、精确的数据分析工具。大数据分析技术、人工智能技术、环境数值模拟技术以及网络信息化技术，为环境大数据的使用提供了广阔的思路。基于高效的数据分析方法，实现水环境精细化管理的信息化、网络化和智能化，这是当前流域精细化水环境管理的核心要义，更是未来水环境管理发展的必然方向。

1.6.3 流域水质目标精细化管理技术方案

具体技术路线如图 1-2 所示。

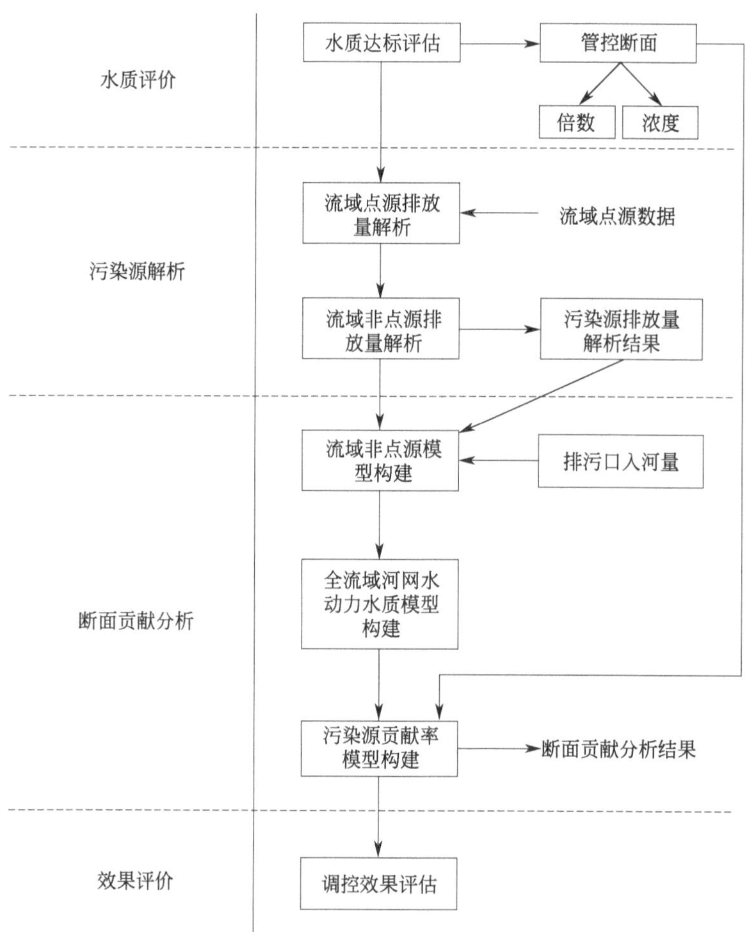

图 1-2 流域水质目标精细化管理技术路线

基于调查得到的流域点源数据，进行流域点源排放量解析，在此基础上，根据排污系数法进行非点源排放量解析，形成污染源排放量解析清单。以点源、非点源排放量解析成果，作为输入条件，构建流域非点源模型，开展污染源入河量解析。在此基础上，基于调查得到的排污口与污染源之间的关系，确定排污口入河量。基于水动力水质模型原理，构建全流域的河网水动力水质模型，通过模型模拟计算陆地污染源输入-水体水质变化的响应关系。基于陆水耦合模型，结合污染源断面贡献率解析要求，构建污染源贡献率模型，从而从流域-控制单元、控制单元-污染源两个层面定量解析流域全口径污染源排放对主要控制断面水质浓度和负荷通量的贡献量，形成不同时间内的污染源贡献率动态名录。

第2章 流域水环境质量评价与水质目标

2.1 流域水环境质量评价的概念与分类

流域水环境质量评价主要是评价流域水环境的污染程度，根据不同目的和要求，按一定的原则和方法，对污染等级和污染类型进行确定，以便准确指出水环境污染程度及将来的发展趋势，为流域水环境保护提供方向性、原则性的方案和依据。流域水环境质量评价可以分为单因子评价和综合评价。

2.1.1 单因子评价法

单因子评价法是将评价指标的监测值与《地表水环境质量标准》(GB 3838—2002) 中的标准值逐项对比以确定单项指标的水质类别，以单项评价最差项目的类别作为水质类别[16]。单因子评价法是目前使用最多的水质评价法，该法简单明了，可直接了解水质状况与评价标准之间的关系，给出各评价因子的达标率、超标率和超标倍数等特征值。其主要有以下几种表达方式。

(1) 标准指数法

标准指数法是指某一评价因子的实测浓度与选定标准值的比值，计算公式为：

$$S_i=\frac{C_i}{C_{si}}$$

式中　S_i——评价因子 i 在取样点的标准指数；

C_i——评价因子 i 在取样点的实测值，mg/L；

C_{si}——评价因子 i 的标准值，mg/L。

当评价因子的标准指数≤1 时，表明该水质因子满足选定的水质标准；标准指数>1 时，表明该水质因子超过选定的水质标准，已不能满足使用要求。

(2) 污染超标倍数法

污染超标倍数法就是依据污染超标倍数判别水体污染程度的一类方法，污染超标倍数法计算评价指标 i 的超标倍数公式为：

$$P_i=\frac{C_i-C_s}{C_s}=\frac{C_i}{C_s}-1$$

式中　P_i——评价指标 i 的超标倍数；

C_i——评价指标 i 的实测浓度值，mg/L；

C_s——评价指标 i 的最高允许标准值，mg/L。

由上式看出，标准指数和超标倍数相差 1。

2.1.2 综合评价法

综合评价法主要特点是用各种污染物的相对污染指数进行数学上的归纳和统计，得出一个较简单的代表水体污染程度的数值。综合评价法能了解多个水质参数与相应标准之间的综合相对关系，但有时也掩盖高浓度的影响。常用的综合评价法的数学模式见表

2-1。综合评价方法种类较多此处不做赘述[17]。

表 2-1 常用的综合评价法的数学模式

名称	表达式	符号解释
幂指数法	$S_j=\prod_{i=1}^{m}I_{i,j}^{W_i},\sum_{i=1}^{m}W_i=1,$ $0<I_{i,j}\leqslant 1$	$S_{i,j}$——污染物 i 在 j 点的评价指数； $I_{i,j}$——污染物 i 在 j 点的污染指数； W_i——污染物 i 的权重值
加权平均法	$S_j=\sum_{i=1}^{m}W_iS_i,\sum_{i=1}^{m}W_i=1$	
向量模法	$S_j=(\sum_{i=1}^{m}S_{i,j}^2)^{1/2}$	
算术平均法	$S_j=\sum_{i=1}^{m}S_{i,j}$	

2.2 水质目标管理体系内涵与特点

水质目标管理体系是采用我国总量控制、质量控制和风险防范三位一体的管理模式，以涵盖流域水生态功能分区、水环境质量基准标准、容量总量控制三大核心技术研发的以我国流域水质目标管理技术体系为依托，以实现水质目标为根本的水环境管理体系，能够推动实现从污染物控制向流域水生态管理的战略转型，对我国流域水环境质量基准技术体系的构建、国家重点流域水的生态保护和修复以及水环境管理转型和污染减排提供帮助。

水质目标管理体系主要有如下特点。

(1) 具备控制单元的总量控制技术体系

该技术体系包括流域水环境生态功能分区、流域水环境质量基准与标准体系建立、控制单元划分、水环境污染负荷计算与分配、水环境监管技术等。其中，水环境生态功能分区、水环境质量基准与标准体系建立是总量控制的基础，为问题水体识别和水质目标确定提供依据；控制单元划分明确了水质目标管理的实施单元；水环境污染负荷计算与分配制定日最大排放负荷，并分配到各种类型污染源；水环境监管技术则是用于监管水质目标管理的实施[17]。

(2) 具备更为科学、创新、系统的水环境质量标准

该标准需要切实符合我国实际的流域/区域性水生态环境的特征，包括但不限于以下几个方面：

① 对于环境中出现的一些新型污染物开展系统的基础研究，并出台相关的水质基准；

② 能够评估复合污染条件下的生态风险，建立复合污染的水环境评估指标和体系，对由一种以上污染物引发的复合污染效应有较好的解决；

③ 能够满足面向水生态安全保护的水污染总量控制战略实施的需要，在控制进入水环境中的污染物、维持或恢复良好的水生态环境、保护生物多样性及整个水生态系统的安全方面都能够发挥作用；

④ 能够更好地服务于污染物总量控制。水生态安全评估技术体系具有分明的我国流域/区域特色，遵循水环境“分区、分类、分级、分期”的控制理念，在明确水环境安全基准的基础上可以正确评估环境容量-生态环境安全承载力，科学地为污染物总量控制提供服务[18]。

（3）具备完善的水环境监控技术体系

这里的“完善”包括3个方面的内涵。

① 能够适应流域水环境污染特征。监测步入了更高级的阶段，对水环境从宏观监测发展到微观监测，从常规水质监测发展到特殊水质监测，从监测水质的综合指标发展到各单项污染物的毒性指标，使水环境监测与水生生物安全、人体健康更加紧密地结合起来。

② 能够体现水环境的流域性管理要求。水体往往具有饮用水、休闲用水、捕鱼/食用、水生生物栖息地、农业用水和工业用水等多种功能，水环境监控可以对其做出不同要求，执行不同水环境质量标准。

③ 做到与国家的管理决策的结合。水环境监控设备与技术至少需要达到能够满足我国对水质环境总量控制目标要求的水平[19]。

（4）具备系统的流域控制单元水污染物排放限值与削减技术评估体系

该体系按照“分区、分类、分级、分期”的理念而建立，能够统筹考虑点、面源污染，在评估和应用现有技术的同时有一定技术创新，做到科学性和实用性的统一、操作性和前瞻性的统一[20]。

（5）具备一定环境经济政策

我国七大流域存在着从热带、亚热带到温带、寒温带等广泛的地理谱域，长江流域、黄河流域等地跨我国东、中、西部3个经济带，既有自然条件的差异，又存在着上、中、下游区域经济发展的差异以及不同发展阶段的差异，由此造成流域水环境污染呈现出明显的区域差异性。体系需要有充分考虑这些特点的经济政策，能够遵循“分区、分类、分级、分期”的理念，体现出在污染特征、区域差异、水质目标以及实施阶段方面的差异性[21]。

2.3 控制单元与水质目标

控制单元，即流域水污染防治控制单元，最初是在美国的水质规划中提出的，一般指以流域为控制单元，对污染排放浓度和总量提出控制措施，最终达到恢复和维持流域水环境质量的目的。通过对控制单元的划分，可以将复杂的流域划分为多个独立的、相互关联的子流域，从而实现水资源系统管理的目标。控制单元划分目的是建立水体—行政区—断面的对应关系，通过削减排污达到有效改善水质的目的，其划分过程包括水系概化、控制断面选取、筛选主导排污去向和控制单元命名与编码[22]。

目前，国际上基于划分控制单元实现水质目标管理的研究已经积累了不少成果和结论，其中美国的最大日负荷管理（TMDL）计划[23] 最具代表性，即根据水体功能来确

定不同的环境容量，再依据环境容量控制流域污染负荷量。该计划经过不断地改进与完善，已经形成了较为完整的流域水质管理体系，成为国际上水质目标管理的重要参考[24,25]。我国关于控制单元水质管理的相关研究虽然起步较晚，但是近年来在水质管理领域发迅速，中国环境科学研究院原院长孟伟院士基于“分区、分类、分级、分期”和“以人为本，保护水生态”的水环境管理理念，以控制总流量为基础，在“流域-区域-控制单元-污染源”水环境管理层次体系中，建立管理流域水质目标的技术体系，以维持水生态系统的健康[17,18,26]。

基于控制单元的流域水环境管理已成为当前国内外流域水环境保护领域的发展趋势，但是由于受到不同地区的环境、政策以及流域类型的影响，控制单元的划分有不同的管理模式和划分依据，国内外主流的划分方法主要有三大类，即基于行政区的控制单元、基于水生态区的控制单元和基于水文单元的控制单元。基于行政区的控制单元以行政区划为基础，有利于国家层面和地方政府的水质管理和水利政务的推行，是国家水质管理的基本单元[24,27]；基于水生态区的控制单元是由孟伟院士首先提出的，水生态区主要是指具有相同水质的淡水生态系统或者生物体及其与环境相互关系的单元，这种划分方法以流域内不同空间尺度的水生态系统为研究对象，将空间尺度方法和生态模型应用于河流生态学，对水体及其汇水区的陆地进行区域分区的方法[28,29]；基于水文单元的控制单元划分最早应用于美国的最大日负荷总量计划，是在美国地质勘探局（USGS）绘制的水文单元地图的基础上[27]，根据流域汇水特征划分，目的是利用划分的控制单元来解决复杂的水环境污染问题[24]。控制单元的划分对于制定合理的水质管理目标至关重要，对实现我国流域内水环境质量的改善具有重要的战略意义。

2.4 水环境质量基准及标准确定

水环境质量基准与标准是进行水环境管理的基础依据。水环境质量基准是指在满足一定自然条件的水环境中污染物对特定的对象未形成有害影响的最大可接受限度，它是通过科学实验推导出的客观结果，不受法律保障；水环境质量标准是以水环境质量基准为理论基础，在考虑自然条件、社会经济水平和技术条件等因素的基础上，通过综合分析而产生的水环境管理限度[18]，水环境质量标准是由国家有关管理部门颁布的，一般具有法律强制性。

水环境质量基准是一个系统的概念，根据保护对象、水体使用功能和污染物种类的不同，水环境质量基准可划分为具体的基准。按照保护对象的不同，水环境质量基准可分为毒理学基准和生态学基准；毒理学基准包括保护人体健康基准和保护水生生物基准等，生态学基准包括生态完整性评价基准和营养物基准等。按照水体功能的不同，水环境质量基准可进一步分为地表水质量基准、饮用水质量基准、灌溉水质量基准、渔业水质量基准和海水质量基准等[30]。当然，水环境质量标准因其水体类型和用途的不同，也可划分为多种标准，根据水体类型划分有地表水、海水、地下水三类质量标准；根据水资源用途划分有生活饮用水标准、城市供水水质标准、渔业水质标准、农田灌溉水质标准、生活用水标准、景观娱乐用水水质标准、食品畜禽饮用水质、各种工业用水水质

标准等。

水是人类赖以生存的重要资源之一，所以水环境质量直接关系着人类生存和发展，水环境质量标准是污染物排放标准的制定依据，根据标准可判断污染物排放总量是否造成水体污染。在我国，相关部门制定了国家水环境质量标准，省、市、自治区可以对国家水环境质量标准中未规定的项目进行相关补充，并报相关部门备案。我国的水质标准最早建于 20 世纪 80 年代，历经多年的发展和修订，已逐渐形成了一个相对完整的标准体系。例如，《农田灌溉水质标准》(GB 5084—2021)、《地表水环境质量标准》(GB 3838—2002)、《海水水质标准》(GB 3097—1997) 和《渔业水质标准》(GB 11607—89) 等标准。

2.5 水环境容量

2.5.1 水环境容量的定义与类型

水环境容量是指在给定的水质条件下，水体对污染物的最大容纳量，通常也被称为水体负荷量。它是水污染物进行排放的临界条件，也是实现水质达标的前提条件。理论上，水环境容量反映了水体中污染物的迁移和转存过程，并且反映了在一定条件下水环境对污染物的接受能力。实际上，水环境容量是水质目标管理的根本依据，是水污染控制规划的主要约束条件，也是污染物总量控制的关键参数[31]。

目前，国内已有不少学者对其进行了分类，并将其按水环境质量目标划分为自然容量与管理容量。自然容量是指以水体的自然基准值作为水质目标，能够承受的污染量；管理容量是指以达到特定水质标准为目标，水体所能容纳的污染物的量。按照水体容量的生成机制（污染物的迁移和降解机制），可以将其划分为：输移容量、稀释容量和自净容量。输移容量是指污染物随着水流的流动而输移污染物的能力；稀释容量，是指随着环境的变化，对流和扩散的作用，污染物逐渐向水体中扩散，达到一定的标准浓度时，水体所增加的污染物容量；自净容量是指通过物理、化学作用在水体中产生的一种自净或同化污染物的能力。其次按照排污口的分布特点，又可将其划分为面源环境容量和点源环境容量等[32]。

2.5.2 水环境容量的计算方法

目前，水环境容量的计算方法主要分确定性方法和不确定性方法两大类[33]。

(1) 确定性方法

主要有解析公式法、模型试错法和模拟优化法，三种方法均是采用机理性模型进行计算。解析公式法的工作量小，应用最广，但精度较低且不能用于动态水环境容量的计算。模型试错法需要反复测算，效率较低，但精度高。模拟优化法比较灵活，效率高且精度高。

(2) 不确定性方法

在不确定性方面，由于区间分布的局限性和数学处理的复杂性，人们一直采用随机过程方法、随机微分方程建模方法和灰色（参数化）水质规划方法，在确定的水质模型基础上分析计算生态系统水容量或一定置信度的容量值范围。近年来，非确定性方法的引入（如非确认盲数理论、三角模糊法等）为水环境容量的研究提供了新的思路和技术，但它们需要利用实测数据来确定变量和参数的分布，在实际技术应用中相对困难。

2.5.3 水环境容量的计算流程

河流流域水环境容量计算的一般流程为：

① 水域计算单元——水功能区基本资料的调查收集和分析整理；

② 调查评估水功能区水质状况及达标状况，分析导致水功能区不达标的特征污染物种类；

③ 调查入河排污口状况，确定入河排污口污染物负荷状况及空间位置，并进行适当概化；

④ 根据水功能区设计水文条件；

⑤ 根据河流的水文、水动力、宽度等特性选择合适的计算模型；

⑥ 明确水功能区水质目标；

⑦ 确定水功能区上游边界值及初始值；

⑧ 确定模型参数；

⑨ 计算水域水环境容量；

⑩ 合理性分析和检验[34]。

2.5.4 水环境容量的计算模型

水质模型是描述污染物在水体中迁移和转化规律的数学方程，它是一个理论框架，是水污染管理规划的重要工具。目前用于水环境容量计算的模型有很多，其中，按照维度划分，主要有零维水质模型、一维水质模型、二维水质模型或三维水质模型[35]。

（1）零维水质模型

零维水质模型指的是污染物进入水体、经过一定的混合过程段之后，在断面上达到完全均匀混合的状态，不存在维度上的差异性。在水环境容量计算中，零维水质模型一般用于计算水环境容量总量中的自净容量，且其适用于污染物均匀混合的小河段。

（2）一维水质模型

一维水质模型是认为污染物在断面的宽度与深度方向无浓度梯度差异，仅考虑纵向浓度变化。对河流大小来说，一维水质模型适用于河道宽深比不大的小河流和中小型河段。

（3）二维水质模型和三维水质模型

二维水质模型适用于大中型河流，这些河流宽度大，平面内距离远大于垂直距离，导致污染物在横截面上的分布非常不规则。三维水质模型则适用于污染物在横断面、垂向、水流方向均存在较明显浓度差异的复杂水体。二维、三维水质模型一般不直接用于水环境容量的计算，而是通过对超标水域或混合区的模拟获得对水质的模拟结果。

2.6 陆地汇入与水质响应关系

陆源输入是影响河流水量水质的重要因素，《“十三五”生态环境保护规划》明确要求要优化控制单元水质断面监测网络，建立控制单元产排污与断面水质响应反馈机制。这对明确控制单元水环境质量责任和精细化地管控污染源，具有不可或缺的作用。

陆源输入-水质响应关系研究是水环境领域传统的研究议题。陆源输入主要为工业企业生产、居民生活、农业活动、污水处理设施、禽畜养殖业、径流冲刷等陆源向水体排放的污染物，包括泥沙、农药、重金属、有机污染物、氮磷营养元素、石油、固体废物、放射性物质、病原体和热量等。陆源输入会改变流域水环境原有物质平衡，对水环境带来一定的影响。

众多学者就陆源输入对水环境的影响进行了大量的研究，归纳学者们的结论可以发现，陆源输入对水体的影响主要包括恶化水质、引起富营养化、导致水体生态系统功能弱化以及对饮用水水源带来污染等[36]。

(1) 恶化水质

各种陆源输入的污染物将使得水体污染物浓度上升，导致水体污染物超标，使得水质恶化。在我国最突出现象是陆源输入后，使得水体功能区水质指标超标，水体功能区功能丧失。

(2) 增加水体富营养化程度

大量来自陆地的氮和磷营养物质进入水体，当其超过水体本身的净化能力时，水体就会富营养化，极易引起藻类大量繁殖、水体溶解氧下降导致鱼虾等水生生物大量窒息死亡，某些藻类还会释放有毒物质使鱼类中毒死亡，致局域水生生态环境失调。

(3) 降低水体的生态功能，生态系统逐渐退化

水体水质恶化势必破坏水生生物的生存环境，如泥沙的汇入使得水体透光性减弱，影响水生生物的光合作用，一些有毒有害物质（如重金属或农药残留）进入水体后直接影响水体的生态功能。

(4) 带来水环境的二次污染

农业及工业污染源带来大量有机物和重金属，由于化学性质比较稳定、难以降解，经过生物链富集作用将会严重影响整个生态系统的健康，并很可能对环境造成二次污染。

(5) 污染饮用水水源

农田中施用的农药、化肥及人畜粪便等，其中的有机物、无机养分及其他污染物经淋溶作用进入地下水体或经地表径流进入饮用水水源区，引起饮用水水源污染。这些都会影响水体功能的正常发挥，不仅导致水体自身水质和生态系统的恶化，同时给人类取水用水带来影响，不利于社会生产生活。

研究陆源输入对水环境的影响机理，是当前水环境领域的重要课题，相关研究主要分

为两方面：一方面是对陆源进行分析，确定主要的污染源，即源解析过程；另一方面则是在源解析的基础上，利用各种方法，评估污染源对水环境的影响，即源-质响应研究。

2.7 流域污染物总量分配

2.7.1 污染物总量分配原则

污染物总量分配是指根据研究区域内污染源的地理位置、排放量、排放方式、排放污染物种类、污染源管理、技术和经济承受能力以及区域其他因素制定污染负荷优化分配方案，分配方法的选择一般要基于科学原则、公平原则、效率原则等主要原则[37]。

（1）科学原则

科学原则是指为了使分配结果满足可持续发展的要求以及符合绝大多数人群的利益，污染负荷分配过程必须具有充分的科学依据。

（2）公平原则

污染负荷分配的公平原则是指各个污染源针对不同的考虑因素而具有的相对平等的分配权利，分配的结果有助于激发各排污点防治污染的积极性和整个区域发展的平衡。

（3）效率原则

效率原则是在确保污染负荷分配方案科学可行、公平、有效之后，追求在控制单元范围内以最少的经济投资获取最大的环境效益。

2.7.2 污染物总量分配方法

目前，关于污染物削减总量的分配方法，国内外学者已进行了大量研究。常用的方法主要有等比例分配法、基尼系数法、层次分析法、信息熵法等[38]。

（1）等比例分配法

等比例分配法适用于排污口（点源）的定向分配，是一种按区域内被分配对象的当前排放量的相同削减比例分配释放量的分配方法。这种方法以当前排放量为基础，计算过程相对简单，分配过程不需要大量的数据。在中国现有制度下，等比例分配法既适用于以湖泊、河流等流域为对象的污染源分配，也适用于以区域为对象的不同行政区域之间的分配。这种方法的优点是使用方便，能较好地从中国目前的经济水平等实际情况出发；缺点是没有考虑到不同地区经济水平的差异和不同流量的实际情况，不能在降低资源治理成本的同时有效提高水资源治理的效率。

（2）基尼系数法

基尼系数法主要基于污染物总体分布的公平原则，是解决公平分布问题的一种新方法，也是一种比较实用的定量方法。在实际应用中，基尼系数法多用于行政区域的总体分配，也适用于需要考虑行政分配因素的超区域流域，基尼系数法常用于总体分配中的初始分配。基尼系数法是一种具有广泛适用性的方法。它的优点是在分配中考虑社会、经济、环境等因素，构建合理的逻辑关系，使分配更加合理、公平。缺点是决策所依据

的估算系统不完整，指标少，忽略了负荷分配中不同指标的差异，结果不精确。在中国现阶段的实际流域水管理中，该方法可作为整体分配系统中的初始分配方法，先确定不同区域间的总分配量，再通过其他方法确定污染源间的二次分配。

（3）层次分析法

层次分析法是一种决策技术，它将参与决策的因素划分为目标、标准和方案等层次，从中进行定性和定量分析。层次分析法最常被应用于有区域问题的水环境中污染物的总量分配。与基尼系数法一样，它注重公平原则，可作为区域实体层面的分配方法，应用于全球分配系统的一级分配。与其他方法相比，层次分析法是一种非常科学和全面的方法，因为它从全球角度处理影响污染物排放的因素，考虑到区域差异，并综合考虑社会、经济、技术和环境等方面的分配。它的主要缺点是需要大量的基线数据，难以管理，而且非常主观，因为权重的确定主要是基于专家的判断。

（4）信息熵法

信息熵用于决策方案和系统的优选，分析评价系统中不同决策参数（或指标）之间熵值的大小和差异。在分配单位时，信息熵的概念被用来衡量一个指标所替代的污染物数量的区域差异程度。信息熵的值越高，一个指标所替代的污染物数量的区域差异就越小，分配就越公平。在实践中，它可以应用于流域和行政区域的总量分配。信息熵法的应用范围很广，其分配目的既可应用于行政区域，也可应用于自然河流流域，但其实施耗时较长，需要一定的人力、物力。

第3章 流域污染源解析

3.1 流域污染来源与特征

河流污染是许多国家和城市面临的流域水环境污染问题之一，流域污染的来源十分复杂，包括点源和面源（即非点源）[39]。点源污染是指相对集中地污染排放，而且其位置也相对固定，通常主要包括工业企业、污水处理厂等具有固定管道或排污口排放的污染源。点源通常经固定污水收集管道排放口直接进入河道，因此点源的解析技术基于监测点的统计分析[40]。由于点源污染更易检测，所以现实中点源污染逐渐实现有效控制。非点源污染的来源错综复杂，它是由不规律、不集中、不定时的污染点产生的可溶性固体污染物在一定时间段内随降雨汇入河流或湖泊而产生污染。按照污染来源区域的不同，一般包括城市径流源中未收集废水部分、畜禽养殖废污水、水产养殖污水、生活径流源中的生活垃圾污水、农业生产尾水等类型。此外，垃圾堆以及矿山废石料的堆放也会产生非点源污染。非点源污染的产生离不开降水、产流和汇流过程，与土壤的累积、截留与侵蚀关系密切，特征是产生场所、产生时间、产生量是非固定的[41]。因为非点源污染具有随机性、广泛性、滞后性、模糊性、潜伏性和不易监测性等特点，所以其研究治理难度很大，近年来水体污染主要来源倾向于非点源污染。目前，关于非点源污染研究分析，一般包括城镇生活源、农村生活源、农业种植源、水产养殖源、畜禽养殖源、地表径流源。

3.2 流域污染源解析技术方法

流域污染源解析是指通过探究流域内水环境污染与污染源的因果对应关系，从而来准确识别并且追溯污染物来源，以便有针对性地实施流域精细化污染治理措施[42]。从广义上看，污染源解析包含两层含义：一是运用多种技术手段定性识别水体污染物不同来源；二是通过建立污染物与来源的因果对应关系定量计算各来源的相对贡献[43]。对两种含义的水环境污染源分析采取的来源分析方式也有所不同。其中，前一类主要是以污染源为对象的正向扩散模型方法，后一种方法是以污染区域为对象的反向溯源建模法，又称为受体模型法[44]。扩散模型是根据污染源排放清单和污染物传输过程来评估预测不同源类对受体的贡献，是在清单分析法上对污染源的贡献率评估的机理性完善和细化，一般地扩散模型可认为是机理性非点源模型。自 20 世纪 70 年代初期美国环保局开发了第一个用于城市非点源模拟的 SWMM 模型以来，出现了众多不同的机理性非点源模型，比较突出的如 SWAT、AGNPS、HSPF 等。受体模型主要是通过对受体样品进行化学分析进而计算出各污染源贡献率，该技术的最终目的是对对受体有贡献的污染源进行识别，可以对各污染源的分担率定量计算。受体模型不依赖于污染源排放条件，不需追踪目标污染物迁移过程，可实现污染源的定性和定量分析。受体模型适合用来实现污染源的定性和定量分析[45]。

开展精细化水环境管理，需要根据点源和非点源的排污入河特点，建立污染源分析框架[46]。接下来以点源与非点源两种类型污染源为主要对象，分别讨论两种不同类型污染物的源解析方法及进展研究。

3.2.1 点源量化解析技术

根据《第一次全国污染源普查方案》，工业源普查采用实际监测、产排污系数与物料衡算计算相结合的方法，这些方法在工业污染物排放量核算上取得良好效果。第二次污染源普查从2017年12月31日开始，持续到2018年全年。在这次污染源普查中，工业生产、农业、家庭活动和其他来源的所有污染都包括在内，这次调查获得了大量水污染源分析数据，将为不同污染源的总量和比例提供可靠信息[47]。第二次全国污染源普查工业污染源产排污核算方法主要是产污系数法和监测数据法。产污系数法是指利用不同产排污影响因素条件下行业单位产品（原料）污染物产生量，以及行业末端治理技术收集效率、处理效率、运行率进行排污量核算的方法。监测数据法是指利用企业实测数据（自动在线监测数据、监督性监测数据、企业自测数据）进行排污量核算的方法。此外，解析方法还有实地调查法、等标污染负荷法。实测法是基于实地环保局或环境统计年鉴监测资料获得工业企业、污水处理厂等实时排放量数据，等标污染负荷是单位时间内排放污染物的量的多少，是用来评价各污染指标的负荷比。刘爱萍等[48]综合运用资料收集、典型调查、补充监测与系数核算相结合的方法，对珠江三角洲地区城镇生活污染源开展了污染源调查与排污总量核算，计算了各污染物的排放量。陈伟[49]采用等标负荷法核算了官厅水库流域上游张家口市点源污染量，确定了官厅水库流域上游地区主要污染源、污染行业、污染区域和污染物。

目前我国点源的管控已经成熟，在过去几十年中，我国把水污染治理的工作重点集中在点源污染上，点源的量化技术通过环保部门等监测，从源头上和技术上得到监管。

3.2.2 非点源量化解析技术

3.2.2.1 传统经验统计模型解析技术

早期的非点源研究基于土地利用对于河流水质产生的影响，研究方法往往依据因果分析和统计分析的方法建立统计模型，建立河流养分负荷与土地利用或径流量之间的统计关系。该统计模型对数据的需求比较低，过程不涉及污染物的迁移转化机制，能够较为便捷地计算出流域出口处的污染负荷，具有较强的实用性和准确性，因而在早期得到了较为广泛的应用。目前国内外常用的经验统计模型方法有排污系数法、输出系数法、平均浓度法等，其中排污系数法和输出系数法适用于实测资料缺乏的非点源核算；平均浓度法适用于有少量实测的非点源核算[50]。此外，也有基于实际监测的监测法，以及污染分割法、降雨量插值法、实测法、相关关系法等[51]，这类传统计算方法属于经验模型法范畴，大多采用产/排放系数、输出系数、流失系数和相对污染物入河浓度计算河流最终污染负荷量，在考虑污染物释放后与环境之间的交互作用上具有局限性，难以描述污染物迁移的路径与机理，量化结果与实际入河量存在偏差，较难核算污染物的实际入河负荷量，使得这类模型的进一步应用受到了较大的限制。

3.2.2.2 机理数值模型模拟解析技术

20世纪70年代，随着研究人员发现经验统计模型的局限性，非点源污染的物理、

化学过程的机理研究逐渐转变为研究热点。模型研究由监测转向污染机理以及污染预测的探究，机理模型的特点是能够通过合理核准、率定模型通用参数，可定量评价非点源污染，也能较为准确地预测污染源改变而引起的流域水质和流量的变化。此阶段的代表模型有：SWMM（storm water management model）模型、HSPF（hydrological simulation program-Fortran）模型等。

20世纪80年代，随着全球水污染问题的日益严重，非点源污染的研究进入应用模型阶段。非点源污染问题得到了广泛重视，美欧发达国家陆续制定了明确针对非点源污染的规定和条款，非点源污染进入全面治理和防治阶段。这段时期主要代表模型为化学污染物径流负荷和流失模型，该模型是美国农业部研发的，主要应用于描述城市径流污染。此外在此模型基础上所开发出的应用于监测与评估非点源污染的模型AGNPS（agricultural non-point source）、EPIC（erosion productivity impact calculator）等也得到了广泛应用[52]。

20世纪90年代后，卫星遥感及计算机技术飞速发展，“3S”技术（全球定位系统GPS、遥感RS、地理信息系统GIS）被研究人员应用于非点源污染模型的污染物迁移、转化研究，非点源污染模型对空间的分析能力得到了极大提高。BASINS、SWAT（soil and water assessment tool）等改进模型应用“3S”技术，使模型在模拟、预测、数据分析处理、结果分析与显示方式方面的能力大为提高。目前国内外采用的较多的污染物源解析方法为非点源模型模拟法，也称为机理模型法，基于数值模型的机理模型方法能更好地模拟地表污染物的产生、迁移转化、渗滤、吸附等作用，综合考虑了污染物在环境过程中的物理作用、化学作用和生物作用，整体上提高了污染物入河估算精度。由于污染物非点源模型模拟精度较高、模拟范围广，因此建立污染负荷模型对污染负荷总量进行估算被普遍使用，将不同非点源模型耦合以估算非点源模型也被普遍使用。

根据研究区域类型的不同，不同非点源量化技术模型有所差异，分为农田非点源模型、城市非点源模型、流域非点源模型。其中农田非点源模型有CREAMS（chemicals runoff and erosion from agricultural management system）、AGNPS、EPIC、WEPP（water erosion prediction project）等；城市非点源模型有SWMM、STORM（storage treatment overflow runoff model）、DR3M-QUA、FHWA（federal highway administration）、QQS（quantity-quality simulation）等；流域非点源模型有ANSWERS、HSPF、SWAT、PLOAD、PRMS、HBV、SWRRB（simulator for water resources in rural basins）等，不同研究区的下垫面（DEM、土地利用、土壤分布等）的差异性和降水的不均匀性等特征需要考虑不同的参数和变量，应根据实际研究区域选择合适的模型模拟。

3.3 流域污染源调查

3.3.1 流域污染源调查的目的

流域水环境污染源调查是科学制定水环境治理方案，有效实施水环境综合整治，切实改善流域水质状况的一项重要的基础工作，具有非常重要的现实意义。工作者要制订科学合理的治理方案，就必须全面掌握流域水体污染特征，识别流域全部的污染源数量、类型以及空间分布状况，明确主要污染物及其排放量、排放去向、排放途径、污染治理水平，确定入河主要污染物负荷量的空间分布特征，从而能够为流域水环境治理规划和方案提供科学合理的依据。

3.3.2 流域污染源调查范围及内容

流域污染源调查是在收集资料基础上，对流域进行实地踏勘观察，准确追踪并识别流域的全部污染源，再基于流域河网水系划分、地形地貌类型分布、土地利用类型和区域汇水走向等，对所调查的流域划分出子流域；同时，制定环境污染源研究方案，按照以行政区划分进行重点研究，按照以小流域及汇水分区进行统计研究的方式，从点源、面源和内源三方面进行分类、划片的重点调查。同时，根据流域水文地质特点、环境污染状况和污染源分布状况，按照相关标准和规范，对江河（湖、库）的水位、流量及水质等环境背景，流域内排污口、农业面源、初期雨水、底泥、土壤等影响元素进行实地监测及分析评价。通过污染源调查，分析治理流域内污染源的结构及分布特征，为加强对存在污水直排、管网混接漏接、垃圾任意堆放、下垫面污染严重等情况的位置进行全面调查[53]。

流域污染源调查的方面主要包括点源、面源及内源三大部分。点源污染调查主要包括调查弄清流域内点源数量及空间分布，在排放口普查的基础上，对排放口进行重点“溯源”式排查；对于面源污染调查，主要对重污染区段、污染排放较大且处理设施不完善的乡镇及村庄、排放企业或单位进行重点调查；内源污染调查主要针对河流底泥及其释放的营养盐、黑臭水体进行重点调查。具体来说，点源污染调查对象主要为工业企业、污水集中处理厂、规模化禽畜养殖、中心城镇农村生活等；面源污染调查对象主要为农村生活污水及垃圾、农业种植业、畜禽养殖业和水产养殖业、地表水土流失等；内源污染调查对象主要为水库水产养殖。

（1）点源污染调查

调查内容主要包括：

① 调查流域中点源类型、数量及其空间分布、排污单位的排污量、主要排放污染物、处理情况、排放去向及途径、排污口数量及空间位置分布等；

② 对直接排放入河的排污口（包括污水处理厂）的数量与具体位置、污水排放量、污水来源、主要污染物排放浓度等进行调查统计；

③ 对旱季有污水排放的排口进行摸底排查，查明污染来源。

调查主要通过现场调查问卷、仪器探查、水质检测、流量调查、烟雾实验、染色实验、泵站运行配合等方式进行。

（2）面源污染调查

面源污染主要包括城市地表径流、生活垃圾和农村居民生活、农业种植生产造成的非点源污染，调查内容主要包括：

① 根据城市总体规划和土地利用规划，调查各流域内水文水质资料、气象资料、城市初期雨水等内容；

② 调查乡镇内村庄居住区面积、常住人口，生活垃圾种类、数量和处理方式，农村生活污水处置方式，村庄范围内工业污染及防治情况等；

③ 调查流域农业种植结构，施肥种类、数量及施用频率，土地利用情况等；

④ 调查流域内小型散养畜禽和水产养殖规模、数量，废水和固废产生及排放情况等。

调查主要采用填表、调查问卷、现场勘察等方式。

(3) 内源污染调查

调查现状河道底泥有机污染物与重金属污染情况。

调查主要通过现场人工调查、水质检测、流量监测、底泥采样等方式进行。

3.4 流域污染源产排量估算

3.4.1 点源产生量和排放量估算

基于《第二次全国污染源普查公报》数据，点源产排量估算采用调查统计法，根据工业企业、污水处理厂或者规模化养殖的环境统计数据来进行排污量计算，其中对于污水处理厂的计算方法是：

污染物排放量＝污染物排放浓度×排放流量×排放时间

汇总得到点源产生的各类污染指标的排放总量。通过对实际流域的调查研究分析出不同点源排放过程及其入河途径（分为直接入河和非直接入河），据此将点源划分到对应的行政区及控制单元中，再将点源不同污染指标的产生量和排放量计算分配到点源所在的行政区及控制单元内。

3.4.2 非点源产生量和排放量估算

3.4.2.1 非点源产生量

基于研究区的历年市县级统计年鉴数据，并参照第二次全国污染源普查相关排污系数手册并结合流域现状，核算出研究区内不同地区的各类污染源的各项污染指标的产生量。根据流域内不同行政区划级别（市、区县、乡镇等）的空间位置关系，将各类污染指标的产生量分配到流域内所涉及的行政区中。

3.4.2.2 非点源排放量

在得到流域内各行政区内的非点源污染产生量的基础上，采用排污系数法对非点源排放量进行核算，虽然不同的研究者选择的排污系数公式不一样，但在系数选择以及公式计算步骤上基本一致。将非点源基本概括为城镇生活、农村生活、畜禽养殖、农业种植和水产养殖五种类型。具体的计算方法参考第 4.3.2.1～第 4.3.2.5 小节公式。之后根据流域内各行政区的土地利用面积，采用面积比例法对各类污染物排放量进行比例分配，核算得到各行政区和控制单元内不同污染源类型的排放量。分析每种污染物的污染源结构与动态产排特征，并识别各项污染物的主要污染类型和污染区域。

3.5 流域污染源入河负荷量核算

在核算得到流域内点源和非点源排放量的基础上，对直接入河点源按照入河系数核算其入河量，而非直接入河点源、非点源排放量解析成果作为输入条件，进行流域非点源模型构建，模拟流域内非点源污染负荷量。模型模拟得到每个水文单元的入河负荷量，再根据水文单元和行政区以及控制单元的空间属性关系，以及输入非点源模型中的点源和非点源排放量占比，共同确定基于非点源模型模拟得到的流域内不同行政区及控制单元的不同污染源类型的入河负荷量，最终结合直接入河的点源污染负荷量，汇总不同行政区及控制单元的总入河量，识别其污染来源特征。

3.5.1 污染负荷量核算模型

采用 SWAT 模型核算流域非点源入河污染物。SWAT 模型是国内外广泛使用的开源的分布式非点源模型，能够有效地模拟不同土地利用、土壤以及社会经济发展变化下，山区地表水、地下水径流和水质变化情况，满足精确地分析和模拟沱江典型区的水量水质入汇需求。

SWAT 模型能够对流域产汇流过程、水土流失过程和污染物迁移转化过程进行模拟，估算污染源的强度和输出负荷量，有较好的耦合作用，模拟精度较高，同时还可以加入 LID（一种基于小尺度、分散式、以修复和维持天然条件下的水文生态自循环为目标的可持续综合雨洪污染控制与利用模式）以及 BMPs（最佳管理措施，指任何能够减少和预防水资源污染的措施）措施进行具体的流域模拟，估算结果的实际意义较大。通过 SWAT 模型，估算污染源的强度和输出负荷量进行典型区污染负荷计算，从而确定进入干流断面的水量水质。在此基础上，形成对干流水动力学水质模型的水量水质输入边界。

SWAT 模型主要包括三个子模块，即水文过程、土壤侵蚀和污染负荷。SWAT 模拟演算过程涵盖了降水（降雨、降雪）、蒸散发（土壤、植被、水面等）、地表径流、壤中流、地下径流以及河道汇流等过程。模型结构框图如图 3-1 所示。

SWAT 模型可连续模拟地表水和地下水的水量、产沙和营养物质迁移，长期模拟及预测土地管理措施对大尺度复杂流域的径流、泥沙和营养物质产量的影响。从模型结构看，SWAT 属于第二类分布式水文模型，即在每一个网格单元（或子流域）上应用传统的概念性模型来推求净雨，再进行汇流演算，最后求得出口断面流量和相关污染物浓度。

3.5.2 模型构建方法

操作平台：ArcGIS10.2 版本中的 ArcSWAT 拓展模块。

3.5.2.1 数据需求

SWAT 模型所需的输入数据包括大量的空间数据和属性数据。空间数据主要包括数字高程模型（DEM）、研究区实际河流水系、土地利用和土壤分布；属性数据包括气象、水文、水质、研究区内大型水库和湖泊的相关数据、各类污染源调查和统计数据、

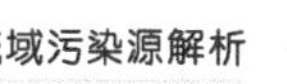

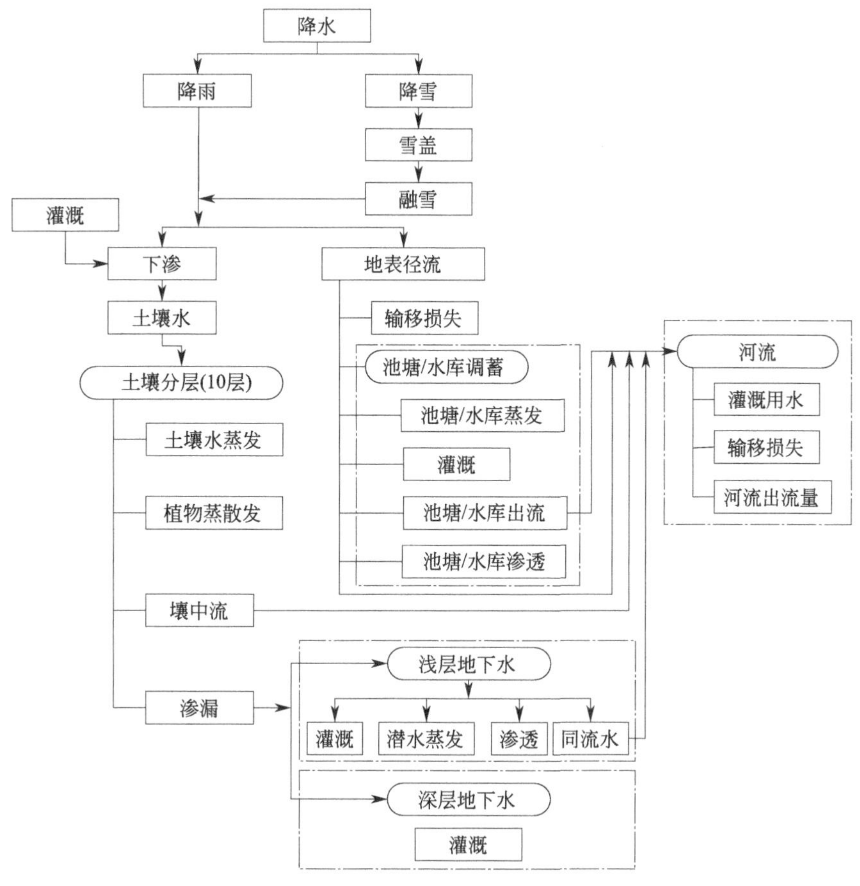

图 3-1 SWAT 模型结构框图示意

农业管理措施等方面的数据。此外，还需要电排站运行管理方面的数据。空间数据中，一般包括地形、土地利用类型、土壤类型、植被状况、水文气象基础数据以及区域内污染源（含点源、面源）等数据的支持。为了保证数据与模型的匹配，需要将数据转化为模型可直接利用的数据类型。依照模型文件的组织关系，将所需要的数据都放在 Databases 下的 SWAT2012. mdb 数据库中。SWAT 模型需要准备的数据一般如表 3-1 所列。

表 3-1 SWAT 模型需要准备的数据

数据层名称	数据类型
DEM	GDEM 栅格
气象数据库	数据
土地利用图	SHAPE 矢量
土壤类型图	SHAPE 栅格
点源数据库	SHAPE 矢量
非点源数据	文本数据

3.5.2.2 构建步骤

（1）依据 DEM 数据划分汇水关系

点击 Water Delineator 中的 Automatic Watershed Delineation，弹出 Watershed

Delineation Setup 对话框，包含 5 个部分：DEM Setup，Stream Definition，Outlet and Inlet Definition，Watershed Outlet（s）Selection and Definition 和 Calculation of Subbasin Parameters。加入 DEM 数据，依次进行河网生成、流域出水口设置，流域参数计算操作，结果生成流域河网水系。在该步骤中，可以根据流域实际情况对点源、水库等信息进行添加设置（图 3-2）。

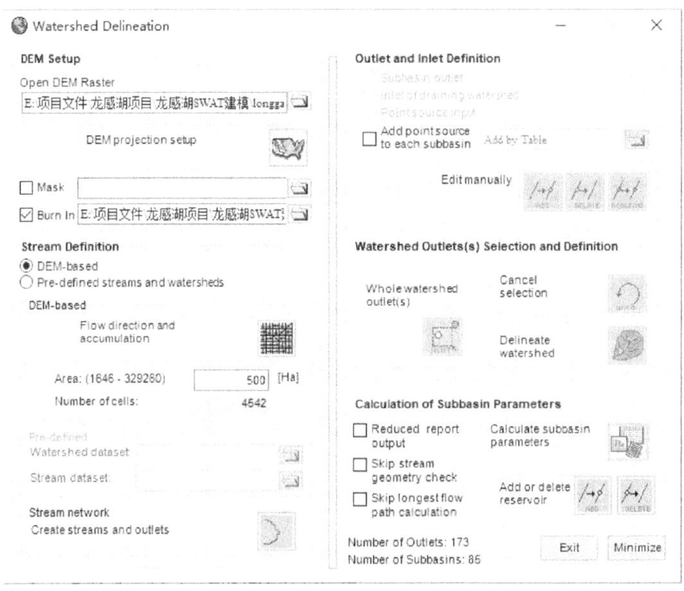

图 3-2 DEM 划分汇水关系

（2）划分子流域和水文响应单元（HRU）

打开 HRU Analysis 菜单，选择 HRU Definition 选项，可以在显示的对话框中划分水文响应单元。

① 单击 HRU Thresholds 选项，选择其中的 Multiple HRUs，按研究实际需要输入比例值；

② 单击 Land Use Refinement（Optional）选项，对 land use 类型进行详细划分；

③ 完成上述工作后，单击 Create HRUs 选项，完成水文响应单元的划分，生成 Final HRU Distribution 的报告，同时创建一个属性文件加载到当前视图中。

完成上述步骤即可得到各出水口所对应的子流域和水文响应单元范围，操作界面如图 3-3 所示。

（3）气象数据的输入设置

打开 Write Input Tbales 菜单，选择 Weather Stations 选项，在选项框中依次加入流域内获取的气象站点太阳辐射量、降雨数据、温度数据、风速数据、平均相对湿度数据（图 3-4）。

（4）创建 ArcView 数据库和 SWAT 输入文件

在 Write Input Tables 菜单中，点击 Write All，创建 ArcSWAT 数据库和包含 SWAT

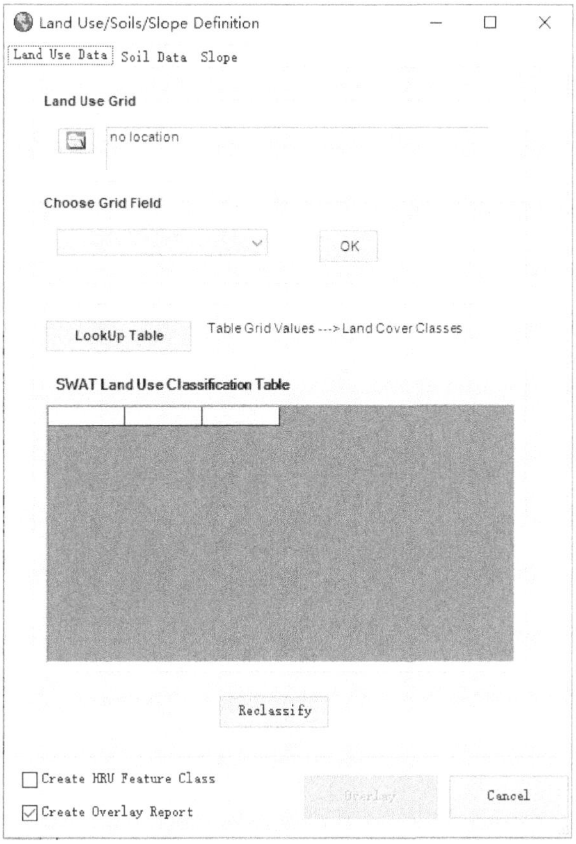

图 3-3 划分子流域和水文响应单元（HRU）

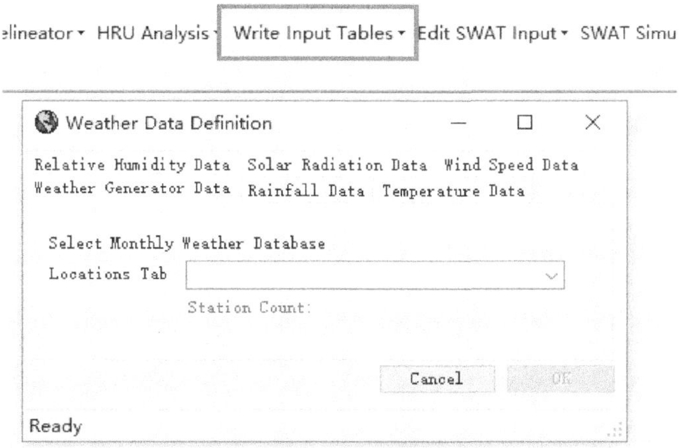

图 3-4 气象数据输入

输入默认设置的 SWAT 输入文件。编辑常规子流域数据时会弹出一个消息框，询问是否修改坡面漫流的默认曼宁 n 值 0.014，点击“No”。编辑主河道数据时会弹出一个消息框，询问是否修改河道水流的默认曼宁 n 值 0.014；点击“No”。编辑管理数据时，会弹出一个消息框，询问要估算植物热单位，还是设置为默认值。点击“Yes”，进行估算。SWAT

输入数据库的初始化完成时会弹出一个消息框，点击“OK”（图 3-5）。

图 3-5　SWAT 文件读入

(5) 模型运行与结果输出

在 SWAT Simulation 菜单中，根据上述构建的研究区陆域污染负荷迁移模型，选择模型起始日期，点击 Run SWAT 对流域陆域污染负荷迁移进行模拟。模型运行结果输出包括汇总输出文件 output. std、主河道输出文件 output. rch、子流域输出文件 output. sub、HRU 输出文件 output. hru 等，将文本文件输入 Access 数据库，数据库表格式便于 SWAT 输出数据的提取（图 3-6）。

3.5.2.3　建模关键步骤

(1) 汇水关系调查与划分

对研究区的汇水关系进行充分的实地调查，以便根据实际汇水情况对基于 DEM 概化的子流域进行合理修正。

(2) 出水口位置和运行数据调查

对流域出水口位置和运行数据进行调查，出水口的排水量数据可以用来和 SWAT 模型的模拟结果进行比较，进行参数率定和模型验证。

(3) 非点源污染过程调查

为了解研究区内非点源污染的产生和迁移转化过程，并为非点源模型提供输入数据，需要对非点源污染时空分布进行调查，以构建非点源污染属性数据库。非点源污染调查内容包括农田化肥施用情况、农村生活污水和生活垃圾污染、畜禽养殖污染等。

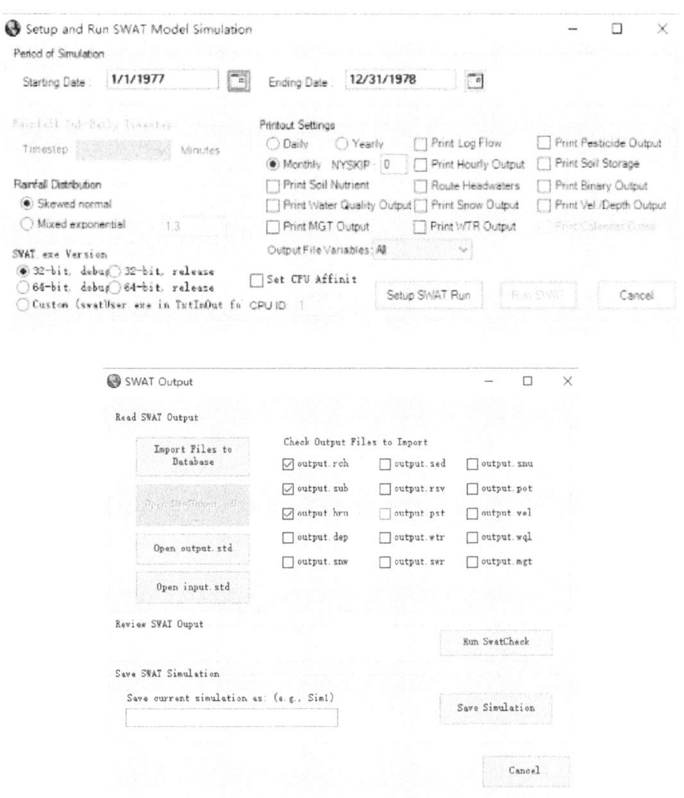

图 3-6　模型运行与结果输出

3.6　流域污染源动态清单及其编制

基于流域入河污染负荷量核算结果，通过动态清单分析流域在不同时空尺度下的主要污染源，明确污染源产生的各项污染物通量、总量，并确定主要的污染物以及重点分析指标。再根据清单的特点，提出污染管控方案。动态清单中，需要反映每种点源和非点源类型在不同行政单元及控制单元的全年、不同月份、水期各项污染物入河通量，再根据入河量结果分析流域污染负荷时空变化特征。

3.6.1　流域污染源总入河量动态清单

分别对全流域在全年、不同月份和水期的不同污染源类型入河量进行汇总，在不同时间尺度下反映流域入河总量的变化特征，分析不同污染源类型的入河量差异特征。动态清单如表 3-2～表 3-4 所列。

表 3-2　全年总入河量动态清单

名称	类型	是否关键字	能否 NULL
污染源类型	文本	是	否
各项污染物入河量	数值	否	否

表 3-3　不同月份入河量动态清单

名称	类型	是否关键字	能否 NULL
污染源类型	文本	是	否
月份	文本	否	否
各项污染物入河量	数值	否	否

表 3-4　不同水期入河量动态清单

名称	类型	是否关键字	能否 NULL
污染源类型	文本	是	否
水期	文本	否	否
各项污染物入河量	数值	否	否

3.6.2　流域区县的不同污染源的入河量动态清单

分别对流域各项污染物的不同污染源的入河量进行区县级统计分析，得到流域内各区县的污染物年入河量动态清单。动态清单如表 3-5 所列。

表 3-5　不同区县某项污染物的不同污染源的入河量动态清单

名称	类型	是否关键字	能否 NULL
污染源类型	文本	是	否
各区县的污染物入河量	数值	否	否

3.6.3　流域乡镇年内入河量动态清单

将流域内所有污染源的各项污染物统计到所有乡镇上，得到流域内各乡镇的污染物年入河量，同时可以辅以空间分布图来反映不同乡镇的各项污染物入河量在空间上的分布规律，识别出各项污染物入河量排名前几的乡镇，分析其主要污染源类型的入河量。动态清单如表 3-6、表 3-7 所列。

表 3-6　乡镇所有污染源的各项污染物入河量动态清单

名称	类型	是否关键字	能否 NULL
乡镇名称	文本	是	否
各项污染物入河量	数值	否	否

表 3-7　某项污染物入河量排名前几的乡镇的主要污染源入河量动态清单

名称	类型	是否关键字	能否 NULL
乡镇名称	文本	是	否
主要污染源入河量	数值	否	否

3.6.4　流域控制单元年内入河量动态清单

将流域内所有污染源的各项污染物统计到各控制单元上，得到流域内各控制单元的污染物年入河量，同时可以辅以空间分布图来反映不同控制单元的各项污染物入河量在空间上的分布规律，识别出各项污染物入河量排名前几的控制单元，分析其主要污染源类型的入河量。动态清单如表 3-8 和表 3-9 所列。

表 3-8 控制单元所有污染源的各项污染物入河量动态清单

名称	类型	是否关键字	能否 NULL
控制单元名称	文本	是	否
各项污染物入河量	数值	否	否

表 3-9 某项污染物入河量排名前几的控制单元的主要污染源入河量动态清单

名称	类型	是否关键字	能否 NULL
控制单元名称	文本	是	否
主要污染源入河量	数值	否	否

3.7 流域污染源通量时空分析

3.7.1 全流域不同污染源类型通量分析

基于流域入河污染负荷量核算结果，分析流域各项污染物在不同日期、不同月份、不同水期的污染通量及其变化特征，得到流域内不同污染源的年、月、水期污染物入河通量。对比分析不同时期的污染物入河量的来源情况，对于污染物入河量较大的点源或非点源，结合统计结果与实地调查情况分析其原因，为后续污染的精细化防控提供决策支持。

3.7.2 全流域不同行政单元污染源通量分析

将得到的流域点源、非点源的每个行政单元的不同污染源的各项污染物进行数据统计，计算每个行政单元在不同时期污染物入河量。分析污染源在每个行政单元的入河通量并结合外部环境变化以及人为因素分析造成这种现象的原因；对比分析不同行政单元在同一时期的入河通量的大小，入河通量较高值和较低值的行政单元的空间分布特征。

3.7.3 全流域不同控制单元污染源通量分析

将所有点源、非点源产生的污染物入河量汇总到流域控制单元上，统计不同控制单元的不同污染物在不同年、月、水期的污染入河量，并根据污染物入河量空间分布图分析污染物在不同控制单元的空间分布情况。对比分析同一控制单元不同污染物的入河量的差别；对比分析在同一时期的不同污染物在控制单元上的空间分布情况；比较同一污染物在同一时期的不同控制单元的分布情况。

第4章 流域污染源水质断面贡献率解析

4.1 污染源贡献率概念

当前污染源贡献率包含三层含义，一是流域中污染源的排放贡献率，即各个污染源排放的污染物负荷占该地区水体总污染负荷的比例。二是污染源入河贡献率，为污染源经排放后在地表迁移、转化进入水体的污染负荷占入河总污染负荷的比例。污染源排放贡献率和入河贡献率，可以归纳为一类即解析污染源总量的贡献率。三是各类污染源对水质断面的贡献率大小，指污染源提供给水质断面的污染物占水质断面污染物总量的比例。总体来看，污染源贡献率是一个有关占比的概念，对其进行合理的估算尤为重要，而科学、可靠的估算方法，则是污染源贡献率研究的核心与关键。污染源贡献率研究是有针对性实施流域污染治理及细化流域减排政策的重要依据，影响水质的污染源类型复杂，包括点源、非点源等，不同流域的主要污染源不同，同一流域不同时间的主要污染源也不同，学者们提出了大量研究方法。根据贡献率的概念，可以将贡献率分为入河排放占比贡献率、污染源对水质断面影响贡献率两个内容。

4.2 污染源贡献率核算技术方法

4.2.1 基于占比法的污染源排放与入河贡献率计算方法

污染源排放和入河贡献率通常是通过调查统计不同污染源的排放量及其入河量，以各污染源排放量除以总排放量得到不同污染源占比为污染源的排放贡献率。在污染源排放量计算过程中，可以将污染源分为点源和非点源。贡献率估算流程如图 4-1 所示。

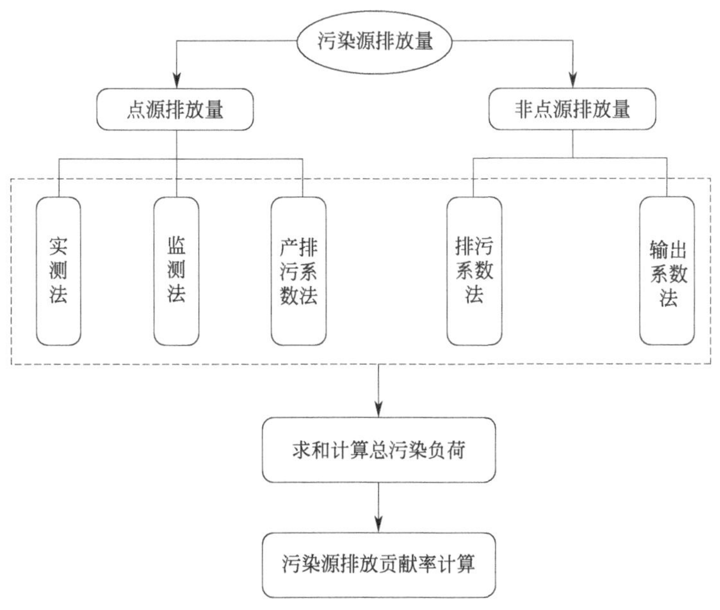

图 4-1　污染源排放贡献率估算流程

根据上述流程，基于占比法进行贡献率（cp）计算公式如下所示：

$$cp=\frac{\sum_{i=1}^{k}\mathrm{ms}_i}{\sum_{i=1}^{n}\mathrm{ts}_i}$$

式中　ms_i——某一个种类的第 i 个源的污染物入汇总量；

ts_i——所有污染源第 i 个源污染物入汇总量。

在污染源排放量贡献率中，主要包括不同控制单元、不同行政区的点源、非点源排放量贡献率以及不同种类的非点源和点源贡献率。

（1）点源与非点源对不同控制单元、不同行政区的污染贡献率

在核算所有计算单元的污染物负荷量的基础上，基于行政区、控制单元与计算单元空间关系，核算每个行政区、每个控制单元的点源、非点源负荷量及其占比，确定点源与非点源对不同控制单元、不同行政区的污染贡献率。

（2）不同类型污染源对不同控制单元、不同行政区的污染贡献率

利用比例法，分别求取畜禽养殖、农村生活、种植业、水产养殖等不同类型的非点源排放量，以及规模化畜禽养殖、污水处理厂、工业源等不同类型的点源在不同行政区、不同控制单元的排放量，核算不同类型污染源的比例，求取其污染贡献率。

4.2.2 基于化学质量平衡原理和一维河网模型的贡献率核算

基于一维河网模型，充分考虑污染源与排污口之间的上下游关系，采用有限的一维河网模型，利用化学质量平衡法进行河网附近区域的贡献率计算。化学质量平衡法这类受体模型因其不受污染源源强的限制，不依赖于距离、扩散系数等多种特性参数而在源解析方面得到广泛应用。化学质量平衡法的基础是质量守恒，即污染源的组分与采样点污染物的组分呈线性组合，通过一维模型中目标断面的模拟值作为受体面的数值进行计算分析：

$$C_i=\sum_{j=1}^{J}Q_j\times s_j=\sum_{j=1}^{J}\frac{\mathrm{e}^{-k\frac{x_j}{u_j}}\times F_j}{\sum_{i=1}^{I}\mathrm{e}^{-k\frac{x_{ij}}{u_{ij}}}\times F_{ij}}\times s_j$$

式中　C_i——目标断面组分 i 的浓度测量值，mg/L；

Q_j——第 j 个源在目标断面的污染物成分谱，即第 j 个污染源的组分 i 在目标断面的含量，mg/mg；

s_j——第 j 个污染源对受体贡献的浓度值，mg/L；

j——污染源的数目，$j=0$，2，…，J，$j=0$ 表示的污染源是上游断面；

i——组分的数目，$i=1$，2，…，I；

F_{ij}——第 j 个污染源的在采样点的污染物成分谱，即污染源中组分 i 的含量测量值，mg/mg；

u_j——污染源排放组分 j 的流速；

x_j——第 j 个污染源排放口到目标断面的距离，km；

k——污染组分的经验衰减系数，d^{-1}。

其他参数同前。其中，污染组分的衰减系数 k，受当地自然条件、水体污染程度、流速、气温等因素的影响，不同地区不同分析。

4.2.3 基于化学质量平衡原理和非点源模型的贡献率核算

在全流域构建覆盖所有污染源的一维模型，难度十分巨大，可以考虑利用计算过程中能覆盖所有区域的非点源模型，开展贡献率的计算。非点源模型主要是针对不直接排入河道的非点源污染建立的，其工作对象可以是某个大面积的流域，而非仅仅局限于河道。非点源模型在流域范围内分为水文、沉积物、水质等多个模块计算，再将多个模型叠加，得出最终的污染量数据。在流域贡献率计算中，先利用非点源模型进行非点源污染量的计算，得出目标断面的非点源污染量，再基于化学质量平衡法的原理（考虑衰减系数），减去模型中相应的非点源的输入进行模拟，原总污染量减去计算得出的污染模拟值除以原总污染量，即为目标非点源的贡献率。

4.2.4 基于排除法的污染源贡献率核算

利用水动力水质模型进行情景模拟，基于排除法模拟出污染源存在与否条件下断面的水质浓度与通量，从而计算水质断面污染源贡献率。具体流程为设定污染源全部排放为基准情景，模拟所有污染源排放作用下的断面水质状况，获取基准情景下的水质断面的污染物浓度值以及水流流量，污染物浓度乘以流量得到总污染负荷；之后进行排除法的情景模拟，依次在模型中污染源输入表中移除某一污染源，利用水质模型获取污染源剔除下的水质断面的污染物浓度值，将其与基准情景的模拟值差值作为移除的单一污染源产生的污染物浓度值，并根据模型模拟结果得到水质断面流量，得到该污染源的污染负荷；以此类推，依次剔除污染源，最终获取各个污染源在水质断面的污染负荷，以该污染源的污染负荷除以总污染负荷即为该污染源对水质断面的贡献率。

4.2.5 基于增加法的污染源贡献率核算

利用水动力水质模型进行情景模拟，基于污染源增加法模拟出污染源依次增加后的断面的水质浓度与通量，得到污染源水质断面贡献率。首先对只有一种污染源的情景进行模拟，以此为基准情景，模型模拟结果为该污染源在水质断面的污染物浓度值以及水流流量；之后增加单一污染源输入，模拟基准情景与该污染源共同作用下的断面水质状况，将其与基准情景的差值作为新增的单一污染源的影响；以此类推，最终获取各种污染源在水质断面污染负荷，某一污染源对水质断面的贡献率为该污染源负荷在总污染负荷的占比。

4.2.6 基于河道断面污染物通量占比法的污染源贡献率核算（数值模拟法）

水动力水质模型与数学公式联用也被用于水质断面污染源贡献率的计算。基于水动力水质模型，将河流划分为多个河段，进入某个河段 i 的污染物负荷包括点源负荷和面

源负荷，通过进入河段 i 的污染物总量计算公式得河段 i 的污染总通量。一般的污染源入汇到河网的概况如图 4-2 所示：图中，A/B/C 为计算单元；$c_{up} \times q_{up}$ 为模型计算的当前时刻当前单元入流的污染物通量（浓度×流量）；$c_{out} \times q_{out}$ 为模型计算的当前时刻当前单元出流的污染物通量（浓度×流量）；c_{in} 为旁侧入汇污染物入河总浓度；q_{in} 为旁侧入汇污染物入河总流量。

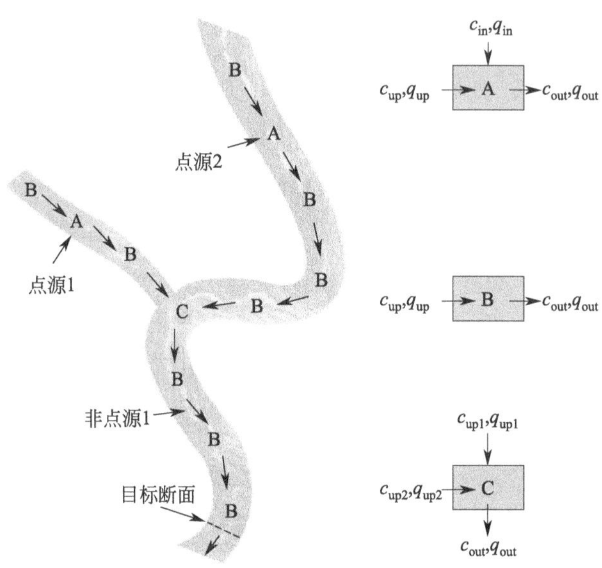

图 4-2　流域河网断面污染通量贡献计算方案

计算获得不同时刻，每个计算单元中污染物的消减系数 K。根据消减系数 K，计算污染源排入河道后，到达目标断面的剩余总量，进而得到贡献率。计算公式如下：

$$W_i = \sum_{j-1}^{N_{ps,i}} Q_{ps,i,j} C_{ps,i,j}$$

$$W_{nps,i,j} = \frac{Q_{nps,i,j} C_{nps,i,j}}{L_{i,j}} \times \Delta X_{i,j}$$

式中　W_i——河段 i 的某段时间内的污染物通量；

$W_{nps,i,j}$——河段 i 中非点源 j 的负荷量；

$N_{ps,i}$——流入河段 i 的点源个数；

$C_{ps,i,j}$——河段 i 中点源 j 污染物浓度，mg/m^3；

$C_{nps,i,j}$——河段 i 中非点源 j 的污染物浓度，mg/m^3；

$Q_{ps,i,j}$——河段 i 中点源 j 的流量，m^3/d；

$Q_{nps,i,j}$——河段 i 中非点源 j 的流量，m^3/d；

$L_{i,j}$——非点源 j 流入河段 i 的长度，m；

$\Delta X_{i,j}$——河段 i 和非点源 j 重叠部分的长度，m。

基于模型模拟结果，得到水质断面的污染浓度与通量，建立入河污染负荷与模型模拟之间的联系，计算污染物河段通量变化率，确定污染物在河道中迁移转化后的损失程

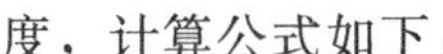

度，计算公式如下：

$$K_i=1-\frac{Q_{out,i}\times C_{out,i}}{Q_{out,i-1}\times C_{out,i-1}+W_i}$$

式中 K_i——河段 i 的污染物消减系数；

$Q_{out,i-1}$——河段 $i-1$ 的出流量，m^3/s；

$Q_{out,i}$——河段 i 的出流量，m^3/s，当 $i=0$ 时，$Q_{out,0}$ 指源头水流量；

$C_{out,i-1}$——河段 $i-1$ 输出污染物浓度，mg/L；

$C_{out,i}$——河段 i 的输出污染物浓度，mg/L，当 $i=0$ 时，$C_{out,0}$ 指源头水污染物浓度。

利用污染物河段通量变化率，计算污染源在河道中经过一系列复杂变化后到达水质断面处的污染负荷，从而计算污染源贡献率，计算公式如下：

$$\delta_{ps,i,j,n}=\frac{\left[\prod_{k=i}^{n}(1-k_k)\right]\times(Q_{ps,i,j}\times C_{ps,i,j})}{Q_{out,n}\times C_{out,n}}$$

$$\delta_{nps,i,j,n}=\frac{\left[\prod_{k=i}^{n}(1-k_k)\right]\times W_{nps,i,j}}{Q_{out,n}\times C_{out,n}}$$

式中 $\delta_{ps,i,j,n}$——河段 i 中第 j 个点源对目标河段 n 的污染贡献率；

$\delta_{nps,i,j,n}$——第 i 个河段中所涉及的第 j 个面源的直接污染负荷量对目标河段 n 的污染贡献率；

k_k——河段 k 的消减系数；

$Q_{out,n}$——研究目标河段的出流量，m^3/s；

$C_{out,n}$——研究目标河段的污染物浓度，mg/L。

4.3 基于陆水耦合模型的水质断面贡献解析技术

4.3.1 模型架构

通过污染源解析技术识别流域点源和非点源，耦合 SWAT 模型和一维水动力水质模型，构建“陆-水”一体化耦合模型。以污染源解析得到的点源和非点源，判断其是否直接进入水体模型，将非直接进入水体模型的污染源作为非点源输入 SWAT 模型，得到陆源输入；再将 SWAT 模型的模拟结果作为一维水动力水质模型的边界条件。由于 SWAT 的模拟范围为整个流域，在计算的过程中，首先进行流域水文分区，在综合考虑行政区边界和控制单元边界的基础上，绘制水文单元，形成 HRU，进行 SWAT 模拟。SWAT 模拟结果中，会获得每条输入干流的支流、沟渠等出口位置的径流量和污染负荷量，将这些结果与直接入河的点源作为干流计算的边界条件。再以一维水动力水质模型，计算流域的水动力和水质情况，进而分析不同入汇源对干流水质的影响。

“陆-水”一体化耦合模型的架构如图 4-3 所示。

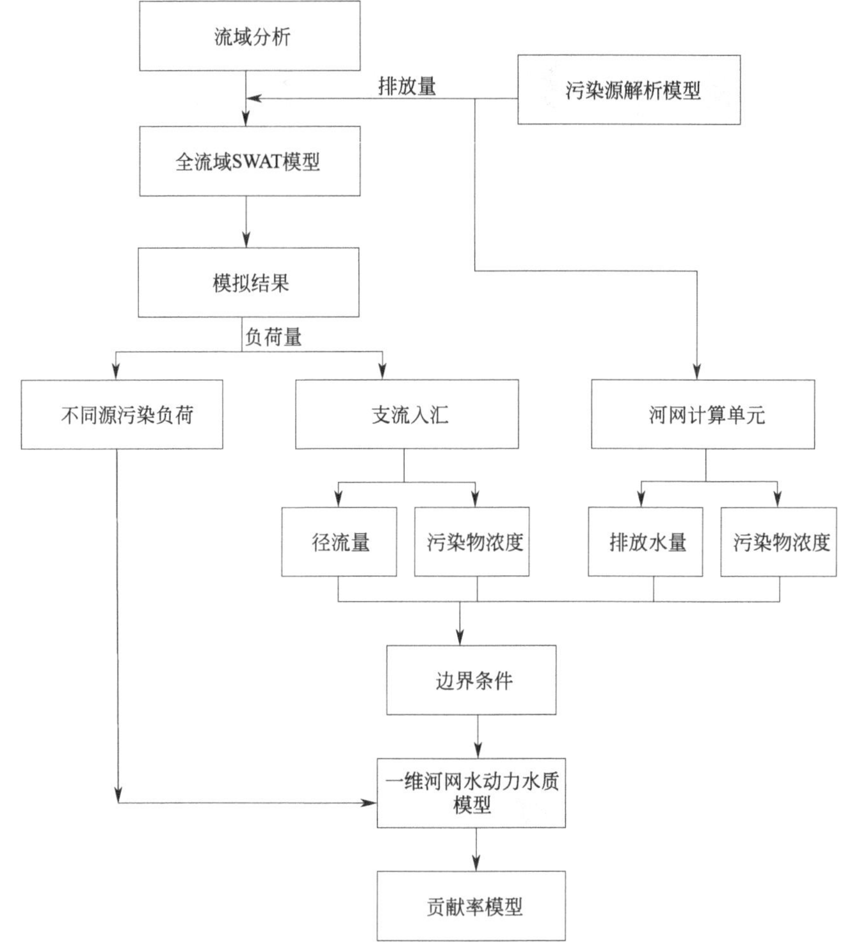

图 4-3 “陆-水”一体化耦合模型架构

4.3.2 陆源解析模型

采用清单分析法与扩散模型结合的方式进行陆源解析。基于清单分析和扩散模型的陆源解析过程中，首先通过清单分析确定研究区的主要污染源，明确污染源产生的污染物通量、总量，并确定主要的污染物以及本课题的重点分析指标；在此基础上，应用 SWAT 模型构建流域的非点源模型，模拟非直接入河的污染源量，最终结合直接入河的点源，形成能汇入研究区水体的入河污染源清单，包括污染源类型、通量和总量。

污染源解析技术流程如图 4-4 所示。

清单分析利用经验公式法（排污系数法），进行点源和非点源的解析。其中，点源指所有汇入流域内的入河点源，通过污染源普查获得；非点源包括城镇和农村生活、畜禽养殖、农田种植、水产养殖和城市径流。

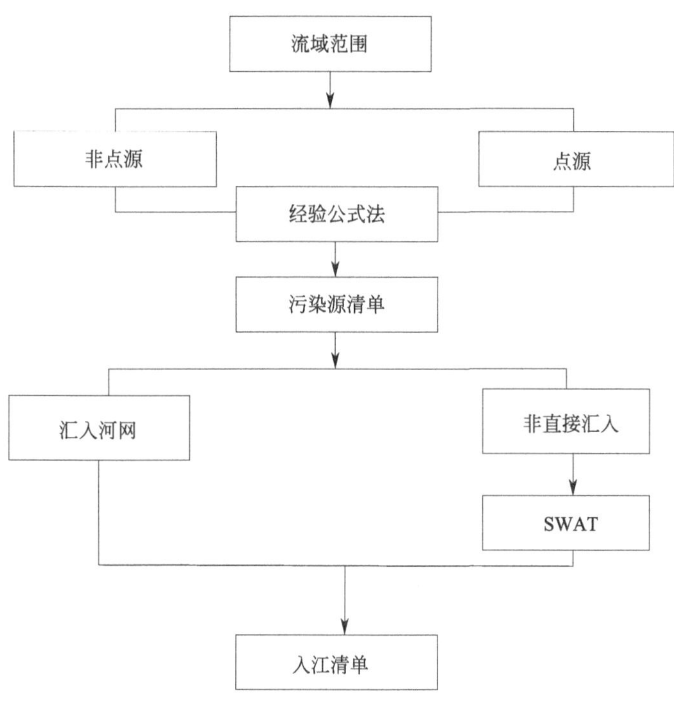

图 4-4　污染源解析技术流程

4.3.2.1　城镇生活源

根据《第一次全国污染源普查城镇生活源产排污系数手册》，城镇生活污染源污染物排放量公式的核算方法为：

$$G_p = 365 \times NS_p \times 10^{-10}$$

式中　G_p——城镇居民生活污水和污染物排放量，万吨/年；

N——城镇居民常住人口，人；

S_p——城镇居民生活污水或污染物产生系数和排放系数，克/(天·人)。

城镇生活源排污系数参考《第一次全国污染源普查城镇生活源产排污系数手册》确定。

4.3.2.2　农村生活源

农村生活污水污染负荷的排放量计算公式如下：

$$G_p = 365 \times NS_p \times 10^{-10}$$

式中　G_p——农村生活中，某种污染物的排放量，万吨/年；

N——农村居住区人口数，人；

S_p——农村人均污染物排放定额，克/(人·天)。

根据《村镇生活污染防治最佳可行技术指南（试行）》（HJ-BAT-9）获得相关系数。

4.3.2.3　农业种植源

农田径流负荷主要包括农田固废和农业化肥两大类。农田固废主要包括秸秆、残株、藤蔓、外壳、蔬菜废物和其他物品等，是种植业生产过程中的副产物。一些农田固废的处理方式与地表径流密切相关，如直接还田、堆肥还田和弃置乱堆等，其中以弃置乱堆受地表径流的影响最大，污染也最为直接；农业化肥的施用可为植物生长提供必需的一种或多种营养元素，能提高作物产量并保持作物稳产，是现代农业种植中不可缺少的一种物质投入。化肥中的氮、磷等营养元素随地表径流或农田排水进入水体是造成河流湖泊富营养化的一个重要原因。本次主要对农田化肥施用过程所带来的污染进行估算。农田中，氮肥和磷肥施用带来的污染负荷量计算公式为：

$$P=\sum(A_N F_N+A_P F_P)/10^4$$

式中 P——农业种植污染物负荷量，10^4 t/a；

A_N——农田氮肥施用量，t/a；

A_P——磷肥施用量，t/a；

F_N——氮肥的流失系数，%；

F_P——磷肥的流失系数，%。

流失系数参考《第一次全国污染源普查农业污染源肥料流失系数手册》确定。

4.3.2.4 畜禽养殖源

畜禽养殖废弃物处理不及时不合理，其堆放或排放将造成大量养分流失，从而带来严重的水污染问题。例如，在畜禽粪尿的储存和处理过程中，由于储粪池、氧化塘等设备的设计问题，导致粪污下渗或污染物外溢造成水体污染；粪尿归田利用的过程中，随地表径流、农田排水和土壤水等途径进入水体造成污染；其他随意堆放未经处理的畜禽粪便，在降水动力冲刷作用下，大量流失进入水体造成水体污染。粪尿污染物数量通常与动物种类、生长期、生产性能（如蛋鸡和肉鸡）、饲料种类等因素有密切关系。本研究中，主要考虑来自牲畜（猪、牛）和家禽养殖产生的污染物。

$$M=\sum_{i=1}^{n} C_i P_i \times 365/10^7$$

式中 M——畜禽养殖污染物排放量，万吨/年；

C_i——猪（牛）的总头数，头；

P_i——猪（牛）的排放系数，千克/(头·天)。

排污系数参照《第一次全国污染源普查畜禽养殖业源产排污系数手册》确定。计算过程中，根据全国水域纳污能力核定要求，将畜禽换算成猪，换算关系如下：30 只蛋鸡折合为 1 头猪，60 只肉鸡折合为 1 头猪，3 只羊折合为 1 头猪，1 头牛折合为 5 头猪。

4.3.2.5 水产养殖源

水产养殖的废污水主要来自水产养殖的饵料投放、水产品的粪便排放等。水产养殖污水直接入水体，本研究中选择区域养殖量最大的水产品为该区域的代表性水产品，根据排污系数法核算其污染排放量，计算公式为：

$$M_N=(C\times N_f-N_b)\times 10^3$$

$$M_{\mathrm{P}}=(C \times P_{\mathrm{f}}-P_{\mathrm{b}}) \times 10^{3}$$

式中 M_{N}——氮负荷量，kg/t；

M_{P}——磷负荷量，kg/t；

C——饵料系数；

N_{f}——饵料中的氮含量,%；

P_{f}——饵料中的磷含量,%；

N_{b}——养殖生物体内氮的含量,%；

P_{b}——养殖生物体内磷的含量,%。

水产品养殖的污染物排污系数根据《第一次全国污染源普查水产养殖业污染源产排污系数手册》中的产排污系数确定。

4.3.3 陆地入汇模型

4.3.3.1 水文过程子模型

SWAT模型可模拟流域内多种不同的水循环物理过程，并将之分为水循环陆面部分（产流和坡面汇流部分）和水循环水面部分（河道汇流部分）。

(1) 水循环陆面部分

模型按地形和水系情况将研究区域分成若干小的子流域，以获得各小流域水土侵蚀和营养物质流失的时空变化规律。在此基础上，将子流域进一步划分为水文响应单元(HRUs)，一个HRU具有唯一的土壤类型、土地利用属性和坡度等级，HRU是模型计算的最小单元，SWAT在各个HRU上独立运行，并将计算结果在子流域出口汇总。为方便输入参数，子流域模块可分成：气象、水文、泥沙、作物生长、营养物、农药/杀虫剂、土壤温度和农业管理8个组件。计算过程中考虑气候、水文和植被覆盖三方面的因素。

1）气候因素

流域气候（特别是湿度和能量的输入）直接影响流域的水量平衡，也决定了水循环中不同要素的重要程度。SWAT所需要输入的气候因素变量包括日降水量、最大最小气温、太阳辐射、风速和相对湿度。

2）水文因素

计算下渗时主要考虑初始下渗率和最终下渗率两个参数；蒸散发过程主要包括水面蒸发、裸地蒸发和植被蒸发；壤中流的计算与重新分配同时进行，用动态存储模型进行预测；地表径流计算采用SCS曲线法或GREEN&Ampt方法；地下水径流在模型里面被划分为浅层地下水和深层地下水分别计算。

3）植被因素

SWAT模型可利用单一的植物生长模型模拟所有类型的植被覆盖。植物生长模型能区分一年生和多年生植物，用来判定根系区水和营养物的移动、蒸腾和生物量或产量。

(2) 水循环水面部分

水循环的水面部分即河道汇流过程，即河水汇集到流域出口的过程。SWAT模型主要考虑了水、泥沙、化学物质（N，P）和农药在河道中的迁移，分为主河道汇流、水库汇流计算两部分。

1）主河道汇流计算

主河道的演算分为径流、泥沙、化学物质和有机物四个模块进行。演算中一部分水通过蒸发或河床渗漏流失，另一部分被人类取用，演算化学物质时还需考虑点源污染的输入。河道水流演算采用变动存储系数模型或马斯京根法。模型用变动存储系数法或Muskingum 法来进行河道水流演算。流量和流速用 Manning 公式来计算，且考虑了传输损失、蒸发损耗、分流、回归流等情况。泥沙运移演算由沉积和降解两个过程同时组成，降解部分可通过修正后的 Bagnold 水流动力方程计算。

2）水库汇流计算

水库的水量平衡主要考虑了入流、出流、降雨、蒸发和渗流等因素。计算水库出流时，SWAT 模型提供 4 种方法：

① 日实测出流数据；

② 月均观测总出流数据；

③ 对不加控制的小型蓄水体，在平均年释放率的基础上分情况讨论；

④ 对于有专门管理的大型蓄水体，需要制定一个月调控目标值。

4.3.3.2 土壤侵蚀子模型

陆地模型采用修正后的通用土壤流失方程 MUSLE 模拟土壤侵蚀，其计算方程为：

$$\text{sed}=11.8\times(Q_{\text{surf}}\times q_{\text{peak}}\times \text{are}_{\text{hru}})^{0.56}\times K\times C\times P\times \text{LS}\times \text{CFRG}$$

式中 sed——产沙量，t；

Q_{surf}——地表径流量，mm/hm^2；

q_{peak}——洪峰流量，m^3/s；

are_{hru}——水文响应单元的面积，hm^2；

K——土壤可侵蚀因子；

C——作物管理因子；

P——水土保持因子；

LS——地形因子；

CFRG——粗糙度因子。

土壤可侵蚀因子的计算方程如下：

$$K=\frac{0.00021\times D^{1.14}(12-\text{OM})+3.25\times(\text{cs}-2)+2.5\times(\text{cp}-3)}{100}$$

式中 D——颗粒大小，mm；

OM——有机质的含量，%；

cs——土壤分类结构代码；

cp——坡面渗透性系数。

作物管理因子的计算方程如下：

$$C=\exp[(\ln 0.8-\ln C_{\min})\exp(-0.000115\text{rsd})+\ln C_{\min}]$$

式中 $C_{\min}$——土地覆盖和管理措施因子最小值；

rsd——土壤表层的残余量，kg/hm^2。

地形因子的计算方程如下：

$$LS=\left(\frac{L}{22.1}\right)^m\times(65.41\sin^2\alpha+4.56\sin\alpha+0.065)$$

式中 L——坡长，m；

m——指数；

α——坡角，(°)。

粗糙度因子计算方程如下：

$$CFRG=\exp(-0.053\times rock)$$

式中 rock——土壤岩石的含量,%。

4.3.3.3 污染负荷子模型

在农业非点源污染体系内，氮负荷和磷负荷是其两种重要的组成部分。一般情况下，有机氮和有机磷主要吸附在土壤颗粒的表面，当存在地表径流时二者可以通过径流转移到河道。研究表明，输沙量的浮动将导致有机氮和有机磷含量的变化，因此可以通过泥沙迁移量的变化演算得到有机氮和有机磷的含量：

$$orgN_{surf}=0.001conc_{orgN}\times\frac{sed}{area_{hru}}\times\varepsilon_{N:sed}$$

$$orgP_{surf}=0.001conc_{orgP}\times\frac{sed}{area_{hru}}\times\varepsilon_{P:sed}$$

式中 $orgN_{surf}$——随地表径流迁移到主河道的有机氮量，kg/hm^2；

$orgP_{surf}$——随地表径流迁移到主河道的有机磷含量，kg/hm^2；

$conc_{orgN}$——表层（10mm）土壤中有机氮的浓度，g/t；

$conc_{orgP}$——表层（10mm）土壤中有机磷的浓度，g/t；

$\varepsilon_{N:sed}$——有机氮的富集比；

$\varepsilon_{P:sed}$——有机磷的富集比；

sed——某天的产沙量，t；

$area_{hru}$——HRU的面积，hm^2。

4.3.3.4 重点污染指标的陆地模拟概化

总磷是我国水环境质量管理的核心指标，近年来，长江流域总磷污染问题日益凸显，总磷已超过化学需氧量、氨氮，成为全流域最突出的污染物，受到国内外学者的关注。2016年，长江流域591个河流水质断面总磷超过《地表水环境质量标准》（GB 3838—2002）Ⅲ类标准的比例为32.5%，比2011年上升9.7个百分点；其中，上游区域（湖北宜昌以西）污染最重，总磷为劣Ⅴ类的断面比例为4.14%，明显高于中游区域（湖北宜昌以东至江西九江以西，0.93%）和下游区域（江西九江以东，1.56%）。磷污染的严峻形势成为长江生态环境质量改善的制约因素和突出瓶颈，生态环境部已将磷污染防治作为长江流域水污染防治的重点工作。因此，需要对磷进行重点概化。本研究陆源入汇模型中，磷考虑其不同形态的迁移过程，其概化模型如图 4-5 所示。

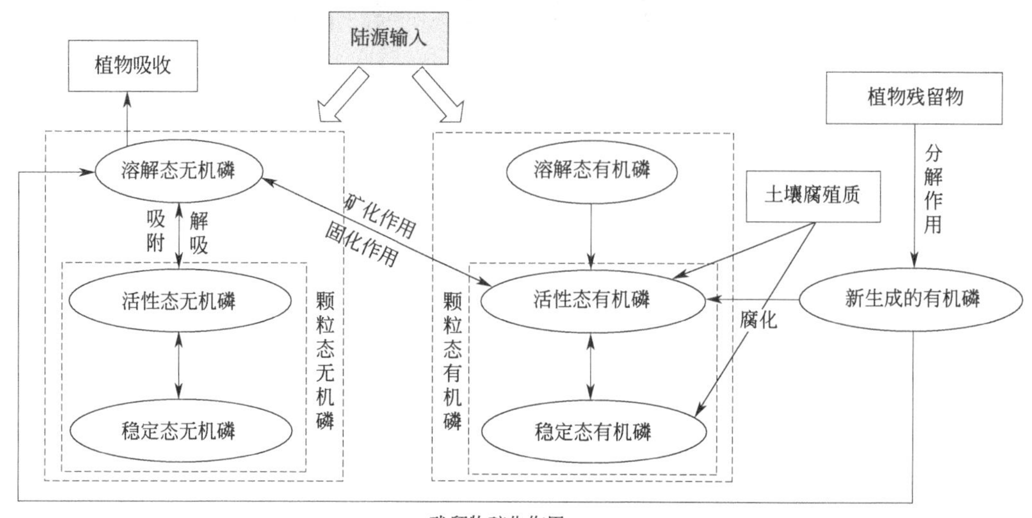

图 4-5　不同形态的磷在陆地的迁移转化过程概化模型图

(1) 有机磷和无机磷的转化

磷在土壤中经过矿化作用、分解作用和固磷作用在有机磷和无机磷之间相互转化。分解作用是指将植物残留物新生成的有机物分解为较为简单的有机组分的过程。矿化作用是指在微生物作用下，将植物不能利用的有机磷转化为植物可利用的无机磷的过程。固磷作用是指在微生物的作用下，将植物可利用的土壤无机磷转化为植物不能利用的有机磷的过程。

陆地模型中矿化作用的磷源有两种：一种是作物残留物和微生物生物质中的新生有机磷；另一种是土壤腐殖质中的活性态有机磷。矿化作用和分解作用取决于土壤水的有效性及土壤温度，仅当土壤层的温度高于 0℃时才会发生矿化作用和分解作用。为考虑土壤温度和水对相关过程的影响，矿化作用和分解作用的机理方程中引入了温度因子与水因子。

营养物循环温度因子的计算方程如下：

$$\gamma_{tmp,ly}=0.9\frac{T_{soil,ly}}{\exp(9.93-0.312T_{soil,ly})}+0.1$$

式中　$\gamma_{tmp,ly}$——土层磷循环温度因子，不能低于 0.1；

$T_{soil,ly}$——土层温度,℃；

ly——土层。

营养物循环水因子的计算方程如下：

$$\gamma_{sw,ly}=\frac{SW_{ly}}{FC_{ly}}$$

式中　$\gamma_{sw,ly}$——土层磷循环水因子，不能低于 0.05；

SW_{ly}——土层含水量，mm；

FC_{ly}——田间持水量，mm。

1）腐殖质的矿化作用

根据腐殖质中活性态有机氮与稳定态有机氮的比值，可将腐殖质中的磷划分为活性态有机磷和稳定态有机磷，两种磷含量计算方程分别为：

$$orgP_{act,ly}=orgP_{hum,ly}\times\frac{orgN_{act,ly}}{orgN_{act,ly}+orgN_{sta,ly}}$$

$$orgP_{sta,ly}=orgP_{hum,ly}\times\frac{orgN_{sta,ly}}{orgN_{act,ly}+orgN_{sta,ly}}$$

式中 $orgP_{act,ly}$——活性态有机磷含量，kg/hm^2；

$orgP_{sta,ly}$——稳定态有机磷含量，kg/hm^2；

$orgP_{hum,ly}$——腐殖质中有机磷含量，kg/hm^2；

$orgN_{act,ly}$——活性态有机氮含量，kg/hm^2；

$orgN_{sta,ly}$——稳定态有机氮含量，kg/hm^2。

腐殖质活性态有机磷矿化的磷量计算方程为：

$$P_{mina,ly}=1.4\beta_{min,ly}\times(\gamma_{tmp,ly}\times\gamma_{sw,ly})^{\frac{1}{2}}\times orgP_{act,ly}$$

式中 $P_{mina,ly}$——腐殖质中矿化的活性态有机磷量，kg/hm^2；

$\beta_{min,ly}$——矿化速率系数。

腐殖质中矿化的活性态有机磷量添加到此层中的溶解态无机磷中。

2）残留物的分解作用及矿化作用

新生有机磷的分解作用及矿化作用仅发生在第一土层中。分解作用以及矿化作用取决于衰变速率常数，该衰变速率常数是残留物中的碳氮比和碳磷比、土壤温度以及土壤含水量的函数。

残留物中的碳氮比计算方程如下：

$$\varepsilon_{C:N}=\frac{0.58rsd_{ly}}{orgN_{frsh,ly}+NO_{3ly}}$$

式中 $\varepsilon_{C:N}$——残留物中的碳氮比；

rsd_{ly}——ly 中的残留物总量，kg/hm^2；

0.58——碳占残留物的分数；

$orgN_{frsh,ly}$——ly 中的新生有机物中的氮量，kg/hm^2；

NO_{3ly}——硝酸盐含量，kg/hm^2。

残留物中的碳磷比计算方程如下：

$$\varepsilon_{C:P}=\frac{0.58rsd_{ly}}{orgP_{frsh,ly}+P_{soution,ly}}$$

式中 $\varepsilon_{C:P}$——残留物中的碳磷比；

$orgP_{frsh,ly}$——新生有机物中的磷量，kg/hm^2；

$P_{soution,ly}$——溶液中的磷量，kg/hm^2。

衰变速率常数定义了分解的残留物占残留物总量的比例，它的计算式为：

$$\delta_{ntr,ly}=1.4\beta_{rsd}\times\gamma_{ntr,ly}\times(\gamma_{tmp,ly}\times\gamma_{sw,ly})^{\frac{1}{2}}$$

式中　$\delta_{ntr,ly}$——残留物衰变速率常数；

β_{rsd}——残留物中新生有机磷矿化速率系数；

$\gamma_{ntr,ly}$——磷循环残留物合成因子。

营养物循环残留物合成因子的计算方程如下：

$$\gamma_{ntr,ly}=\min\begin{cases}\exp\left[-0.693\dfrac{(\varepsilon_{C:N}-25)}{25}\right]\\\exp\left[-0.693\dfrac{(\varepsilon_{C:P}-200)}{200}\right]\\1.0\end{cases}$$

随后，残留物新生有机磷矿化量为：

$$P_{minf,ly}=0.8\delta_{ntr,ly}\times orgP_{frsh,ly}$$

式中　$P_{minf,ly}$——新生有机磷矿化的磷量，kg/hm^2。

残留物新生有机磷分解的磷量为：

$$P_{decf,ly}=0.2\delta_{nty,ly}\times orgP_{frsh,ly}$$

式中　$P_{decf,ly}$——分解的新生有机磷量，kg/hm^2。

(2) 吸附作用

溶解态磷汇入土壤之后，由于与土壤发生反应，溶解态磷的浓度迅速降低。陆地模型中，将溶解态磷与颗粒态磷之间的反应平衡分为快速平衡状态、缓慢平衡状态两个状态，分别进行模拟。

1) 快速平衡状态

溶解态无机磷和活性态无机磷之间的快速平衡由磷的可利用率指数控制，该指数指定了快速反应期之后溶液中磷所占的比例。磷的可利用率指数的计算方程如下：

$$pai=(P_{solution,f}-P_{solution,i})/fert_{min,P}$$

式中　pai——磷的可利用率指数；

$P_{solution,f}$——经过快速反应期之后溶液中的磷量，kg/hm^2；

$P_{solution,i}$——溶解态磷进入土壤前溶液中的磷量，kg/hm^2；

$fert_{min,P}$——添加到样品中的溶解态磷量，kg/hm^2。

未达到平衡状态时，溶解态无机磷和活性态无机磷之间的反应方程如下：

$$P_{sol/act,ly}=0.1\left(P_{solution,ly}-\min P_{act,ly}\frac{pai}{1-pai}\right)\quad P_{solution,ly}\geqslant\min P_{act,ly}\frac{pai}{1-pai}$$

$$P_{sol/act,ly}=0.6\left(P_{solution,ly}-\min P_{act,ly}\frac{pai}{1-pai}\right)\quad P_{solution,ly}<\min P_{act,ly}\frac{pai}{1-pai}$$

式中　$P_{sol/act,ly}$——溶解态无机磷和活性态无机磷之间转移的磷量，kg/hm^2，当值为负时活性态无机磷转化为溶解态无机磷，当值为正时溶解态无机磷转化为活性态无机磷；

$P_{solution,ly}$——溶液中的磷量，kg/hm^2；

$P_{act,ly}$——活性态无机磷量，kg/hm^2；

pai——磷的可利用率指数。

溶解态无机磷转化为活性态无机磷的速率是从活性态无机磷转化为溶解态无机磷速率的 10 倍。

2）缓慢平衡状态

陆地模型可以模拟磷的慢吸附过程，假定活性态无机磷与稳定态无机磷处于缓慢平衡状态，在平衡状态下稳定态无机磷的含量是活性态无机磷的 4 倍。

未达到平衡状态时，磷在活性态与稳定态无机磷之间的转化量由以下方程式控制：

$$P_{sol/act,ly}=\beta_{eqP}(4\min P_{act,ly}-\min P_{sat,ly}) \quad \min P_{sat,ly}\leqslant 4\min P_{act,ly}$$

$$P_{sol/act,ly}=0.1\beta_{eqP}(4\min P_{act,ly}-\min P_{sat,ly}) \quad \min P_{sat,ly}>4\min P_{act,ly}$$

式中 $P_{sol/act,ly}$——活性态无机磷与稳定态无机磷之间转移的磷量，kg/hm^2，当值为正时，活性态无机磷转化为稳定态无机磷，当值为负时，稳定态无机磷转化为活性态无机磷；

β_{eqP}——缓慢平衡的速率常数，0.0006d^{-1}；

$\min P_{act,ly}$——活性态无机磷量，kg/hm^2；

$\min P_{sat,ly}$——稳定态无机磷量，kg/hm^2。

从活性态无机磷转化为稳定态无机磷的速率是稳定态无机磷转化为活性态无机磷的速率的 1/10。

（3）淋溶作用

磷在浓度梯度作用下，主要通过扩散作用在土壤溶液中进行小距离（1～2mm）范围内的迁移。由于磷的迁移率低，陆地模型只考虑溶解态磷从表层 10mm 土层淋溶到第一土壤层，该过程中迁移的溶解态磷量为：

$$P_{perc}=P_{soltion,surf}\times w_{perc,surf}/(10\rho_b \text{depth}_{surf}\times k_{d,perc})$$

式中 P_{perc}——从表层 10mm 土层运移到第一土壤层的磷量，kg/hm^2；

$P_{soltion,surf}$——表层 10mm 土层溶液中的磷量，kg/hm^2；

$w_{perc,surf}$——某天从表层 10mm 土层渗透到第一土壤层的水量，mm；

ρ_b——表层 10mm 土层的容重（假定等于第一土壤层的容重），mg/m^3；

depth_{surf}——土壤表层的深度，10mm；

$k_{d,perc}$——磷的渗透系数，磷的渗透系数指渗透液中磷的浓度与表层 10 mm 土层中磷浓度的比值。

4.3.4 河网水动力水质模型

4.3.4.1 水动力水质过程

以陆源解析的水动力水质输出结果为来流和边界条件，以典型区下游水位为边界条件，以区域内水库闸站控制为控制条件，构建一维水动力水质模型。由于化工厂和污水处理厂排放废水中，大部分污染物具有可溶性，忽略污染物的沉积等物理化学过程，主要考虑污染物的迁移和扩散过程，构建包含水流连续方程、动量方程的污染物迁移扩散方程的一维水质模型，模型的基本方程如下。

(1) 水流连续方程

$$B\frac{\partial h}{\partial t}+\frac{\partial Q}{\partial x}=q$$

(2) 水流动量方程

$$\frac{\partial Q}{\partial t}+\frac{\partial uQ}{\partial x}+gA\frac{\partial z}{\partial x}+\frac{g{n_{1d}}^2Q^2}{AR^{4/3}}=0$$

式中 x——河道纵向坐标或河长，m；

g——重力加速度；

t——时间，s；

A——河道断面面积，m^2；

B——河宽，m；

h——水深，m；

z——水位，m；

Q——流量，m^3/s；

q——河道侧流汇入或流出的流量，m^3/s；

u——断面平均流速，m^2/s；

R——河道水力半径，m；

n_{1d}——河道糙率。

(3) 污染物对流扩散方程

$$\frac{\partial Ac}{\partial t}+\frac{\partial Qc}{\partial x}=\frac{\partial}{\partial x}\left(AE_x\frac{\partial c}{\partial x}\right)+A\left(S_{kp}+S_{kc}-\frac{1}{h}D_s\right)$$

式中 c——污染物浓度，mg/L；

A——断面面积，m^2；

Q——流量，m^3/s；

E_x——扩散系数，m^2/s；

S_{kp}——边界负荷率（包括上、下游，大气来源），mg/(L·d)；

S_{kc}——水体生态转化引起的源项，mg/(L·d)；

D_s——底泥污染物浓度变化速率，mg/(L·d)。

4.3.4.2 泥沙输移过程

(1) 泥沙输移对流扩散方程

$$\frac{\partial S_n}{\partial t}+\frac{\partial uS_n}{\partial x}=\frac{\partial}{\partial x}\left(D\frac{\partial S_n}{\partial x}\right)+\alpha_n\omega_n(S_n^*-S_n)$$

式中 D——扩散系数；

S_n——第 n 组泥沙的断面平均含量；

S_n^*——水流对第 n 组泥沙的挟沙力；

ω_n——第 n 组泥沙的沉速；

α_n——第 n 组泥沙的恢复饱和系数。

(2) 推移输沙率

采用窦国仁公式计算推移输沙率（q_{bn}）：

$$q_{\mathrm{bn}}=P_{\mathrm{bn}}K_{\mathrm{i}}(u-u_{\mathrm{c}})u^3/gh\omega_n$$

式中 P_{bn}——床沙级配；

ω_n——n 组泥沙推移质平均粒径对应的沉速；

u_{c}——推移质平均粒径对应的起动沉速；

K_{i}——经验系数。

推移输沙率由推移质分组输沙率乘以推移质级配得到。

(3) 河床变形方程

$$\frac{\partial z_{\mathrm{b}}}{\partial t}=\sum_{n-1}^{1}\alpha_n\omega_n\frac{S_n-S_n^*}{r'_{\mathrm{s}}}$$

式中 z_{b}——断面平均河床高程；

r'_{s}——泥沙平均干容重。

(4) 床沙级配调整方程

$$\gamma'_{\mathrm{s}}\frac{\partial E_{\mathrm{L}}p_{\mathrm{bn1}}}{\partial t}+\partial_n\omega_n(S_n-S_n^*)+[\varepsilon_1 p_{\mathrm{bn1}}+(1-\varepsilon)p_{\mathrm{bn0}}]\gamma'_{\mathrm{s}}\left(\frac{\partial E_0}{\partial t}-\frac{\partial E}{\partial t}\right)=0$$

式中 E_0——初始河床的床沙厚度；

E_{L}——混合层厚度；

p_{bn1}——混合层级配；

p_{bn0}——床沙级配；

ε_1——系数，当混合层在冲刷过程中涉及原始河床时 $\varepsilon_1=0$，否则 $\varepsilon_1=1$；

γ'_{s}——悬移质的干密度；

∂_{n}——悬移质泥沙恢复饱和系数；

ε——泥沙扩散系数；

E——混合层厚度。

4.3.4.3 重点污染指标在水体的反应动力学过程

(1) 磷在水体的反应动力学机理

本研究构建的河网模型中，磷在水体中的形态包括溶解态磷和颗粒态磷，暂不考虑其他形态的磷及受植物等因素的影响，不同形态磷的反应动力学机理方程如下。

1) 颗粒态磷

颗粒态磷由于水解、沉降、吸附-解吸等作用变化，其机理方程为：

$$S_{pi}=\left[k_{ip}(T)+\frac{v_{ip}(T)}{H}\right]P_i+\Delta P_{ip}$$

式中 S_{pi}——颗粒态磷的变化量，mg/d；

P_i——T 时刻初始颗粒态磷含量，mg；

$k_{ip}(T)$——颗粒态磷的水解速率，d^{-1}；

$v_{ip}(T)$——T 时刻颗粒态磷的沉降速率，m/d；

H——水深，m；

ΔP_{ip}——颗粒态磷解吸附和溶解态磷吸附磷的变化量，mg/d。

2）溶解态磷

溶解态磷由于水解、吸附，在可沉淀颗粒物上的释放、吸附-解吸等作用变化，其机理方程为：

$$S_{pd}=k_{dp}(T)P_d+P_{dup}+\Delta P_{dp}$$

式中 S_{pd}——溶解态磷的变化量，mg/d；

P_d——T 时刻初始溶解态磷含量，mg；

$k_{dp}(T)$——表示溶解态磷的水解速率，d^{-1}；

P_{dup}——底泥沉积物释放的磷，mg/d；

ΔP_{dp}——颗粒态磷解吸附和溶解态磷吸附的变化量，mg/d。

（2）磷在水体的迁移扩散方程

模型中，磷随水流进行迁移，其迁移扩散机理方程为：

$$\frac{\partial c}{\partial t}+u\frac{\partial c}{\partial x}=E\frac{\partial^2 c}{\partial x^2}+S_c-k_d c$$

与此同时，吸附态磷还会随泥沙输移，其对流扩散机理方程：

$$\frac{\partial S_i}{\partial t}+\frac{\partial uS_i}{\partial x}=D\frac{\partial^2 S_i}{\partial x^2}+\frac{\alpha_i\omega_i}{h}(S_i^*-S_i)$$

式中 c——水中磷的浓度，mg/L；

E——水中磷扩散系数，m/s；

k_d——水中磷的降解系数，s^{-1}；

D——泥沙扩散系数，m^2/s；

S_c——污染源项，$g/(m^3\cdot s)$；

i——第 i 组粒径泥沙；

S_i——河流过水断面第 i 组粒径泥沙的平均含量，kg/m^3；

S_i^*——水流对第 i 组粒径泥沙的挟沙力，kg/m^3；

ω_i——第 i 组粒径泥沙的沉速，m/s；

α_i——第 i 组粒径泥沙恢复饱和系数。

（3）沉积物中磷的释放通量方程

颗粒态磷沉降后，汇入沉积物中。在沉积物中，颗粒态磷分为有机磷和无机磷。其中有机磷较为稳定，无机磷在沉积物的好氧层和厌氧层中进行一定的化学作用，其最终

的质量平衡机理方程为：

$$\frac{dP_i}{dt}=J_P s_i+\omega f_{pp}+K_L f_{dp}\times m_i$$

$$f_{dp}=\frac{\sum_{i=1}^{n}(m_i\pi_{pi})}{\sum_{i=1}^{n}m_i}$$

$$f_{pp}=1-f_{dp}$$

式中 P_i——上覆水中的溶解态磷含量，g/m^3；

J_P——沉积物中磷的释放速率，$g/(m^2 \cdot d)$；

f_{pp}——沉积物中无机磷的含量比例；

f_{dp}——沉积物中有机磷的含量比例；

ω——无机磷转化为有机磷的转化系数；

K_L——有机磷转化为无机磷的传质系数；

s_i——单位体积水体中 i 层沉积物面积，m^2/m^3；

m_i——i 层沉积物浓度，g/m^3；

π_{pi}——i 层沉积物中有机磷的分配系数。

4.3.4.4 初边界条件

初始条件根据初始时刻干流各水文站和水位站的实测资料，以及水质断面的水质监测资料，通过插值内插出初始变量沿程分布，确定计算初始条件。

$$\phi=\phi(x,0)\quad(t=0)$$

式中 ϕ——可以表示 Q、z 和 c。

上边界条件取陆地模型模拟的上游流量过程，下边界给定取实测模拟的水位变化过程。

上游边界条件：

$$Q=Q(0,t)\qquad c=c(0,t)\qquad(x=0)$$

下游边界条件：

$$z=z(L,t)\qquad \frac{\partial c}{\partial x}=0\qquad(x=L)$$

侧向入汇条件：侧向入汇选择陆地模型模拟的非点源入汇和环境统计直接排入干流的点源入汇条件。

4.3.5 计算单元关联与汇总

陆地模型的水文计算单元分区和行政区划的相互关系是水文模型应用于水环境管理的难题。由于水文分区和行政分区边界的关系复杂，在以往的研究和实践中，多通过两者纯粹的空间关系确定相互之间的相关性，典型的是采用面积权重法进行分配。该方法假定区域的社会经济参数均匀分布，首先在源数据区域叠加目标数据区域，然后确定每个源数据区域落在某一目标区域的面积比例，根据面积比例分配属性值。例如，在分析不同乡镇对

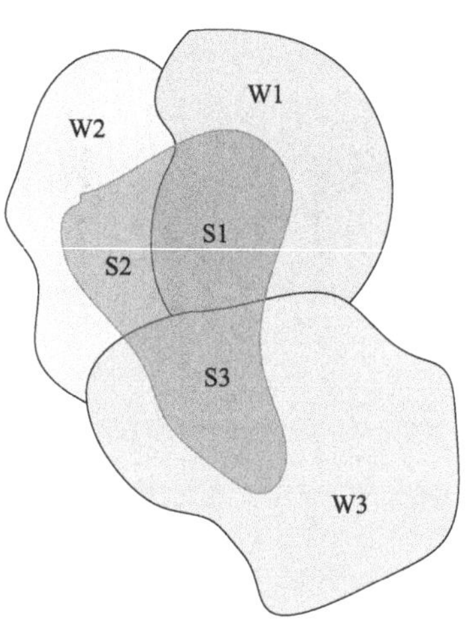

图 4-6 水文分区

水文分区污染物总量的排放过程中，往往通过空间分析，求取不同水文分区中所包括的行政区域的面积，通过面积的比例系数，确定水文分区中的废污水和污染物排放量。设定目标区域 T，如图 4-6 中的水文分区。

T 共涉及 3 个乡镇 W1、W2、W3（面积分别为 S_{W1}、S_{W2}、S_{W3}），其与 W1、W2、W3 相交的区域为 S1、S2、S3，W1、W2、W3 的污染物排放量为 $A1$、$A2$、$A3$，则对应的目标区域 T 的排放量为：

$$A_T = A1 \times S_{S1}/S_{W1} + A2 \times S_{S2}/S_{W2} + A3 \times S_{S3}/S_{W3}$$

相应地，面积权重法的公式可以表达为：

$$A_T = \sum_{i=1,n}^{N} (A_{Wi} \times S_{ci}/S_{Wi})$$

式中 A_T——目标区域 T 的排放量；

A_{Wi}——与目标区域 T 相交的第 Wi 区域的排放量；

S_{ci}——W i 与目标区域 T 相交区域的面积；

S_{Wi}——Wi 区域的总面积。

上述方法获得的目标区域的值，是以假定所有区域中，其排放量等相关的值在空间具有均匀性为前提的。在乡镇尺度，由于乡镇面积相对较小，利用均匀平分法具有一定的合理性。但是，在现实管理中，统计数据往往只到市县级，市县区域面积大，空间分异明显，通过市县进行乡镇的平均再进行水文分区的平均所反映的污染物排放、废污水排放，与实际情况相差较为明显。需探索一种在乡镇尺度的非均匀分配方法。本项目综合国内外相关研究成果，提出来一种基于多因子权重的分配方法，按照城镇生活源、第三产业源、农村生活源、畜禽养殖源、农业种植源等进行综合分配。

以人口权重为例，基于乡镇人口数量权重的污染物分配到各个水文单元可以表述为：

$$A_T = \sum_{i=1,n}^{N} A_{Si}$$

$$A_{Si} = A_{Wi} \times \sum_{i=1}^{K} (P_{ci}/P_{Wi})$$

式中 A_{Si}——目标区域 T 与 Wi 相交区域 Si 的污染物排放量；

A_{Wi}——Wi 乡镇的污染物排放量；

P_{ci}——目标区域 T 与 Wi 相交区域的人口数；

P_{Wi}——Wi 乡镇的人口数。

在计算过程中，通过统计年鉴获得各市的生活和三产污染物排放量 A_W，利用人口所占全市的权重，分配到各个乡镇，再基于面积权重法，获得每个乡镇与水文分区相交区域的排放量，各个区域的排放量之和即为该水文分区的生活和三产污染物排放量。

4.3.6 陆地-河网耦合模型

将河网模型的输入以固定格式的文本文件确定下来，作为陆地模型的对接接口，陆

地模型在输出各出口径流量和污染负荷量的同时，输出符合河网模型输入需要的文件。陆地-河网耦合模型通过模型的输入输出将陆地模型和河网模型集成起来，两个模型既保持相互独立又能无缝集成，以更好地分析污染物在陆地和水体的迁移全过程。

4.4 流域污染源水质断面贡献率时空变化分析

流域内控制断面的不同污染源的按照时间、空间位置对其污染物入河量进行统计分析，输入陆水耦合模型，得到不同时空的污染源贡献率动态变化结果。

4.4.1 时间贡献率变化分析

(1) 年贡献率变化分析

对流域内控制断面的不同污染源的不同年份污染物入河量进行统计分析，输入陆水耦合模型，得到不同年份内的污染源贡献率动态变化结果。

(2) 水期贡献率变化分析

对流域内控制断面的不同污染源的不同水期污染物入河量进行统计分析，获取枯水期、平水期与丰水期的污染源入河量，输入陆水耦合模型，得到不同水期内的污染源贡献率动态变化结果。

(3) 月份贡献率变化分析

对流域内控制断面的不同污染源的不同月份污染物入河量进行统计分析，输入陆水耦合模型，得到不同月份内的污染源贡献率动态变化结果。

4.4.2 空间贡献率变化分析

(1) 城市贡献率变化分析

各水质断面的首要污染城市不尽相同，不同城市对水质断面的污染贡献率也有较大的差别。对流域内控制断面的不同城市污染源的污染物入河量进行统计分析，输入陆水耦合模型，得到不同城市污染源的贡献率结果。

(2) 乡镇贡献率变化分析

各水质断面的首要污染乡镇不尽相同，不同乡镇对水质断面的污染贡献率也有较大的差别。对流域内控制断面的不同乡镇污染源的污染物入河量进行统计分析，输入陆水耦合模型，得到不同乡镇污染源的贡献率结果。

(3) 控制单元贡献率变化分析

各水质断面的首要污染控制单元不尽相同，不同控制单元对水质断面的污染贡献率也有较大的差别。对流域内控制断面的不同控制单元污染源的污染物入河量进行统计分析，输入陆水耦合模型，得到不同控制单元污染源的贡献率结果。

第5章 污染源调控实际实施后效果评价

5.1 流域污染源调控理论

河网地区河流密布交织，水流情势复杂多变，其往往又是人口密布、经济发达地区，污染源种类众多，在时间与空间的分布上错综复杂。因此针对河网地区的水污染源调控研究面临着复杂的水力联系、过高的污染物入河量与薄弱的水环境承载力等多重困难。为保护水环境，推动生态文明建设，我国从政策、产业等各方面开展工作促进污染防控。在技术设备方面，形成了从技术、设备、工程到投资与运营等较为完整的产业链[54]；在国家制度政策方面，先后出台了《城镇排水与污水处理条例》《水污染防治行动计划》《“十三五”全国城镇污水处理及再生利用设施建设规划》《中华人民共和国水污染防治法》等十余部政策法规[55]。污染源治理技术设备的开发与应用，以及体制机制的完善，都会对污染源的调控治理产生积极的作用。但是它们产生的效用有多大，效率有多高，还需要准确的评价，以找到污染源调控过程中的不足之处，有的放矢，提高调控效果。水污染源调控效果的评估是污染源控制方案制定前、实施后的重要内容，对指导选择最优调控方案、评价方案是否达到既定目标、开展方案完善具有重要的意义，是污染源调控与水环境治理达到最佳效果的必要过程。污染源调控效果评价，涉及调控方案的选择、调控指标的构建以及调控效果评价量化技术的确定等多方面的内容，涉及社会、经济、技术、环境等多个层面，需要一套完整、全面的污染源调控实际实施后的评价体系。

污染源调控理论是指人为的或利用数值模型实施不同方式的调节方法使得污染源消减、增加的过程。污染源调控过程中的调控方案复杂多样，包括控源减排（如工业源、城镇生活源或面源、内源治理）、生态流量改变（抽排或减排流量）以及包含物理方式（底泥疏浚、河道曝气）、生物方式（生态净化、微生物修复）和化学方式（中和法、化学混凝法等）的原位处理方法等，都是从不同角度达到污染物浓度发生相应改变的目的。污染源调控效果评估技术也是复杂多样的，大致可分为确定性方法和不确定性方法，每个方法的侧重有所不同。在污染源调控过程中，研究人员应当对症下药，因地制宜，有针对性地采取措施解决问题。

5.2 流域污染源调控技术方法

影响流域水体质量的污染源主要分为点源和面源两类，点源污染，是由可识别的单污染源引起的空气、水、热、噪声或光污染。点源具有可以识别的范围，可将其与其他污染源区分开来。由于在数学模型中，该类污染源可被近似视为一点以简化计算。对水污染而言，点源污染主要包括工业废水和城市生活污水污染，通常有固定的排污口集中排放。非点源污染正是相对点源污染而言，是指溶解的和固体的污染物从非特定的地点，在降水（或融雪）冲刷作用下，通过径流过程而汇入受纳水体（包括河流、湖泊、水库和海湾等）并引起水体的富营养化或其他形式的污染。农业面源污染主要包括种植业污染（化肥、农药、地膜等）、固体废物污染（生活垃圾、农作物秸秆、畜禽养殖废弃物)、农村生活污染3类。城市面源污染是指通过降水淋洗大气和冲刷地表而形成携带多种污染物的地表径流，以地表污染物溶解、扩散的形式污染城市受纳水体。针对污染源的防控可从技术和过程两个角度进行探究，污染的发生与发展过程历经“产-流-汇”3个阶段。针对这3个阶段，污染防控技术可以分为源头控制、过程拦截和末端净化三大类。总结如表5-1所列。

表5-1 调控技术概汇

调控过程	调控技术	技术内容
汇	人工湿地污水处理系统	利用基质、微生物、植物间的协同作用来处理污水
汇	污水再利用系统	由污水收集、处理、输配等部分组成的一个整体系统
流	毛细管沟污水处理系统	一项处理分散排放的污水的实用技术，特别适用于污水管网不完备的地区
汇	蚯蚓生态滤池处理系统	通过向土壤处理系统中接种蚯蚓，改善生态滤池的处理环境，提高污水处理效率
汇	稳定塘处理系统	利用天然净化能力的生物处理构筑物，主要利用菌藻的共同作用处理废水中的有机污染物
汇	生物膜处理技术	利用微生物分解功能，采取人工措施创造更有利于微生物生长和繁殖的环境，使微生物大量繁殖，提高对污水中有机物的氧化降解效率
汇	堆肥化处理	人为地促进可生物降解的有机物向稳定的腐殖质转化的微生物学过程
汇	固态畜禽粪便资源农肥化	利用微生物厌氧发酵有机废弃物，达到稳定化和农肥化
汇	液态畜禽粪便资源厌氧发酵沼气化	在沼气发酵装置中，在隔绝氧气的条件下，通过微生物的作用，最终将其中的碳元素分解为沼气
产	氮肥运筹优化技术	在施氮量相等的情况下，合理调整基追肥的分配比例
产	种植制度优化技术	利用合理的轮作模式减少蔬菜地N、P的盈余量
产	缓控释新型肥料技术	新型肥料中养分的释放与作物养分需求比较吻合，养分的释放供应量，前期不过多，后期不缺乏
产	土壤改良剂	施加土壤改良剂控制N、P流失
产	节水灌溉及水肥一体化技术	可有效提高水肥利用率，减少氮磷流失，并缓解土壤次生盐渍化问题
流	稻田生态田埂技术	通过适当增加排水口高度、田埂上种植一些植物等阻断径流
流	菜地增设填闲作物技术	夏天蔬菜揭棚期种植甜玉米等填闲作物，对残留在土壤中的多余养分进行回收利用，阻断其渗漏和径流
流	生物隔离缓冲带、生态拦截沟渠技术	通过建立生物(生态)拦截进化系统，有效阻断径流水中的N、P等污染物进入水环境
流	生态浮床技术	利用植物无土栽培技术为原理，将水生植物固定在浮床上，通过植物本身对氮、磷等营养物质的吸收，以及植物根系和浮床基质对水中悬浮物质的吸附作用来降低水体富营养化程度
产	改变城市建设中下垫面形式	通过改变城市下垫面的形式，增加雨水渗滤进入地下的效率
流	雨水口污染截流	在现有雨水口中增设截污装置、以截留雨水口污染物为目的的技术
汇	初期雨水污染控制(优先流法弃流池、小管弃流池、旋流分离式弃流器、自动翻板式弃流器)	一种雨水收集系统过程，针对屋面、硬化地面等地方的雨水进行收集处理，通过弃流池将初期径流的雨水排入市政污水管道内
汇	新型排水系统(MR系统)	排水的收集、输送、水质的处理和排放等设施以一定方式组合成的总体

5.3 流域污染源调控效果评价与方法

污染源调控效果评价技术，是在识别生态环境主要问题的基础上，采取合适的策略，试图改善环境效益的过程。合理的调控方案是污染源调控的关键，科学的评价与优化，则是明确不同调控方案组合实现预定目标最优化结果的前提。其核心步骤则是综合考虑生态、环境、资源、社会、经济等影响因子，建立效益评价指标体系，再利用相应的评估技术根据建立的综合效益评价体系进行调控方案实施效果的评估。目前，关于水环境污染调控评价的研究主要集中于对调控效果评估技术的研究。

从广义上看，污染源调控效果评估技术可大致分为两类：一类是层次分析法、指数法等确定性方法；另一类是模糊综合评价法、灰色关联法、物元分析法、人工神经网络法、投影寻踪模型法等不确定性方法。从各国国情发展实际出发，由于很多地区相关技术设备以及高水平人才没有满足一定的要求，在河流水质评价的众多技术模型中，确定性方法目前仍然运用较多。在已经满足能够投入一定的人力、财力实现水环境精细化管理的发达地区，不确定性方法得到了更多的运用。不确定性方法就技术方面相对于确定性方法更加全面、成熟，能够更准确地反映出实际河流的污染状态。同样从确定性方法到不确定方法的跨越过程中，研究人员根据各种传统方法的实质，分析其不足，进行不断的改进，形成实用性更强、评价效果更准确的技术方法。运用高技术含量的不确定性方法进行水环境污染调控评价还有很大的发展提升空间，是现在以及未来水环境精细化管理领域的研究热点之一。评价技术方法优缺点对比如表 5-2 所列。

表 5-2 评价技术与方法优缺点汇总

技术方法	适用性	局限性	适用区域
层次分析法	计算简单，综合性强，能够缩小主要污染要素范围	定量数据少，定性成分过多，未考虑层次权值之间的关联性	适用于污染物种类少且有区分，专家可进行评判的标度评价地区
单因子指数法	计算严谨简单，易操作	评估结果过于悲观	适用于计划重点治理地区，最大化提高水环境质量
综合污染指数法	概念清晰、计算简单，综合性和可比性强	不能判断水质污染类别，赋权方法单一，无法突出最主要污染因子的贡献	适用于污染源的各种污染物较为均衡，已明确水质污染类型的地区
模糊综合评价法	考虑所有因子的权重和隶属度，评价结果更为准确、客观	主因素突出型，容易造成信息丢失，结果失效	适用于污染源的各种污染物较为均衡，无极值现象的地区
人工神经网络法	具有模糊性和自学习性，精度高，运算快，评价结果可信度高	对相关人员知识水平要求高，对样本数据要求高	适用于有大量实测基础数据，经济发展水平较高的地区
物元分析法	定量与定性结合，个别指标与总体评价兼顾，具有独特的等级评定方式(更好反映程度变化)	监测数值超出评价标准范围时，该方法对水质类别的判定可能会失真	适用于污染源的各种污染物较为均衡，无极值现象的地区
灰色关联法	具有灰色概念，对样本数量及其规律性要求不高，适合动态分析	对权重的比例分析为均匀分配，对污染指标过低过高的情况，不能合理赋值	适用于污染源的各种污染物较为均衡，监测数据不甚完备，无极值现象的地区
投影寻踪模型法	模型原理清晰、运算效率较高，能够排除与数据结构和特征无关或关系很小的变量的干扰	对相关人员知识水平要求高，对样本数据要求高	适用于有大量实测基础数据，经济发展水平高的地区

5.4 基于数值模型的调控效果评价技术

基于数值模型的调控效果评价技术，其技术原理主要是通过数值模型模拟污染源在河道中的消减变化情况，模拟实际调控方案的实施效果，从而利用模拟数值进行调控方案的选择和调控效果的评估。基于数值模型的调控效果分析主要分为以下 6 个步骤：

① 污染源空间展布及其污染物入河量计算，通过水质质量评价技术得到目前的水环境问题；

② 构建适用于所选河网区的水动力水质模型；

③ 识别问题的症结所在（点源和面源过负荷、湖底生物量少等）；

④ 针对问题设置对应的调控方案；

⑤ 通过水动力水质模型数值模拟方式实施调控方案，得到相应调控后的水质数据；

⑥ 评估并推荐合适的水质调控方案。

此过程中主要的技术核心在于利用合适的水质质量评价技术进行水质分析，以明确问题所在，找准调控重点，确定最佳调控方案。

第6章 典型案例分析：湟水河流域水质精细化分析与管理

6.1 湟水河流域特征

湟水是黄河上游最大的一个支流，是黄河的一级支流。流经海晏、湟源、湟中、西宁、大通、互助、平安、乐都、民和九个县（市），省内（青海省，下同）长 349km，在兰州达川西古河嘴入黄河，全长 370km。干流省内流域面积 16100km^2，年平均流量 21.6×10^{8}m^3，年输沙量 0.24×10^{8}t。干流人口 296 万，占全省（青海省，下同）总人口的 57%，耕地面积 441 万亩（1 亩=666.7m^2，下同），占全省耕地面积的 49%。

湟水河流域作为青海东部城市群聚集区以及“兰新经济带”和“新丝绸之路”的关键节点和重要区域，在占全省不到 2.7%的国土面积上养育着全省 62%的人口，集中了全省超过 57%的耕地，贡献了全省超过 80%的 GDP，是引领全省可持续发展的主阵地和桥头堡。

水是湟水河流域可持续发展的命脉和要害。湟水河作为青海人民的母亲河，承担着青海省发展强度最大、社会经济最为集约地区的气候调节、水资源调蓄、景观旅游、饮用水、工农业用水、纳污等多种生态功能。同时，湟水河作为黄河上游重要的一级支流，其水质达标是青海省内，乃至黄河中上游河段水体全面达标的关键节点。

青海省属于我国西部欠发达地区，“十三五”期间，湟水河流域既要加速推进工业化、城镇化进程，实现建成小康社会的经济目标，也要加快推进生态环境保护，实现“水十条”确定的各项保护和治理目标，任务艰巨，挑战巨大，主要体现在：流域城镇化速度不断加快，产业结构偏重、偏粗、偏短，环境基础设施建设滞后，工业点源、城镇生活源和农业面源污染叠加，近远期内负荷排放总量仍将呈增加趋势。此外，从湟水河流域在水环境保护与污染治理工作开展情况来看，虽然取得了阶段性成果，但在环境管理的精细程度、系统性和综合性方面还有待提升，主要表现在：水环境目标精细化管理体系不完善、污染源名录不全、污染源排放-水质响应关系不明、问题河段水质主要超标因素以及水环境保护重大工程的环境效益解析不清、流域水环境保护缺乏系统管控方案等问题较为突出，水环境保护和改善的压力巨大。

6.2 湟水河流域污染源调查

水体污染来源按照排放方式的不同可以分为点源污染（point source pollution，PS）和非点源污染（non-point source pollution，NPS）。点源污染的概念较为清晰，一般是指通过排放口或管道排放的污染，通常包括工业企业、污水处理厂等。点源污染的排放地点具有相对稳定性，污染物的排放通常可以监测到，一般包括工业企业废污水、大型规模养殖场污水，城市污水处理厂出水。

非点源污染的来源错综复杂，它是由不规律、不集中、不定时的污染点产生的可溶性固体污染物在一定时间段内随降雨汇入河流或湖泊而产生污染。按照污染来源区域的不同，一般包括城市径流源中未收集废水部分、畜禽养殖废污水、水产养殖污水、生活径流源中的生活垃圾污水、农业生产尾水等类型。此外，垃圾堆以及矿山废石料的堆放也会产生非点源污染。

采用清单分析法与扩散模型结合的方式进行陆源解析。基于清单分析和扩散模型的陆源解析过程中，首先通过清单分析确定研究区的主要污染源、明确污染源产生的污染物通量、总量，并确定主要的污染物以及本案例的重点分析指标；在此基础上，应用 SWAT 模型构建湟水河流域的非点源模型，模拟非直接入河的污染源量；最终结合直接入河的点源，形成能汇入研究区水体的入河污染源清单，包括污染源类型、通量和总量，污染源解析技术流程如图 6-1 所示。

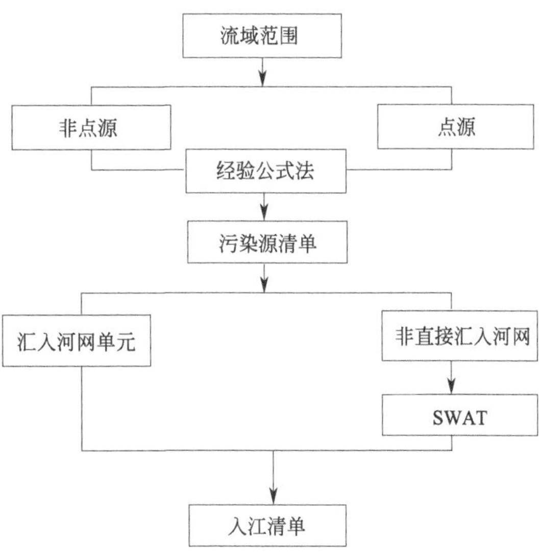

图 6-1　污染源解析技术流程

6.2.1　基于调查法的点源解析

本案例综合考虑环境统计和污染源普查数据的内容和数据特征，将点源概化为工业企业源、污水处理厂点源以及规模化畜禽养殖场点源等。基于 2015～2018 年四年湟水河流域的环境统计数据，并参考相关污染源调查成果，对湟水河流域内的点源分布进行分析。

6.2.1.1　污水处理厂

2015～2018 年湟水河流域污水处理厂的数量逐年增加，其中 2016 年有 32 家，2017 年有 59 家。基于 2015～2018 年湟水河流域污水处理厂数量，构建了流域内 4 年的污水处理厂清单，包括基表和排放量数据表，两个表的表头如表 6-1 所列。

表 6-1　污水处理厂基表与排放量数据表表头

基表表头	排放量数据表表头	基表表头	排放量数据表表头
统一新编号	统一新编号	乡镇	TP 排放量/t
单位名称	统计年份	详细地址	挥发酚排放量/t
2015 年是否存在	单位名称	经度	氰化物排放量/t
2016 年是否存在	废污水排放量/10^4t	纬度	铅排放量/t
2017 年是否存在	化学需氧量排放量/t	建成时间	汞排放量/t
2018 年是否存在	生化需氧量排放量/t	运行时间/d	镉排放量/t
组织机构代码	悬浮物排放量/t	排水去向类型名称	六价铬排放量/t
统一社会信用代码	动植物油排放量/t	受纳水体名称	总铬排放量/t
运营单位名称	石油类排放量/t		砷排放量/t
省	阴离子活性剂排放量/t		经度
市州	TN 排放量/t		纬度
区县	NH_3-N 排放量/t		

6.2.1.2 工业企业源

2015～2018 年湟水河流域工业企业的数量及分布情况如下：2016 年有 246 家，2017 年有大量增加，达 467 家，增加的工业企业主要位于北川河附近及其下游区域，到 2018 年工业企业增加的数量不多。基于上述数据，构建了流域内 4 年的污水处理厂清单，包括基表和排放量数据表，两个表的表头如表 6-2 所列。

表 6-2 工业企业基表与排放量数据表表头

基表表头	排放量数据表表头	基表表头	排放量数据表表头
编号	编号	街(村)、门牌号	
组织机构代码	统计年份	经度	
单位详细名称	组织机构代码	纬度	
2015 年是否存在	单位详细名称	开业时间/年	
2016 年是否存在	经度	开业时间/月	
2017 年是否存在	纬度	受纳水体名称	
2018 年是否存在	工业废水排放量/t	2015 年企业运行状态	
省(自治区、直辖市)	COD 排放量/t	2016 年企业运行状态	
地区(市、州、盟)	NH_3-N 排放量/t	2017 年企业运行状态	
县(区、市、旗)	TN 排放量/t	2018 年企业运行状态	
乡(镇)	TP 排放量/t		

6.2.1.3 规模化畜禽养殖源

2015 年、2017 年、2018 年湟水河流域规模化畜禽养殖源数量分别为 206 家、575 家和 8 家。基于上述数据，构建流域内 3 年的规模化畜禽养殖清单，包括基表和排放量数据表，两个表的表头如表 6-3 所列。

表 6-3 畜禽养殖源基表与排放量数据表表头

基表表头	排放量数据表表头	基表表头	排放量数据表表头
最新畜禽三年编号	最新畜禽三年编号	详细地址	
2015 年数据	养殖场名称	经度	
2017 年数据 (全部缺污水排放量)	统计年份	纬度	
		统一社会信用代码	
2018 年数据	废污水排放量/t	组织机构代码	
养殖场名称	COD 排放量/t	企业运行状态	
养殖场(小区)编码	TN 排放量/t	规模化畜禽养殖场 编号(全数字编号)	
统计年份	TP 排放量/t		
省	NH_3-N 排放量/t	汇入的排污口编号 (对应到排污口表的最后一列)	
市州	NH_3 排放量/t		
区县	经度	所在的乡镇 ID	
乡镇	纬度		

6.2.2 基于排污系数法的非点源解析

目前，关于非点源污染研究分析，一般包括城镇生活源、农村生活源、农业种植源、水产养殖源、畜禽养殖源、地表径流源，解析的方法主要是排污系数法，不同的地区、不同的研究者选择排污系数公式不一样，但在系数选择以及公式计算步骤上基本一致。本案例综合考虑数据情况、流域精细化水环境管理的需求，将非点源概括为城镇生活、农村生活、畜禽养殖、农业种植和水产养殖五种类型。具体解析模型见第 4.3.2.1～第 4.3.2.5 小节。本案例中，将城市生活源总量减去污水处理厂的收集处理量，得到的城镇生活源为城市中未收集的非点源量。湟水河干支流流域汇水区内主要为散养污染，分布在东侧岸边。

6.3 湟水河流域污染源产排量解析与时空分布

6.3.1 湟水河流域点源污染排放量解析与时空分布

6.3.1.1 不同年份点源总排放量变化情况

2015～2018 年的 COD、TN、TP 和 NH_3-N 污染物点源总排放量见表 6-4。由表中数据可以看出，4 年期间，湟水河流域内 COD 的排放量占据首位，其次是 TN。

表 6-4　流域内不同年份污染物点源总排放量情况

年份	COD/t	TN/t	TP/t	NH_3-N/t
2015	24502.80	5393.42	499.95	1883.30
2016	12550.46	2150.30	88.17	1425.64
2017	27800.67	1273.92	164.16	692.06
2018	6939.93	2399.73	85.61	762.47

(1) COD 排放量

从图 6-2 可以看出，在三种污染类型中，2017 年 COD 年排放量最多。其中工业企业的年排放量有逐年递减趋势。2017 年规模化畜禽养殖场排放的 COD 总量最大，达 20039.48t，而 2018 年规模化畜禽养殖场排放量却只有 142.71t。

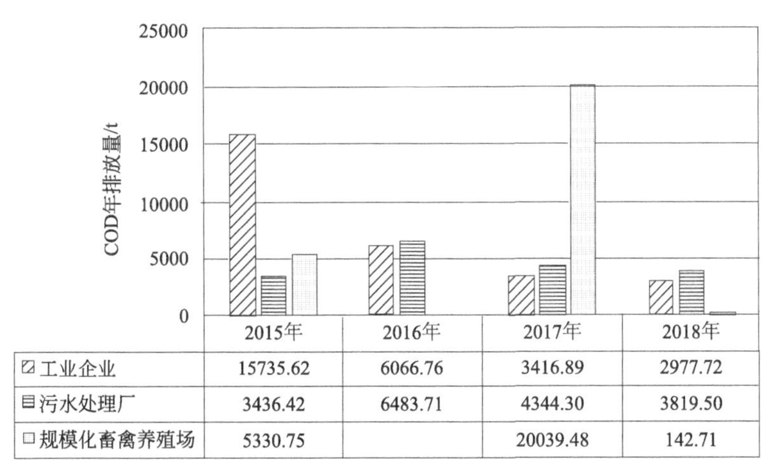

图 6-2　流域内不同年份 COD 不同污染源类型总排放量情况

(2) TN 排放量

从图 6-3 可以看出，三种污染类型中 2015 年 TN 年排放量最多。其中工业企业从

2015 年到 2017 年排放量呈现下降趋势，但是在 2018 年均呈现些许上升变化。2015 年规模化畜禽养殖场排放的 TN 总量在这几年间为最大值，达 2725.46t，但是在 2018 年流域内规模化畜禽养殖场排放量却只有 7.18t。

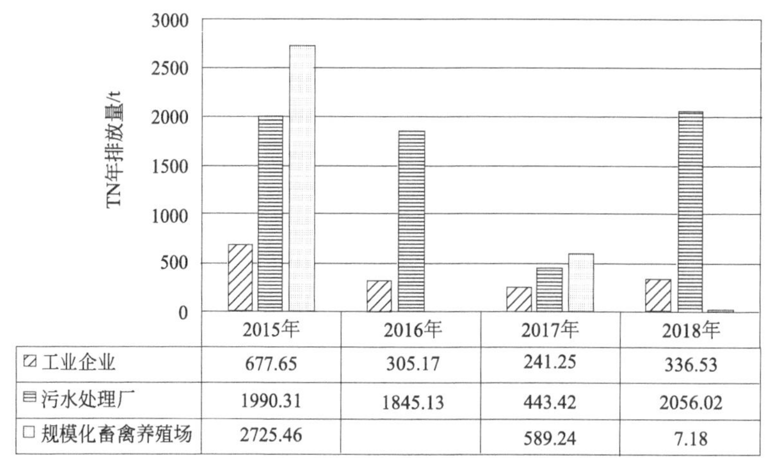

	2015年	2016年	2017年	2018年
▨ 工业企业	677.65	305.17	241.25	336.53
▤ 污水处理厂	1990.31	1845.13	443.42	2056.02
□ 规模化畜禽养殖场	2725.46		589.24	7.18

图 6-3　流域内不同年份 TN 不同污染源类型总排放量情况

（3）TP 排放量

图 6-4 显示 2015 年规模化畜禽养殖场的 TP 年排放量为最大值，排放量达 421.66t，2018 年规模化畜禽养殖场排放量最小，为 1.57t。工业企业排放量在 4 年期间排放量均很小（3.66～9.10t）。污水处理厂排放量变化不大。

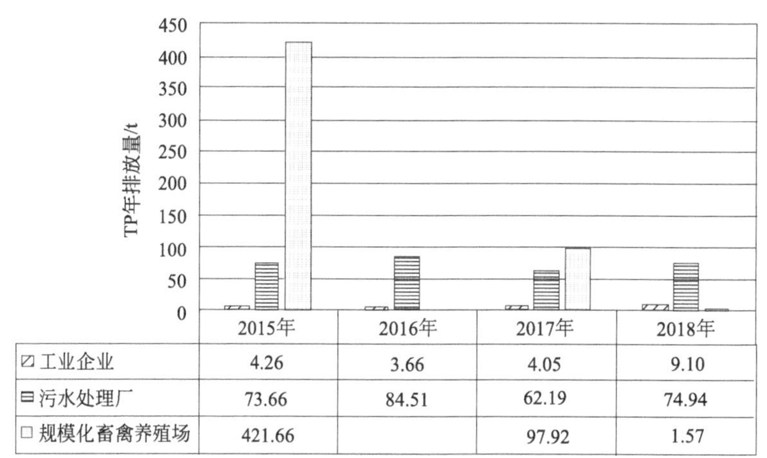

	2015年	2016年	2017年	2018年
▨ 工业企业	4.26	3.66	4.05	9.10
▤ 污水处理厂	73.66	84.51	62.19	74.94
□ 规模化畜禽养殖场	421.66		97.92	1.57

图 6-4　流域内不同年份 TP 不同污染源类型总排放量情况

（4）NH_3-N 排放量

NH_3-N 排放的主要来源是污水处理厂，2016 年达到最大排放量 1183.15t（图 6-5）。工业企业的 NH_3-N 排放量以 2015 年最大，随后三年整体表现为下降趋势。规模化畜禽养殖场 4 年的排放量相对较小（2016 年无排放量数据），其中 2018 年的排放量达到最小值（0.68t）。

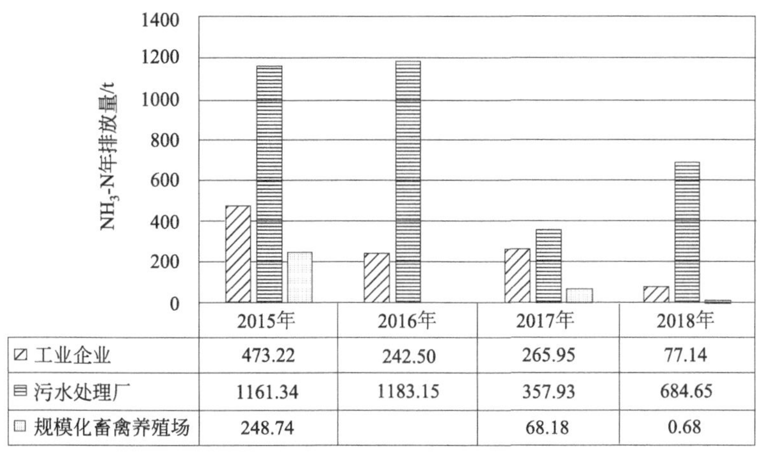

	2015年	2016年	2017年	2018年
▨ 工业企业	473.22	242.50	265.95	77.14
▤ 污水处理厂	1161.34	1183.15	357.93	684.65
□ 规模化畜禽养殖场	248.74		68.18	0.68

图 6-5 流域内不同年份 NH_3-N 不同污染源类型总排放量情况

6.3.1.2 不同地级市总排放量变化

(1) COD 排放量

流域内不同地级市（西宁市、海东市和海北藏族自治州）的 3 种类型污染源的 COD 排放情况如图 6-6 所示。

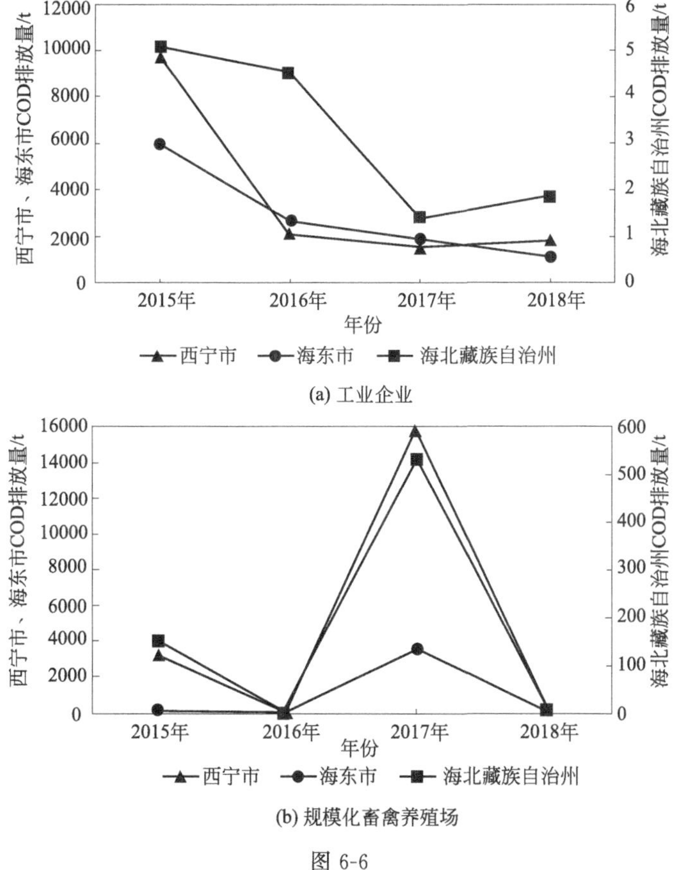

(a) 工业企业

(b) 规模化畜禽养殖场

图 6-6

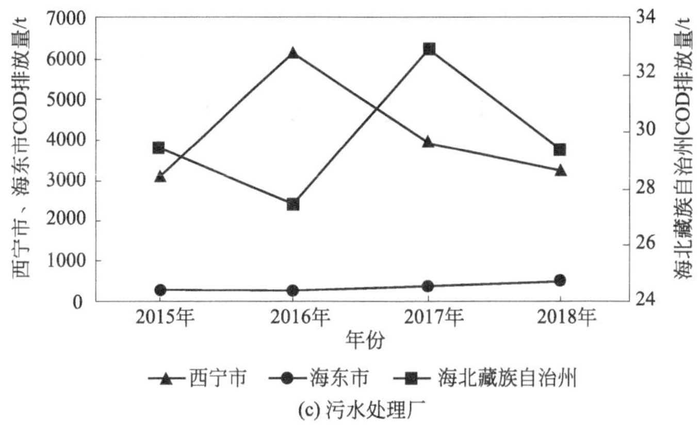

(c) 污水处理厂

图 6-6　流域内不同地级市各污染源类型的 COD 年总排放量变化特征

总体来看，西宁市内的 COD 排放量占首要位置，其次是海东市，而海北藏族自治州的各污染源类型排放量相对均较小。其中西宁市在 2017 年由规模化畜禽养殖场产生的 COD 排放量达到最大（15893.77t）。表 6-5 显示，四年期间三个地级市内工业企业的 COD 排放量总体上呈现下降趋势，海东市的污水处理厂的 COD 排放量呈现出逐年上升趋势。对于规模化畜禽养殖场来说，2017 年三个地级市的 COD 排放量都最大，而到 2018 年排放量急剧下降。

表 6-5　流域内不同地级市各污染源类型的 COD 年总排放量情况　　单位：t

污染源类型	年份	西宁市	海东市	海北藏族自治州
工业企业	2015 年	9764.58	5936.66	5.05
	2016 年	2074.66	2690.77	4.53
	2017 年	1537.05	1878.45	1.39
	2018 年	1779.6	1130.97	1.84
污水处理厂	2015 年	3107.62	299.35	29.45
	2016 年	6171.82	284.44	27.45
	2017 年	3947.12	364.24	32.94
	2018 年	3279.94	510.21	29.36
规模化畜禽养殖场	2015 年	3233.77	130.51	148.12
	2016 年			
	2017 年	15893.77	3609.53	536.18
	2018 年	135.99	6.72	0

注：2016 年无规模化畜禽养殖场数据。

（2）TN 排放量

流域内不同地级市的 3 种类型污染源的 TN 排放情况如表 6-6 所列。

表 6-6　流域内不同地级市各污染源类型的 TN 年总排放量情况　　单位：t

污染源类型	年份	西宁市	海东市	海北藏族自治州
工业企业	2015 年	479.70	193.05	4.25
	2016 年	214.92	51.21	0.28
	2017 年	182.41	58.51	0.33
	2018 年	209.75	107.26	0.44

续表

污染源类型	年份	西宁市	海东市	海北藏族自治州
污水处理厂	2015年	1827.32	161.14	1.85
	2016年	1756.68	80.95	7.50
	2017年	361.85	81.57	0
	2018年	1817.51	233.34	5.16
规模化畜禽养殖场	2015年	1668.58	972.40	84.48
	2016年			
	2017年	445.15	127.55	16.55
	2018年	6.12	1.06	0

注：2016年无规模化畜禽养殖场数据。

总体来看，TN排放量主要来自西宁市内，其次是海东市，而海北藏族自治州的各污染源类型排放量相对均较小。西宁市和海东市内的TN主要污染来源均是污水处理厂，海北藏族自治州内的TN主要污染来源是规模化畜禽养殖。图6-7显示，三个地级市的工业企业在2015～2016年间TN排放量下降幅度强烈，海东市和海北藏族自治州从2016年到2018年排放量呈现出逐年上升趋势，但是变化幅度很小，西宁市在2016～2018年间排放量先增加后减小，且幅度也不大。三个地级市的污水处理厂的TN排放量均在2017年下降至最小值，而在2018年又呈现出急剧上升。对于规模化畜禽养殖场来说，2015年三个地级市的TN排放量都最大，而到2018年排放量急剧下降至很低水平（其中海北藏族自治州的TN排放量为0）。

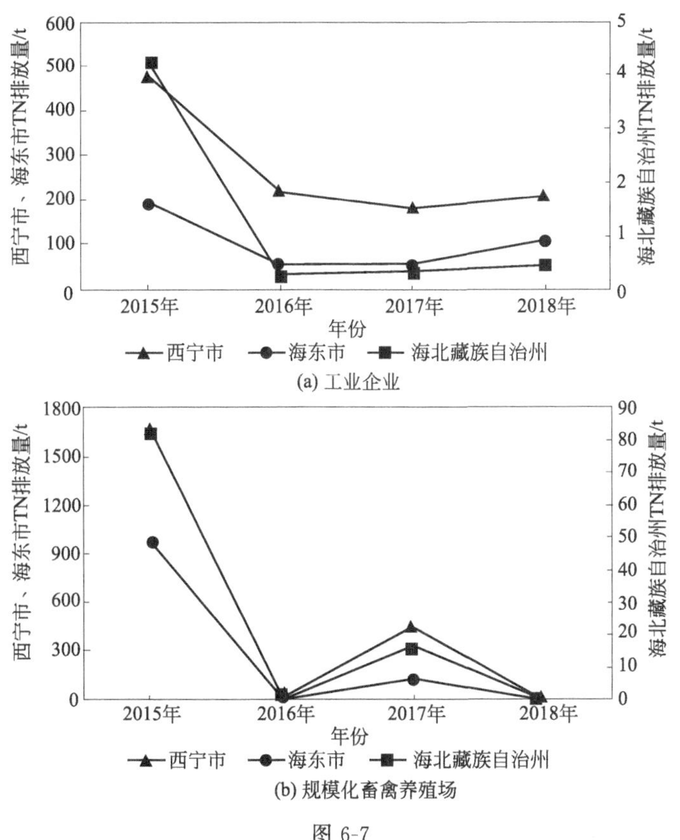

(a) 工业企业

(b) 规模化畜禽养殖场

图6-7

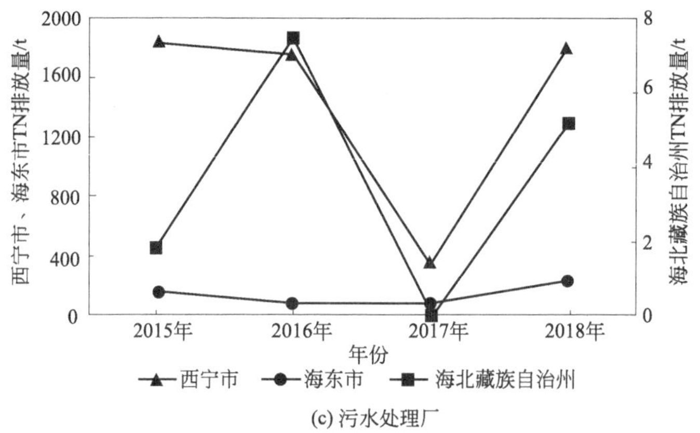

(c) 污水处理厂

图 6-7　流域内不同地级市各污染源类型的 TN 年总排放量变化特征

(3) TP 排放量

流域内不同地级市的三种类型污染源的 TP 排放情况如表 6-7 所列。

表 6-7　流域内不同地级市各污染源类型的 TP 年总排放量情况　　单位：t

污染源类型	年份	西宁市	海东市	海北藏族自治州
工业企业	2015 年	3.43	0.24	0.05
	2016 年	3.05	0.40	0.04
	2017 年	3.06	0.94	0.05
	2018 年	8.38	0.16	0.06
污水处理厂	2015 年	71.75	1.91	0
	2016 年	81.77	2.74	7.50
	2017 年	58.26	3.44	0.49
	2018 年	69.26	5.19	0.48
规模化畜禽养殖场	2015 年	256.31	153.32	12.03
	2016 年			
	2017 年	66.50	29.22	2.19
	2018 年	1.48	0.09	0

注：2016 年无规模化畜禽养殖场数据。

总体来看，TN 排放量主要来自西宁市内，其次是海东市，而海北藏族自治州的各污染源类型排放量相对均较小。西宁市和海东市内的 TP 主要污染来源都是规模化畜禽养殖场，其次是污水处理厂。2015 年西宁市内由规模化畜禽养殖场产生的 TP 排放量达到最大，排放量为 256.31t。图 6-8 显示，对于工业企业，海东市的排放量从 2015 年到 2017 年表现出逐年上升趋势，而在 2018 年急剧下降至 0.16t；西宁市和海北藏族自治州在 2015～2017 年期间，排放量变化不是很显著，但是在 2018 年显著上升。海东市内污水处理厂的 TP 排放量呈现出逐年上升趋势且变化幅度较大。对于规模化畜禽养殖场来说，2015 年三个地级市的 TP 排放量都最大，而到 2018 年排放量急剧下降至很低水平（其中海北藏族自治州的 TP 排放量为 0）。

(4) NH_3-N 排放量

流域内不同地级市的 3 种类型污染源的 NH_3-N 排放情况如表 6-8 所列。

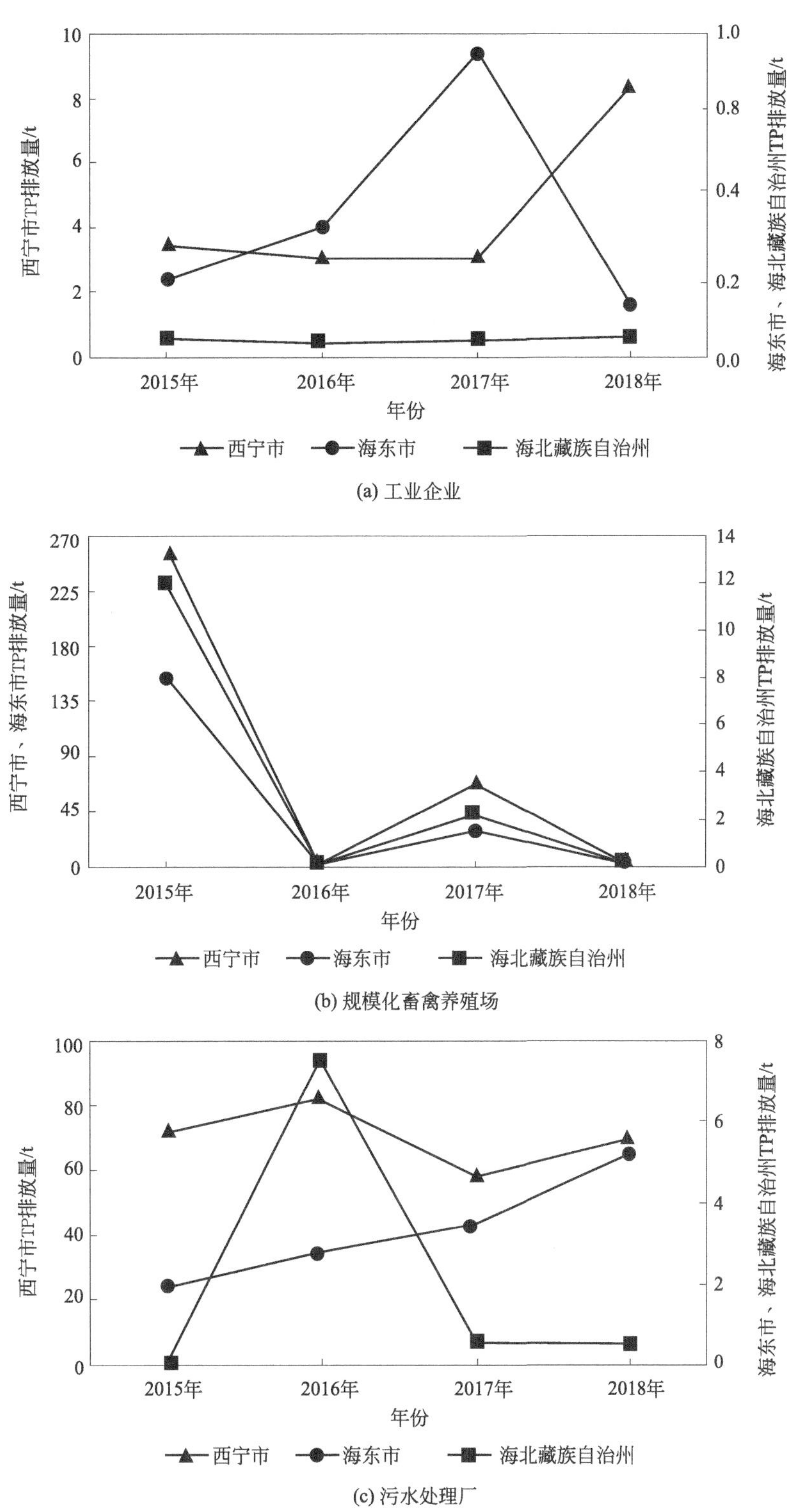

(a) 工业企业

(b) 规模化畜禽养殖场

(c) 污水处理厂

图 6-8　流域内不同地级市各污染源类型的 TP 年总排放量变化特征

表 6-8　流域内不同地级市各污染源类型的 NH_3-N 年总排放量情况　　单位：t

污染源类型	年份	西宁市	海东市	海北藏族自治州
工业企业	2015 年	436.46	31.85	4.25
	2016 年	201.31	16.52	0.18
	2017 年	185.28	80.48	0.19
	2018 年	61.24	11.33	0.25
污水处理厂	2015 年	1133.40	26.10	1.85
	2016 年	1160.37	15.28	7.50
	2017 年	331.21	21.99	4.73
	2018 年	642.66	40.73	1.26
规模化畜禽养殖场	2015 年	130.51	116.06	2.17
	2016 年			
	2017 年	49.88	16.45	1.85
	2018 年	0.02	0.66	0

注：2016 年无规模化畜禽养殖场数据。

总体来看，NH_3-N 排放量主要来自西宁市内，其次是海东市，而海北藏族自治州的各污染源类型排放量相对均较小。西宁市内的 NH_3-N 主要污染来源是污水处理厂，其次是工业企业。图 6-9 显示，对于工业企业，海东市的排放量在 2017 年最大，而在 2018 年急剧下降至 11.33t；西宁市和海北藏族自治州在 2015～2018 年期间排放量变化整体上表现为下降趋势。海东市内污水处理厂的 NH_3-N 排放量在 2015～2016 年间下降，在 2016～2018 年间呈现出逐年上升趋势且变化幅度较大。而海北藏族自治州内的污水处理厂的 NH_3-N 排放量表现出与海东市相反的变化趋势，先增后减。对于规模化畜禽养殖场来说，2015 年三个地级市的 NH_3-N 排放量都最大，而到 2018 年排放量急剧下降至很低水平（其中海北藏族自治州的 NH_3-N 排放量为 0）。

6.3.1.3　不同县级市总排放量变化

不同年份 3 种点源污染排放单位（具有有效排放量数据）的个数差距较大，不同年份统计的排放单位也不尽相同，且一些单位可能只有 COD、NH_3-N 的排放量数据，而缺少 TN、TP 数据，因此将不同年份的污染物排放量进行比较，科学性上可能欠缺一些。

2015～2018 年 3 种点源污染排放源数量统计见表 6-9。

表 6-9　2015～2018 年 3 种点源污染排放源数量统计　　单位：个

点源类型	2015 年	2016 年	2017 年	2018 年
工业企业	83	94	78	74
规模化畜禽养殖场	206	无数据	552	8
污水处理厂	17	17	18	17

COD 是 4 种污染物中排放量最大的污染物，其次是 TN，排放量最小的是 TP。2015～2018 年，由于每年各区县统计的污染源数量不同，因此不同年份各区县的排放量数值差距较大，但总的来看，大通回族土族自治县（以下简称“大通县”）、城北区、民和回族土族自治县（以下简称“民和县”）、互助土族自治县（以下简称“互助县”）、城东区、湟中区是湟水河流域内 12 个县级市中排放量较大的 6 个区县，海晏县

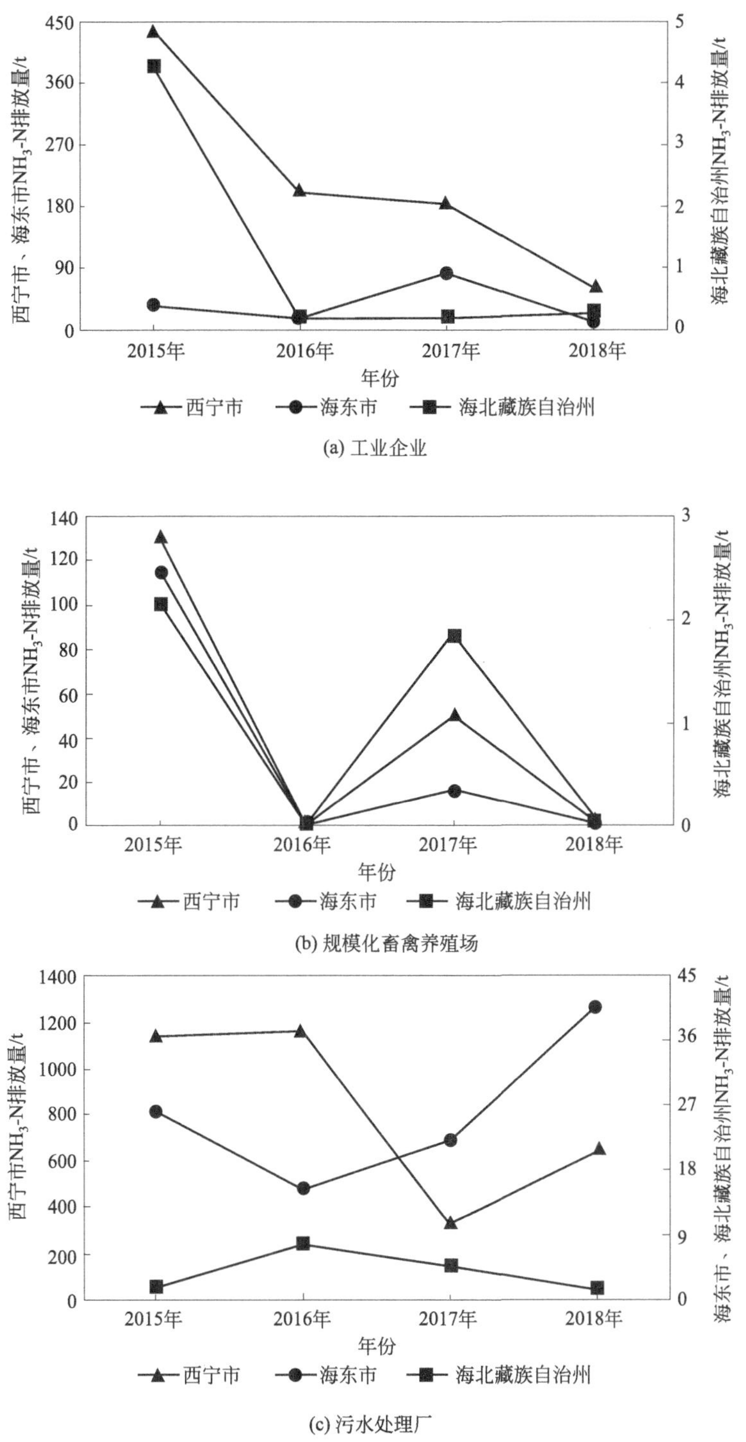

(a) 工业企业

(b) 规模化畜禽养殖场

(c) 污水处理厂

图 6-9 流域内不同地级市各污染源类型的 NH_3-N 年总排放量变化特征

是排放量最小的县级市（见表 6-10～表 6-13 及图 6-10）。2018 年城西区无排放量数据。

表 6-10 2015 年县级市各项污染物排放量 单位：t

序号	县级市	COD	NH_3-N	TN	TP
1	大通县	5615.9	151.4	1040.6	142.5
2	城北区	5510.4	12.8	93.0	12.4
3	民和县	3695.5	55.0	625.8	88.4
4	互助县	3688.3	26.2	245.8	29.0
5	城东区	1914.7	686.9	967.6	54.5
6	城西区	881.1	350.9	607.7	6.6
7	湟中区	1331.7	30.2	411.6	60.6
8	湟源县	617.8	25.3	326.9	48.2
9	平安区	403.5	30.9	143.2	15.0
10	乐都区	397.5	30.1	118.7	22.9
11	城中区	263.8	6.4	48.5	3.2
12	海晏县	182.6	4.0	86.3	12.0
总计		24502.8	1410.1	4715.8	495.3

表 6-11 2016 年县级市各项污染物排放量 单位：t

序号	县级市	COD	NH_3-N	TN	TP
1	城东区	5040.2	725.6	867.0	36.2
2	互助县	2792.7	18.6	67.3	0.4
3	城西区	898.1	371.6	636.5	36.9
4	城北区	1156.3	156.6	229.5	3.0
5	民和县	1296.4	21.8	56.6	0.1
6	大通县	838.9	66.8	111.1	2.6
7	湟中区	149.2	16.0	36.4	0.9
8	湟源县	78.9	17.4	51.0	1.5
9	平安区	115.9	9.4	20.1	1.1
10	城中区	84.9	7.8	40.0	0.6
11	乐都区	67.0	6.6	26.8	1.2
12	海晏县	32.0	7.7	7.8	0.0
总计		12550.5	1425.6	2150.3	84.5

表 6-12 2017 年县级市各项污染物排放量 单位：t

序号	县级市	COD	NH_3-N	TN	TP
1	大通县	7152.1	70.4	223.3	36.6
2	湟中区	5277.6	110.4	245.9	112.5
3	湟源县	3655.1	16.5	107.0	19.1
4	互助县	2108.9	70.5	56.4	11.4
5	平安区	1545.3	10.5	63.4	13.7
6	民和县	1447.4	23.3	60.7	9.8
7	城北区	776.0	129.7	129.7	17.9
8	海晏县	538.9	3.4	18.2	3.6
9	城东区	259.6	80.0	80.2	61.0
10	城中区	405.2	6.7	16.9	4.1
11	乐都区	399.1	5.3	18.4	8.0
12	城西区	105.3	21.3	24.5	18.4
总计		23670.5	548.3	1044.6	316.1

表 6-13　2018 年县级市各项污染物排放量　　单位：t

序号	县级市	COD	NH_3-N	TN	TP
1	城东区	3283.4	562.7	1507.2	60.3
2	互助县	1242.0	14.3	144.1	0.9
3	城北区	548.6	42.9	138.2	3.7
4	湟中区	535.2	28.3	103.5	3.6
5	大通县	370.4	47.0	142.5	8.4
6	湟源县	323.6	14.9	97.7	2.3
7	乐都区	180.9	18.9	92.1	2.7
8	平安区	172.2	14.7	79.6	1.3
9	城中区	134.4	8.2	44.2	0.9
10	民和县	118.1	9.1	45.0	1.0
11	海晏县	31.2	1.5	5.6	0.5
12	城西区	0.0	0.0	0.0	0.0
总计		6939.9	762.5	2399.7	85.6

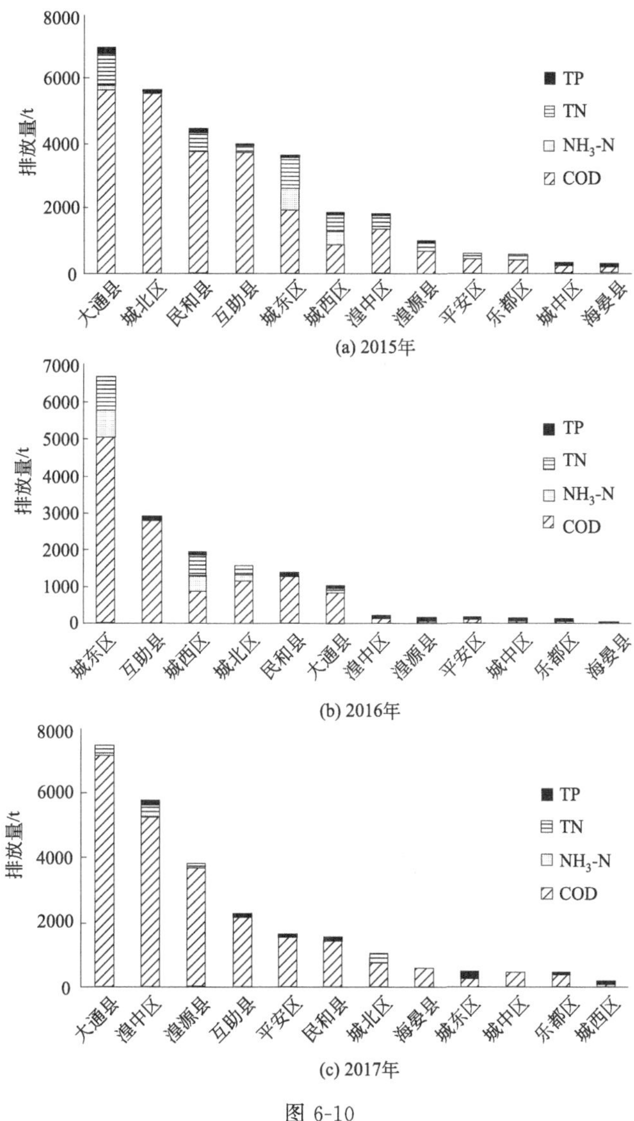

图 6-10

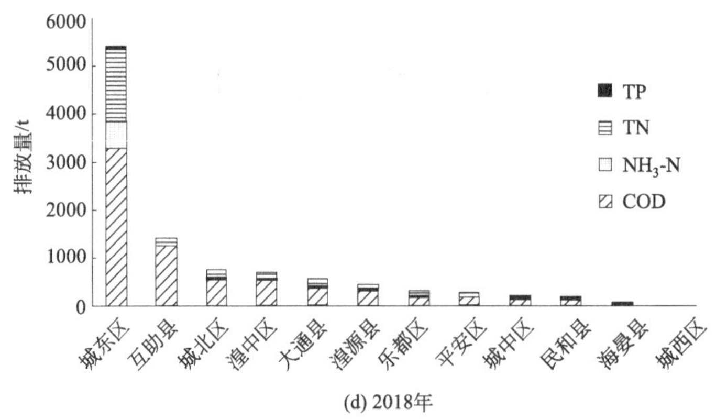

图 6-10 2015～2018 年各县级市污染物排放总量

(1) COD 排放量

2015 年 COD 排放量最大的是大通县和城北区，分别为 5615.9t 和 5510.4t；2016 年 COD 排放量最大的是城东区 5040.2t；2017 年 COD 排放量最大的是大通县和湟中区，分别为 7152.1t 和 5277.6t；2018 年 COD 排放量最大的是城东区 3283.4t。海晏县除了 2017 年外，其余三年均是排放量最小的县级市。

(2) TN 排放量

2015 年 TN 排放量最大的是大通县 1040.6t，最小的是城中区 48.5t；2016 年城东区排放量最大，为 867t，其次为城西区 636.5t；2017 年湟中区和大通区的排放量最大，分别为 245.9t 和 223.3t；2018 年城东区 TN 排放量最大，高达 1507.2t，是第二名互助县 144.1t 的 10 倍之余。

(3) TP 排放量

比起另外 3 项污染物，TP 排放量在数量级上是最小的，各县级市的 TP 排放量通常在 0.5～142.5t 内。2015 年大通市为 TP 排放量最大达到 142.5t，其次为民和县 88.4t、湟中区 60.6t，城中区排放量最小为 3.2t；2016 年城西区和城东区排放量最大，分别为 36.9t 和 36.2t，是第三名城北区 3.0t 的 12 倍之多；2017 年湟中区的排放量最大，为 112.5t，其次为城东区 61.0t；2018 年城东区 TP 排放量最大为 60.3t，第二名大通县仅为 8.4t。

(4) NH_3-N 排放量

总的来看，城东区是 NH_3-N 排放量最大的县级市，除了 2017 年外其余三年排放量均为第一，分别为 2015 年 686.9t，2016 年 725.5t，2018 年 562.7t，均远超第二名的排放量。2017 年整个流域的排放量总体较小，排放量最大的是城北区和湟中区，分别为 129.7t 和 110.4t。海晏县是排放量最小的县级市。

6.3.1.4 不同乡镇总排放量变化

乡镇尺度上需要重点关注的污染排放地区主要有：乐家湾镇（城东区）和兴海路

街道办事处（城西区）、马坊街道办事处（城北区）、桥头镇（大通县）、川口镇（民和县）。

（1）COD排放量

2015年COD排放量高于1000t的乡镇有6个：桥头镇3900.5t，马坊街道办事处3320.2t，塘川镇3009.6t，川口镇2773.9t，廿里铺镇1998.2t，乐家湾镇1861.2t。六者占流域内COD总排放量的68.8%；2016年COD排放量高于1000t的乡镇有4个：乐家湾镇4791.1t，威远镇1685.8t，川口镇1254.5t，塘川镇1018.3t。2017年COD排放量高于1000t的乡镇有3个：青林乡1974.4t，田家寨镇1352.6t，上新庄镇1273.6t。2018年，乐家湾镇COD排放量高达3266.3t，是第二名塘川镇1041.2t的3倍之多。综上，COD排放量应重点关注乐家湾镇（城东区）、塘川镇（互助县）、桥头镇（大通县）、川口镇（民和县）。

（2）TN排放量

TN排放量要着重关注乐家湾镇（城东区）和兴海路街道办事处（城西区），尤其是前者。乐家湾镇4年TN排放量均为第一，2015年967.6t；第二名兴海路街道办事处（城西区）825.4t，2016年843.3t，2017年78.2t，2018年1505.1t，更是第二名桥头镇123.0t的12倍之多。

（3）TP排放量

TP排放量大的乡镇与TN的情况有点相似，要重点关注乐家湾镇（城东区）和兴海路街道办事处（城西区）、甘河滩镇（湟中区）。2016年兴海路街道办事处和乐家湾镇的TP排放量分别为36.9t和36.2t，其余乡镇的排放量均小于3t。2018年唯独乐家湾镇TP排放量高达60.2t，其余乡镇不超过5t。

（4）NH_3-N排放量

NH_3-N排放量较大的乡镇有乐家湾镇（城东区）和兴海路街道办事处（城西区）、马坊街道办事处（城北区）、桥头镇（大通县）。乐家湾NH_3-N排放量除2017年为第二外，其余均为第一，尤其2018年，乐家湾排放量为561.1t，而第二名桥头镇仅为3.6t。

6.3.2 湟水河流域非点源污染排放量解析与时空分布

基于排污系数法，开展湟水河流域的非点源的排放量解析研究。

6.3.2.1 全流域非点源污染年排放量

湟水河流域内各项污染物非点源排放情况如表6-14所列。全流域非点源排放以COD排放量最大，TP排放量最小。COD、TN和NH_3-N的主要污染来源均是城市生活，其次是农村生活；TP主要的污染来源是农业种植，其次是城市生活和农村生活。其中水产养殖对4种水质污染物的排放贡献程度都很小。

表 6-14　湟水河流域内各项污染物非点源排放量　　单位：t/a

类型	COD	TN	TP	NH_3-N
城市生活	34528.44	6010.51	415.62	4795.61
农村生活	13350.59	6512.48	358.20	3256.24
农业种植	92.40	622.11	529.46	69.29
畜禽散养	504.29	38.21	2.75	13.94
水产养殖	8.18	1.29	0.35	0.31
总计	48483.89	13184.60	1306.38	8135.39

6.3.2.2　县级市非点源污染年排放量

流域内各县级市内各项污染物非点源排放量情况如表 6-15 所列。

表 6-15　湟水河流域内各县级市内各项污染物非点源排放量　　单位：t/a

县级市名称	4 种水质污染指标			
	COD	TN	TP	NH_3-N
城东区	7090.11	1301.39	88.73	1007.14
城中区	5596.33	1056.86	73.49	804.02
城西区	5094.70	924.91	63.28	720.25
城北区	5353.48	1064.90	76.86	786.70
湟中区	3836.52	1508.12	221.02	768.49
大通县	3291.60	1506.63	236.62	725.07
湟源县	1374.07	468.71	42.58	253.90
乐都区	3326.28	904.04	56.16	566.66
平安区	1590.97	407.08	27.16	260.23
民和县	4281.23	1447.42	189.75	803.58
互助县	3732.22	1265.76	93.15	714.01
海晏县	3916.38	1328.78	137.58	725.34
总计	48483.89	13184.60	1306.38	8135.39

从表中可以看出，污染物 COD 主要的污染排放县级市为城东区，其次是城中区和城北区。TN 排放量位居前二的县市分别为湟中区（1508.12t/a）和大通县（1506.63t/a），民和县、海晏县和城东区也具有较大的排放贡献。TP 排放量位居前三的县市分别大通县、湟中区和民和县。对 NH_3-N 污染贡献最大的县市为城东区（1007.14t/a），其次为城中区、民和县和城北区。

6.3.2.3　乡镇非点源污染年排放量

湟水河流域各乡镇非点源污染源四种污染物年内排放量中：COD 和 NH_3-N 排放量最大的 3 个乡镇均为总寨镇（城中区）、彭家寨镇（城西区）、乐家湾镇（城东区），COD 排放量为 3261.5～4179.7t，NH_3-N 排放量为 463.3～600.5t；TN 排放量最大的 3 个乡镇是总寨镇（城中区）、彭家寨镇（城西区）、宝库乡（大通县），TN 排放量为 651.0～789.3t；TP 排放量最大的 3 个乡镇是宝库乡（大通县）、哈勒景蒙古族乡（海晏县）、总寨镇（城中区），TP 排放量为 54.9～102.2t。

综合来看，非点源污染排放较为严重的乡镇主要有以下 8 个：城东区的乐家湾镇、韵家口镇，城中区的总寨镇，城西区的彭家寨镇，城北区的大堡子镇、大通县的宝库

乡，海晏县的哈勒景蒙古族乡、青海湖乡。

6.4 湟水河流域污染源入河量解析与时空分布

根据 2018 年的统计数据，对湟水河流域的污染源进行详细解析，首先基于构建的流域非点源模型，开展湟水河流域的非点源污染解析研究。

6.4.1 全流域入河量

6.4.1.1 年入河总量

2018 年湟水河流域内各项污染物年内点面源总入河量以 COD 负荷最大（27292.36t/a），TP 负荷最小（170.45t/a），TN 和 NH_3-N 入河量相差不大，分别为 1495.45t/a 和 987.12t/a（表 6-16）。

表 6-16　湟水河流域内各项污染物年内点面源总入河量　　单位：t/a

类型	入河量			
	COD	TN	TP	NH_3-N
城镇生活	2276.32	257.81	15.38	297.33
农村生活	302.83	85.48	5.26	61.05
农业种植	3.14	16.80	7.94	2.08
畜禽散养	118.51	8.75	0.41	3.46
水产养殖	6.25	1.07	0.25	0.22
工业企业	3089.25	217.55	3.56	236.72
污水处理厂	4062.77	401.30	54.42	325.59
规模化畜禽养殖场	17433.30	506.71	83.23	60.68
合计	27292.36	1495.45	170.45	987.12

6.4.1.2 不同月份入河量

流域内各项污染物的点面源污染按 1～12 月份进行入河量统计（图 6-11）。整体上

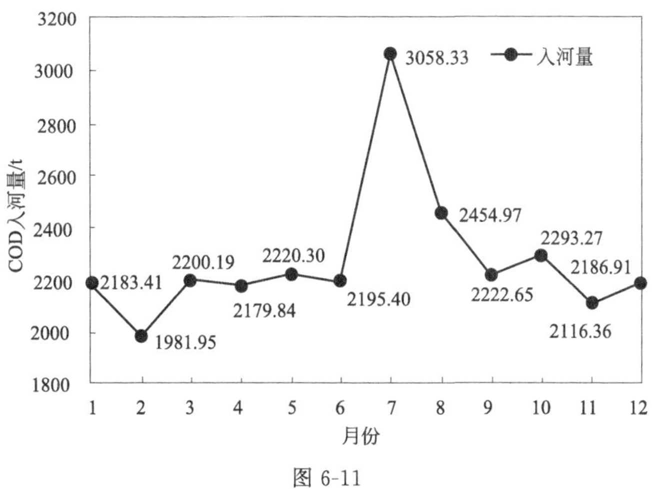

图 6-11

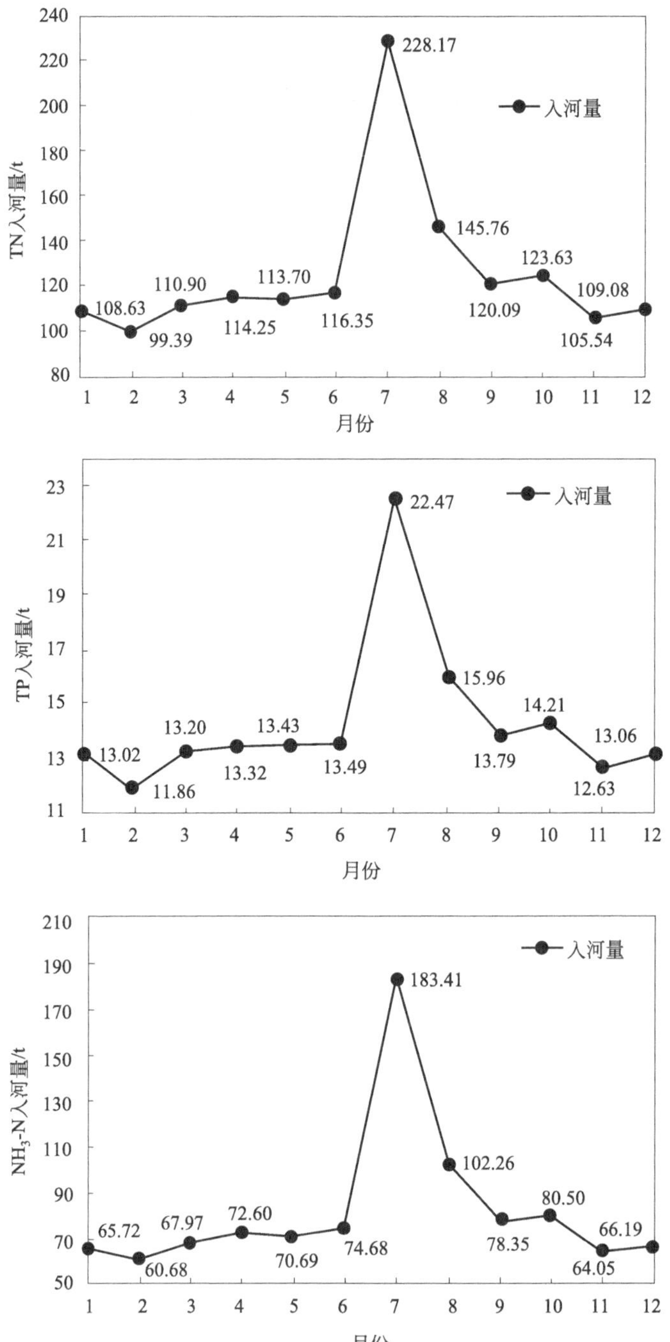

图 6-11　湟水河流域内各项污染物点面源污染不同月份入河量

看，流域内 4 种污染物一年内的入河量变化趋势具有相似性，从 1～7 月期间大体呈现小幅度增加趋势，在 7 月份入河量达到一年中的峰值，而 8～12 月份入河量呈现逐月下降趋势，7、8 月是 4 种污染物入河量位居前二的两个月份，这主要归因于降水影响。具体分析，COD 在 7 月份入河量达到 3058.33t，其余月份入河量均低于 3000t。TN 在

7 月份入河量为 228.17t，基本相当于大部分月份入河量的 2 倍。TP 入河量峰值达 22.47t，NH_3-N 在 7 月份的入河量达 183.41t，数值基本为其他月份的 3 倍左右。

6.4.1.3 不同水期入河量

表 6-17 展示了湟水河流域内四种污染物在不同水期（丰水期、枯水期和平水期）的入河量。总体上看，4 种污染物在不同水期入河量遵循以下排序：丰水期＞平水期＞枯水期。这不难理解，随着降雨量增加，地表径流携带的各污染物含量增高，进入河流水体中的各营养盐增加。具体分析（图 6-12），COD 污染因子在三个水期中均大部分来自规模化畜禽养殖场，在丰水期规模化畜禽养殖场造成的 COD 入河量达到最大值。丰水期内 TN 入河量（724.07t）是枯水期（317.10t）2 倍以上，在丰水期的入河量主要归结于规模化畜禽养殖场和城镇生活排放，其次是污水处理厂；在枯水期和平水期期间对 TN 入河量贡献最大的主要是规模化畜禽养殖场，其次为污水处理厂。对于 TP，在不同水期中，规模化畜禽养殖场是其入河量主要来源，其次是污水处理厂。NH_3-N 入河量数值在丰水期相当于枯水期的 2.6 倍，同时，在丰水期内城镇生活是 NH_3-N 入河的主要因素，其次是污水处理厂；在枯水期和平水期内污水处理厂和工业企业是 NH_3-N 入河的两大主导因素。

表 6-17　湟水河流域内不同水期各项污染物入河量　　单位：t

水期	入河量			
	COD	TN	TP	NH_3-N
丰水期	12151.65	724.07	79.14	509.39
枯水期	6352.27	317.10	37.94	192.59
平水期	8789.66	454.32	53.36	285.13
合计	27293.59	1495.49	170.43	987.11

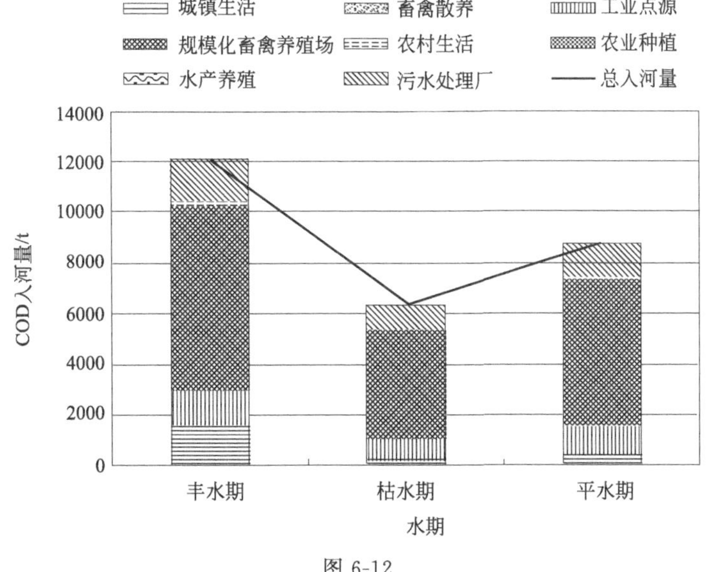

图 6-12

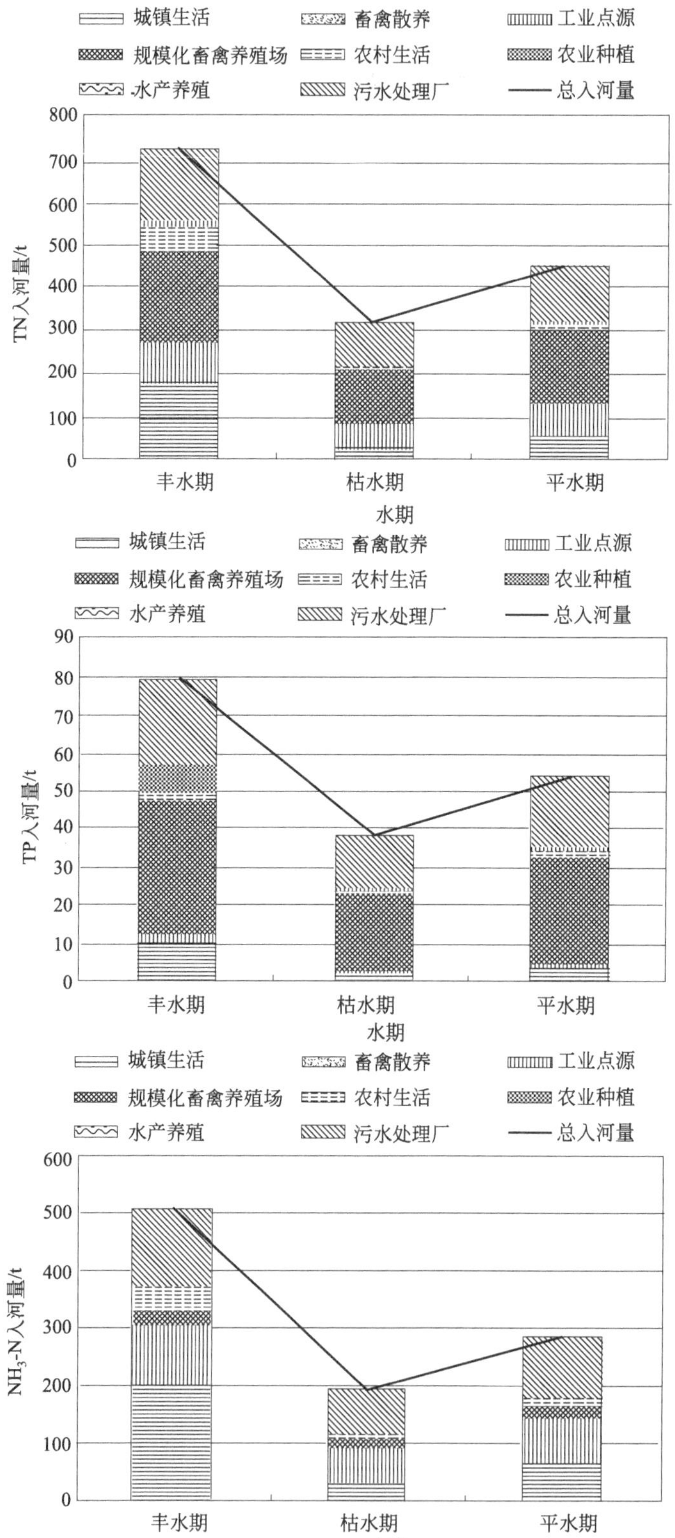

城镇生活 畜禽散养 工业点源
规模化畜禽养殖场 农村生活 农业种植
水产养殖 污水处理厂 总入河量

TN入河量/t
0 100 200 300 400 500 600 700 800
丰水期 枯水期 平水期
水期

城镇生活 畜禽散养 工业点源
规模化畜禽养殖场 农村生活 农业种植
水产养殖 污水处理厂 总入河量

TP入河量/t
0 10 20 30 40 50 60 70 80 90
丰水期 枯水期 平水期
水期

城镇生活 畜禽散养 工业点源
规模化畜禽养殖场 农村生活 农业种植
水产养殖 污水处理厂 总入河量

NH_3-N入河量/t
0 100 200 300 400 500 600
丰水期 枯水期 平水期
水期

图 6-12 湟水河流域内不同水期各项污染物入河量

6.4.2 不同县级市年总污染源入河量

6.4.2.1 不同县级市各项污染物入河量

将入河量统计到各县市当中，如表6-18所列。在所有的县市中，大通县和湟中区的COD入河量位居前两位，分别达到6530.95t/a和5422.88t/a。TN污染的首要县市为湟中区（408.03t/a），其次为大通县（214.06t/a）。同样，TP入河量大部分来自湟中区和大通县，这两个县市的入河量数值相当于其他县市的数倍。对于氨氮：最大的污染来源为城东区（181.63t/a），其次是城北区（161.61t/a）和城西区（153.01t/a）。

表6-18 湟水河流域内不同县级市各项污染物入河量 单位：t/a

县级市名称	4种水质污染指标			
	COD	TN	TP	NH_3-N
城东区	2397.50	69.92	22.17	181.63
城中区	775.43	53.95	4.35	53.57
城西区	1045.29	44.32	8.35	153.01
城北区	1326.55	139.86	4.87	161.61
湟中区	5422.88	408.03	42.89	92.91
大通县	6530.95	214.06	30.66	91.79
湟源县	3288.67	185.06	14.98	22.80
乐都区	600.17	38.33	7.21	31.07
平安区	1508.02	103.01	11.01	23.04
民和县	1569.25	118.87	10.07	51.49
互助县	2134.38	74.14	8.83	91.08
海晏县	694.49	45.92	5.05	33.12
总计	27293.59	1495.48	170.45	987.11

6.4.2.2 不同县级市各污染源类型入河量

图6-13显示了各县级市内来自不同污染源类型的COD、TN、TP和NH_3-N入河量。整体上看，流域内大多数区县的COD入河污染主要来源于规模化畜禽养殖场，如湟中区、大通县、湟源县、平安区等，其中城东区内COD大部分来自污水处理厂。对

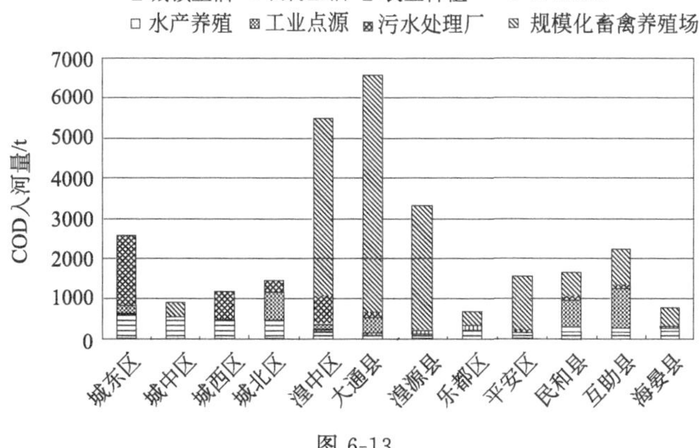

图6-13

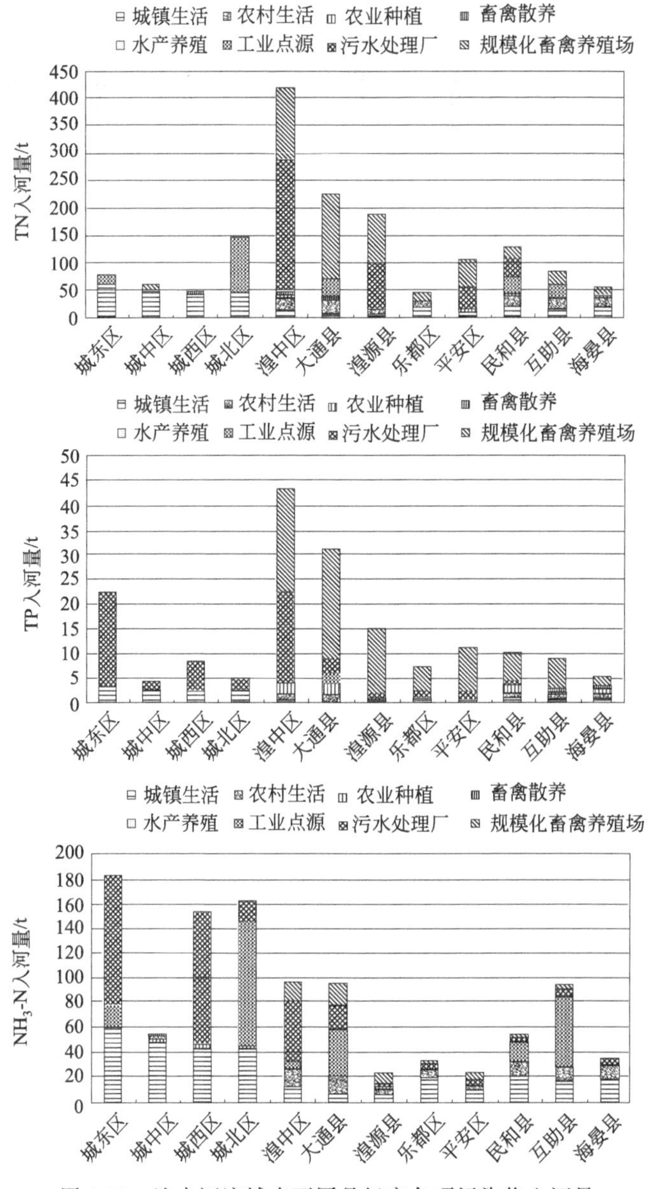

图 6-13　湟水河流域内不同县级市各项污染物入河量

于 TN 污染而言，城东区、城中区和城西区这三个县市的 TN 入河量主要来自城镇生活，湟中区和湟源县内河流 TN 污染来源主要是污水处理厂，大通县内 TN 入河量基本来源于规模化畜禽养殖场。与 COD 污染相似，多数区县的 TP 污染入河量主要来自规模化畜禽养殖场，如湟中县、大通县、湟源县、平安区、民和县等，其余的区县对 TP 入河量贡献最大的基本是污水处理厂。对于 NH_3-N，可以明显看出，污水处理厂是城东区和城西区内 NH_3-N 入河的主要来源，城北区、大通县和互助县内工业点源对 NH_3-N 入河量贡献居于首位，其余各区县内不同污染源类型贡献相差不大。

6.4.3 不同乡镇年污染物入河量

流域内不同乡镇年污染物入河量中，COD入河量最大的四个乡镇为城东区的乐家湾镇（2136.9t）、大通县的青林乡（1730.45t）、湟中区的田家寨镇（1200.9t）和上新庄镇（1124.7t）；TN入河量最大的三个乡镇为湟中区的汉东回族乡（224.9t）、湟源县的城关镇（92.8t）、城北区的马坊街道办事处（77.4t）；TP入河量最大的三个乡镇是城东区的乐家湾镇（20.4t）、湟中区的甘河滩镇（10.1t）和汉东回族乡（9.1t）；NH_3-N入河量最大的三个乡镇是城东区的乐家湾镇（144.4t）、城西区的兴海路街道办事处（107.4t）、城北区的马坊街道办事处（78.7t）。总体来看，污染物入河量较大的乡镇主要有乐家湾镇、青林乡、田家寨镇、上新庄镇。

从四项污染物入河量排名前10的乡镇来看，不同乡镇、不同污染物的主要污染源有所不同。COD入河量中，青林乡、田家寨镇等六个乡镇的第一污染源来自规模化畜禽养殖场，乐家湾镇和汉东回族乡的第一污染源来自污水处理厂，塘川镇、川口镇的第一污染源来自工业点源；TN入河量中，汉东回族乡、城关镇、川口镇、平安镇的第一污染源来自污水处理厂，马坊街道办事处、廿里铺镇的第一污染源是工业点源，规模化畜禽养殖场和城镇生活也是TN入河量的主要污染源来源；TP入河量中，乐家湾镇、甘河滩镇、汉东回族乡、兴海路街道办事处、桥头镇的第一污染源是污水处理厂，田家寨镇等其余四个乡镇的第一污染源是规模化畜禽养殖场；NH_3-N入河量中，乐家湾镇、兴海路街道办事处、甘河滩镇的第一污染源来自污水处理厂，马坊街道办事处、桥头镇、廿里铺镇的第一污染源来自工业点源，总寨镇、彭家寨镇的第一污染源来自城镇生活。总的来看，四项污染物入河量的主要污染源均为点源污染。

6.4.4 不同控制单元年污染物入河量

流域内共有27个控制单元，不同控制单元年污染物入河量中：COD入河量最大的三个控制单元为湟水城区（4860.0t）、北川河宝库乡青山乡（2979.3t）、南川河上新庄镇总寨镇（2248.9t）；TN入河量最大的三个控制单元是湟水鲁沙尔镇多巴镇（281.9t）、湟水城区（264.6t）、湟水城关镇东峡乡（99.5t）；TP入河量最大的三个控制单元是湟水城区（36.0t）、湟水鲁沙尔镇多巴镇（23.6t）、北川河宝库乡青山乡（11.9t）；氨氮入河量最大的三个控制单元是湟水城区（508.2t）、塘川河威远镇塘川镇（69.8t）、湟水鲁沙尔镇多巴镇（64.1t）。总体来看，污染物入河量较大的控制单元主要有湟水城区、塘川河威远镇塘川镇、湟水鲁沙尔镇多巴镇、北川河城关镇良教乡、南川河上新庄镇总寨镇等。

从四项污染物入河量排名前10的控制单元的入河情况来看，不同控制单元、不同污染物的入河量以及主要污染源有明显差异。COD入河量中，规模化畜禽养殖场是北川河宝库乡青山乡、南川河上新庄镇总寨镇、北川河桥头镇长宁镇等7个控制单元的第一污染源，湟水城区的主要COD污染源来自污水处理厂，工业点源是塘川河威远镇塘川镇和隆治沟古鄯镇隆治乡控制单元的最大污染源；TN入河量中，污水处理厂是湟水鲁沙尔镇多巴镇和湟水城关镇东峡乡、白沈沟古城乡平安镇控制单元的第一污染源，规模化畜禽养殖场是南川河上新庄镇总寨镇、北川河宝库乡青山乡等控制单元的第一污染源，城镇生活和工业点源都是湟水城区 TN 的主要污染源；TP 入河量中，污水处理厂是湟水城区和湟水鲁沙尔镇多巴镇的第一污染源，8 个控制单元分别为北川河宝库乡青山乡、南川河上新庄镇总寨镇、小南川河土门关乡田家寨镇、北川河城关镇良教乡、北川河桥头镇长宁镇、祁家川石灰窑乡三合镇、拉拉河大华镇、湟水高店镇碾伯镇；氨氮入河量中，湟水城区的入河量远大于其他控制单元的入河量，最大污染源来自污水处理厂，其次是城镇生活，工业点源是其第三大主要污染源。塘川河威远镇塘川镇和北川河城关镇良教乡的主要污染源为工业点源。

6.5 湟水河流域水质断面污染贡献率动态分析

湟水河流域选用占比法进行流域污染源排放量贡献率研究，并选择河道断面污染物通量占比法来进行水质断面污染源贡献率计算。本案例从不同时空角度出发，动态地分析了全年不同污染源对重点断面贡献率、水期不同类型污染源对重点断面贡献率、水期不同乡镇对重点段面贡献率、月份不同类型污染源对重点断面贡献率、月份不同乡镇对重点段面贡献率。

在分析贡献率之前，首先需要确定研究断面。本案例挑选出金滩、扎马隆、塔尔桥、小峡桥、乐都和边墙村等湟水河干流重要的“十四五”国控断面进行分析。

6.5.1 全年不同污染源对重点断面贡献率

6.5.1.1 金滩

图 6-14 展示了全年内不同污染源对重点断面金滩的 COD、TN、TP 和 NH_3-N 入河贡献率。具体地，对于 COD，规模化畜禽养殖场和城镇生活是前两大主要污染源，入河贡献率分别为 64.40%、22.36%。城镇生活、农村生活和规模化畜禽养殖场是 TN 入河负荷的主要三大污染源，贡献率分别为 31.11%、30.70%、29.33%。对于 TP 而言，规模化畜禽养殖场是最大的污染源（36.67%）；其次是农业种植、城镇生活、农村生活，这 3 种污染源的入河贡献率相差不大。城镇生活是 NH_3-N 入河负荷的最主要的污染源，贡献率为 48.47%；其次是农村生活和污水处理厂，贡献率分别为 27.63%、16.00%。

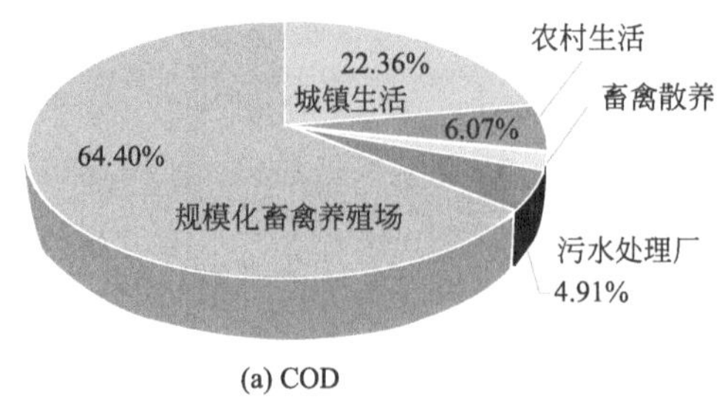

(a) COD

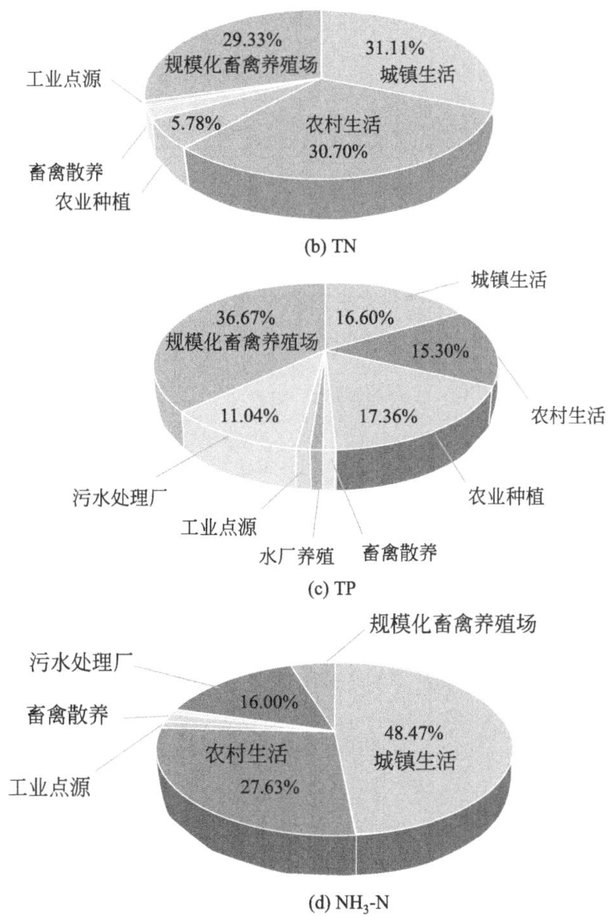

(d) NH_3-N

图 6-14　不同污染源对重点断面金滩 4 项污染物的入河贡献率

6.5.1.2　扎马隆

图 6-15 展示了全年不同污染源对重点断面扎马隆的 COD、TN、TP 和 NH_3-N 入河贡献率。对该断面 COD 和 TP 入河量贡献最大的污染类型均为规模化畜禽养殖场，贡献率分别为 90.09%、75.99%。对断面 TN 入河负荷贡献最大的依次为规模化畜禽养殖场（44.06%）和污水处理厂（35.96%）。城镇生活和农村生活是 NH_3-N 入河负荷的两大主要污染源。

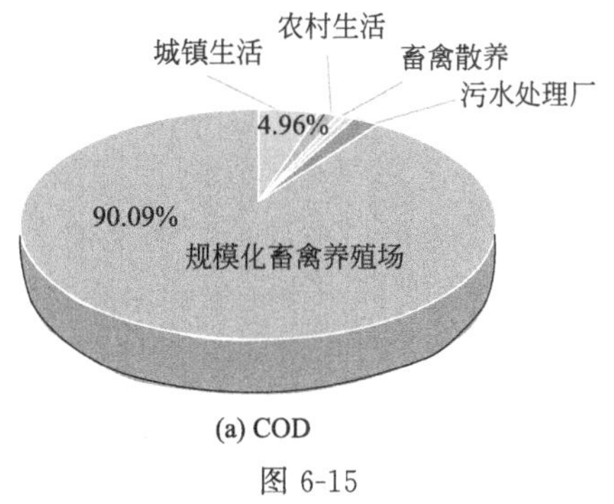

(a) COD

图 6-15

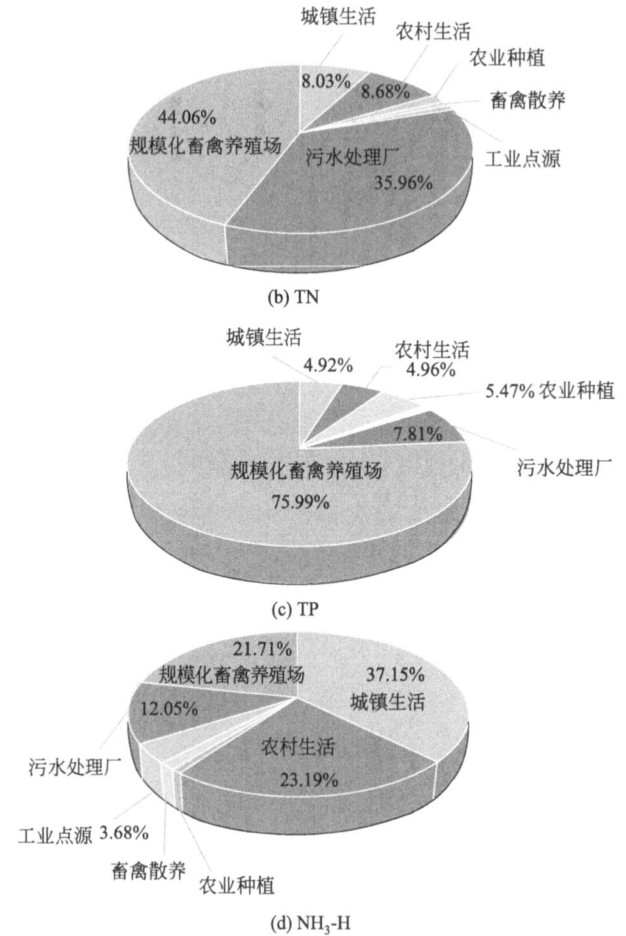

图 6-15　不同污染源对重点断面扎马隆 4 种污染物的入河贡献率

6.5.1.3　塔尔桥

图 6-16 展示了全年不同污染源对重点断面塔尔桥的 COD、TN、TP 和 NH_3-N 入河贡献率。明显看出，该断面 COD、TN、TP 和 NH_3-N 污染入河量贡献最大的污染类型均为规模化畜禽养殖场，贡献率分别为 97.68%、82.30%、85.48%、47.60%。同时，对断面 NH_3-N 入河负荷贡献第二的污染类型为农村生活（36.83%）。

6.5.1.4　小峡桥

图 6-17 展示了全年不同污染源对重点断面小峡桥的 COD、TN、TP 和 NH_3-N 入河贡献率。对于不同污染物，不同类型污染源的入河贡献表现出不同的特征，具体来说，该断面 COD、TP 入河量贡献最大的污染类型均为规模化畜禽养殖场，贡献率分别为 62.24%、46.02%，其次是污水处理厂。规模化畜禽养殖场和污水处理厂对 TN 入河贡献强度相差不大，分别为 34.53%和 25.77%。对于 NH_3-N，前三大污染源依次为污水处理厂（36.17%）、工业点源（26.23%）和城镇生活（23.44%）。

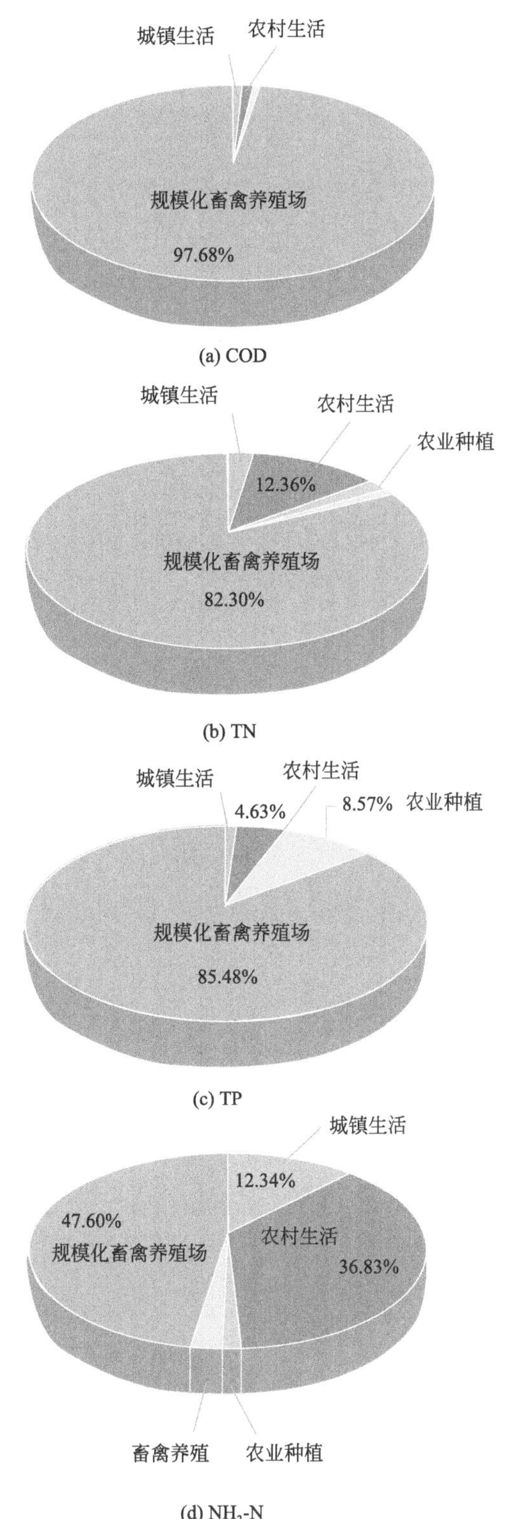

图 6-16　不同污染源对重点断面塔尔桥 4 种污染物的入河贡献率

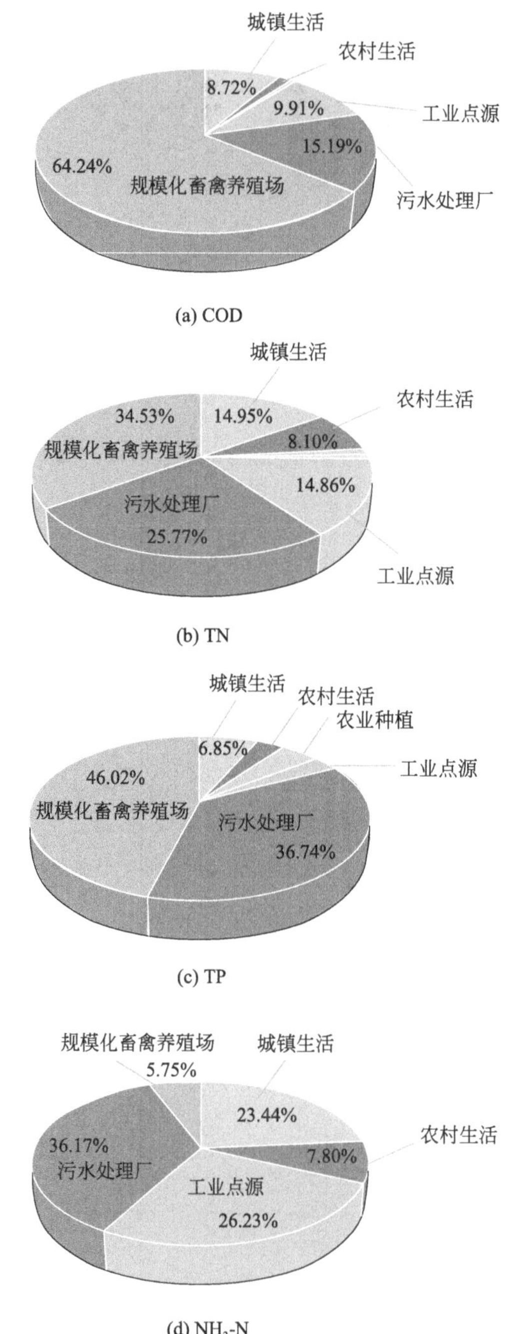

(a) COD

(b) TN

(c) TP

(d) NH_3-N

图 6-17　不同污染源对重点断面小峡桥 4 种污染物的入河贡献率

6.5.1.5　乐都

图 6-18 展示了全年不同污染源对重点断面乐都的 COD、TN、TP 和 NH_3-N 入河贡献率。对于 COD，规模化畜禽养殖场是最主要的入河污染源，入河贡献率为 65.87%；其

次是污水处理厂。规模化畜禽养殖场和污水处理厂是 TN 入河负荷的两大主要污染源，贡献率分别为 35.96%、25.96%，并且城镇生活和工业点源也占有一定的贡献率，占比分别为 14.75%、13.46%。对于 TP 而言，规模化畜禽养殖场是最大的污染源（49.80%），其次是污水处理厂（33.75%）。污水处理厂、工业点源和城镇生活是氨氮入河负荷的前三大主要污染源，贡献率分别为 35.08%、25.06%、24.47%。

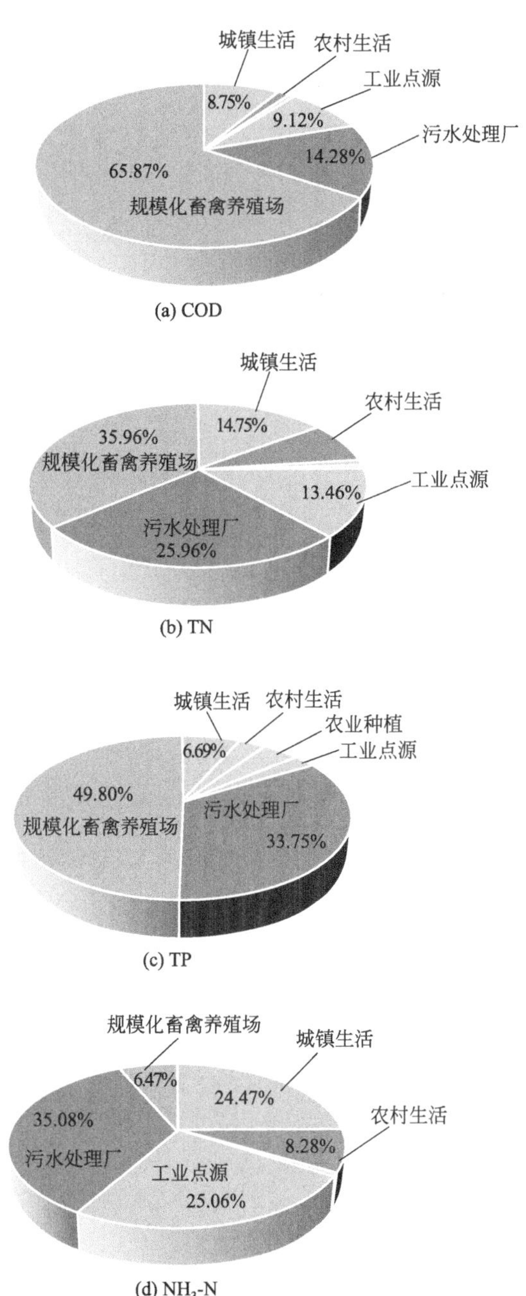

图 6-18　不同污染源对重点断面乐都 4 种污染物的入河贡献率

6.5.1.6 边墙村

图 6-19 展示了全年不同污染源对重点断面边墙村的 COD、TN、TP 和 NH_3-N 入河贡献率。该断面的 COD 入河负荷的主要污染源为规模化畜禽养殖场，贡献率为 64.15%，是其他污染源的数倍。TN 和 TP 具有相似特征，规模化畜禽养殖场和污水处理厂是前两大污染源。对于氨氮，前三大污染源依次为污水处理厂（34.16%）、城镇生活（25.75%）和工业点源（24.02%）。

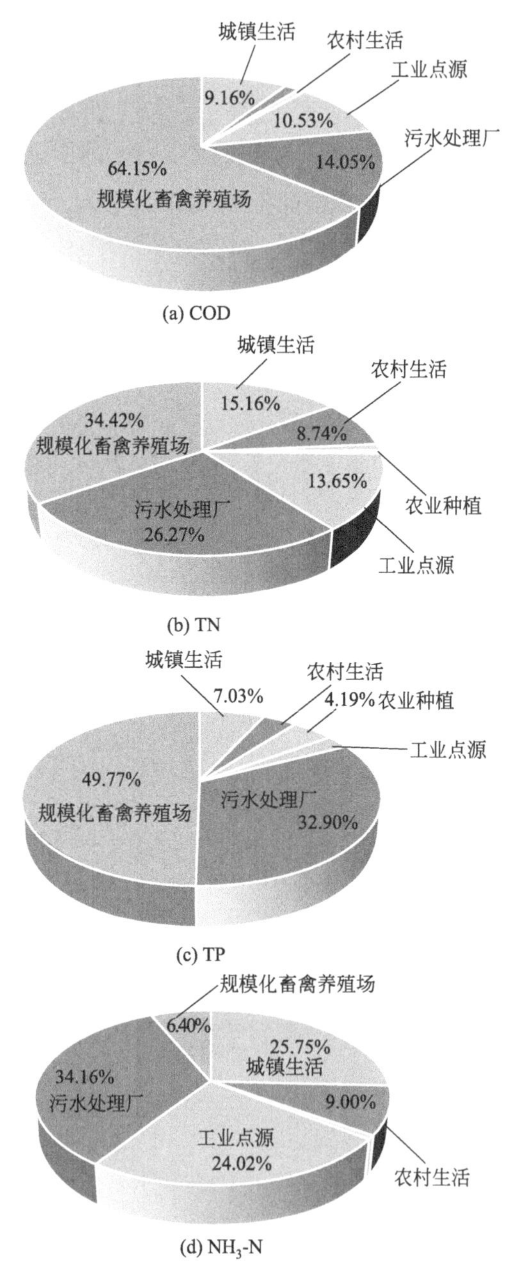

图 6-19 不同污染源对重点断面边墙村 4 种污染物的入河贡献率

6.5.2 水期不同类型污染源对重点断面贡献率

6.5.2.1 金滩

不同类型污染源对重点断面金滩丰、平、枯三个水期 4 种污染物入河贡献率如图 6-20 所示。

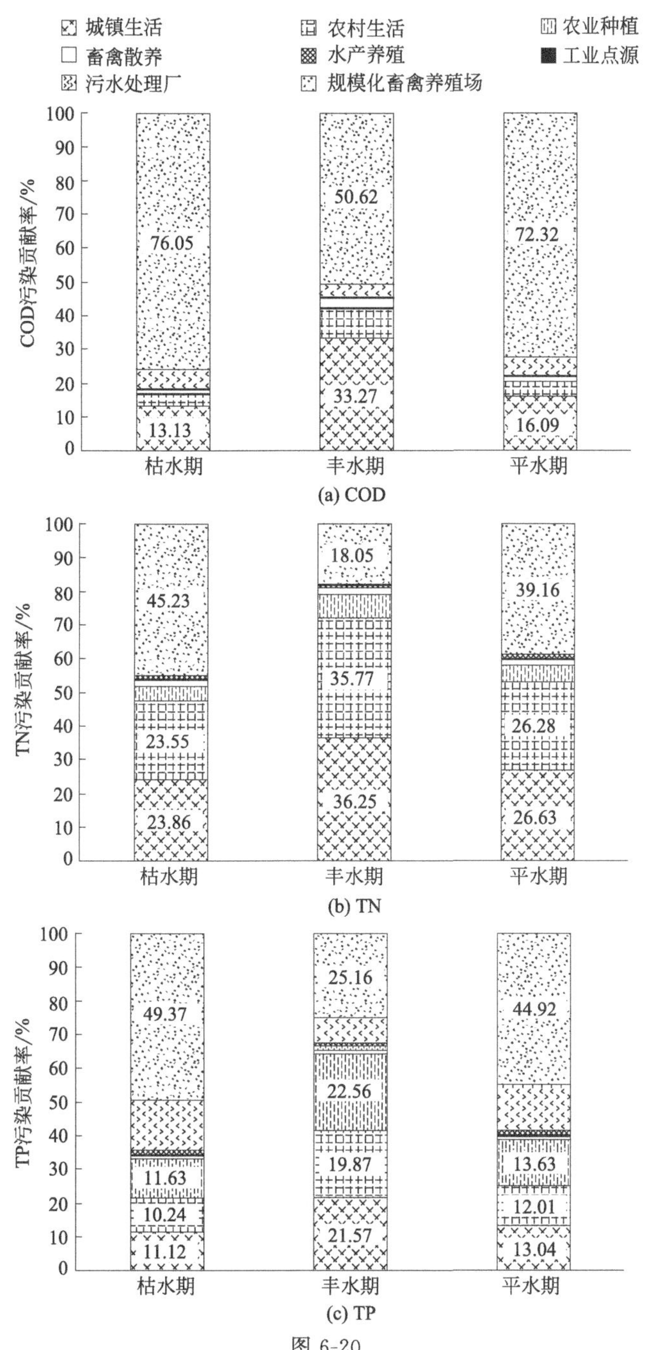

图 6-20

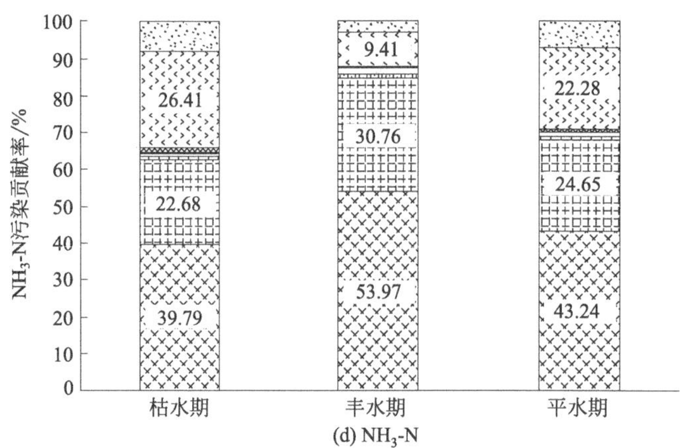

图 6-20 不同污染源对重点断面金滩不同水期 4 种污染物的入河贡献率

整体上看，不同污染类型在水期内对各项污染物入河贡献具有较大差异。

① 对 COD 而言，规模化畜禽养殖场的贡献率居于首位，并且遵循以下规律：枯水期＞平水期＞丰水期。城镇生活的 COD 入河贡献率位居第二，但是占比相对较小，在丰水期贡献率有较大的上升（33.27%）。

② 对于 TN 来说，规模化畜禽养殖场的贡献率同样遵循枯水期＞平水期＞丰水期的规律，是枯水期和平水期的 TN 入河主要污染源。而城镇生活和农村生活的贡献率变化遵循相反规律，在丰水期成为前两大主要污染源，它们的贡献率分别为 23.86%～36.25%、23.55%～35.77%。

③ 规模化畜禽养殖场是各水期内 TP 入河负荷的主要污染源，但是在丰水期，农业种植、城镇生活和农村生活的贡献率均有较大的提升，分别增至 22.56%、21.57%、19.87%。

④ 对于 NH_3-N，在各水期内城镇生活和农村生活是前两大主要污染源，贡献率变化遵循以下特征：丰水期＞平水期＞枯水期。

6.5.2.2 扎马隆

不同类型污染源对重点断面扎马隆丰、平、枯三个水期 4 种污染物入河贡献率如图 6-21 所示。在不同水期中，对 COD、TN 和 TP 入河贡献率最大的污染类型均是规模化畜禽养殖场，其贡献率遵循以下规律：枯水期＞平水期＞丰水期。同时，污水处理厂是不同水期 TN 入河的第二大污染源，贡献率为 30.70%～39.80%。对于 NH_3-N，在枯水期，规模化畜禽养殖场对 NH_3-N 入河贡献率最大（31.77%），城镇生活贡献率第二；在丰水期和平水期，城镇生活成 NH_3-N 入河主导因素，贡献率分别为 45.13%和 30.73%。

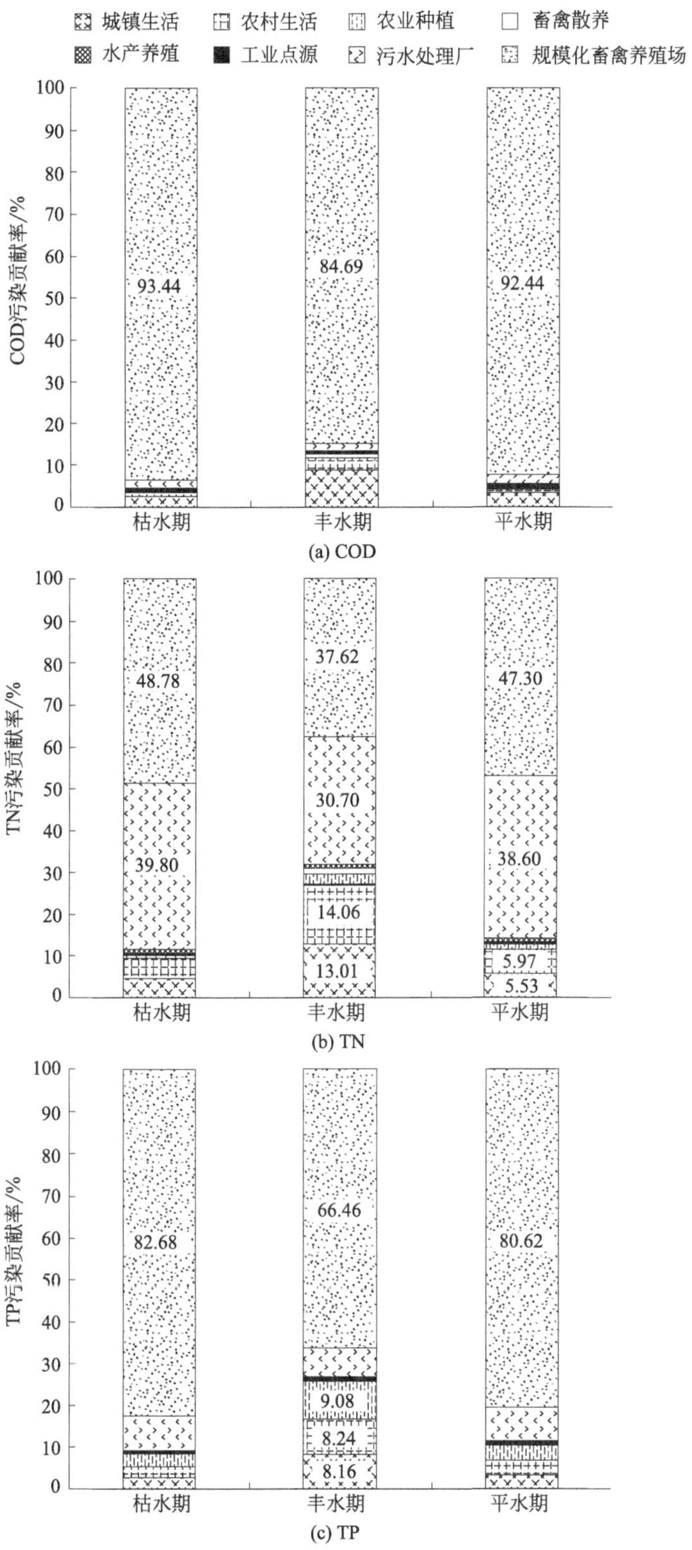

(a) COD

(b) TN

(c) TP

图 6-21

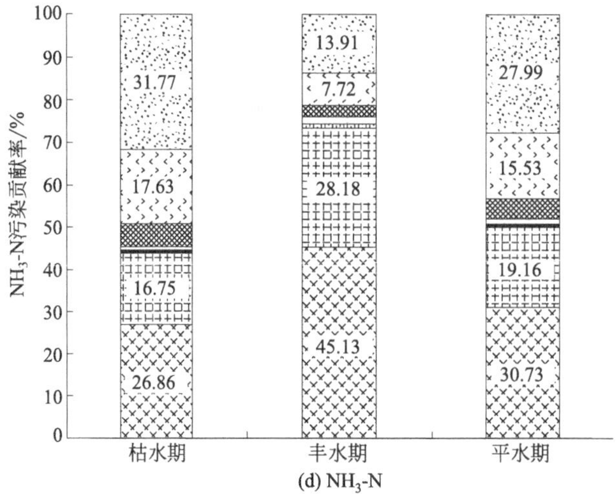

(d) NH_3-N

图 6-21　不同污染源对重点断面扎马隆不同水期 4 种污染物的入河贡献率

6.5.2.3　塔尔桥

不同类型污染源对重点断面塔尔桥丰、平、枯三个水期 4 种污染物入河贡献率如图 6-22 所示。在不同水期中，对 COD、TN 和 TP 入河贡献率最大的污染类型均是规模化畜禽养殖场，其贡献率遵循以下规律：枯水期＞平水期＞丰水期。但是可以看出，在丰水期，农村生活对 TN 入河贡献率明显上升至 20.23%，农业种植对 TP 入河贡献率上升至 14.39%。对于 NH_3-N，规模化畜禽养殖场贡献率同样遵循枯水期＞平水期＞丰水期的变化规律，且变化幅度较明显，在枯水期和平水期是 NH_3-N 入河的主要污染源，而在丰水期是其第二大污染源。不同水期，农村生活对 NH_3-N 入河贡献也具有较大占比，其遵循丰水期＞平水期＞枯水期的变化规律，贡献率在 24.97%～47.52%之间，对丰水期 NH_3-N 入河贡献率最大。

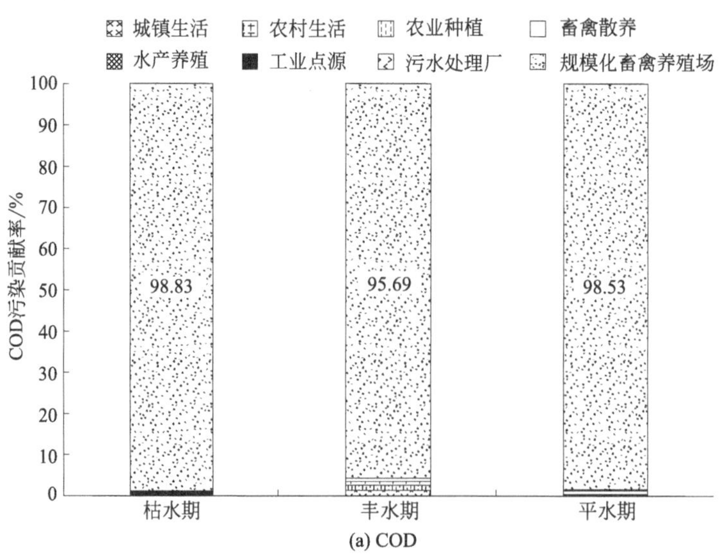

(a) COD

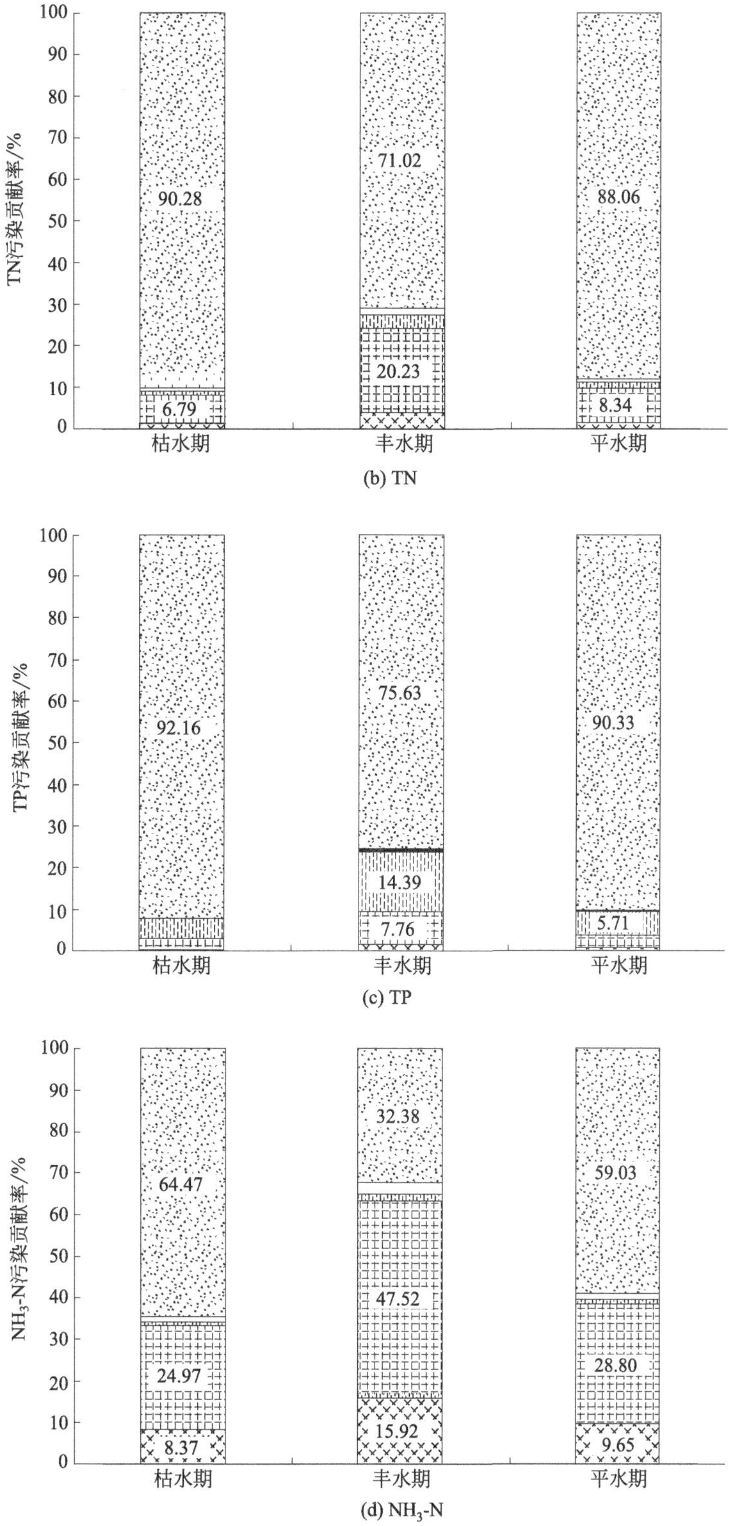

TN污染贡献率/%

100 90 80 70 60 50 40 30 20 10 0

90.28 6.79

71.02 20.23

88.06 8.34

枯水期 丰水期 平水期

(b) TN

TP污染贡献率/%

100 90 80 70 60 50 40 30 20 10 0

92.16

75.63 14.39 7.76

90.33 5.71

枯水期 丰水期 平水期

(c) TP

NH_3-N污染贡献率/%

100 90 80 70 60 50 40 30 20 10 0

64.47 24.97 8.37

32.38 47.52 15.92

59.03 28.80 9.65

枯水期 丰水期 平水期

(d) NH_3-N

图 6-22 不同污染源对重点断面塔尔桥不同水期 4 种污染物的入河贡献率

6.5.2.4 小峡桥

不同类型污染源对重点断面小峡桥丰、平、枯三个水期 4 种污染物入河贡献率如图 6-23 所示。

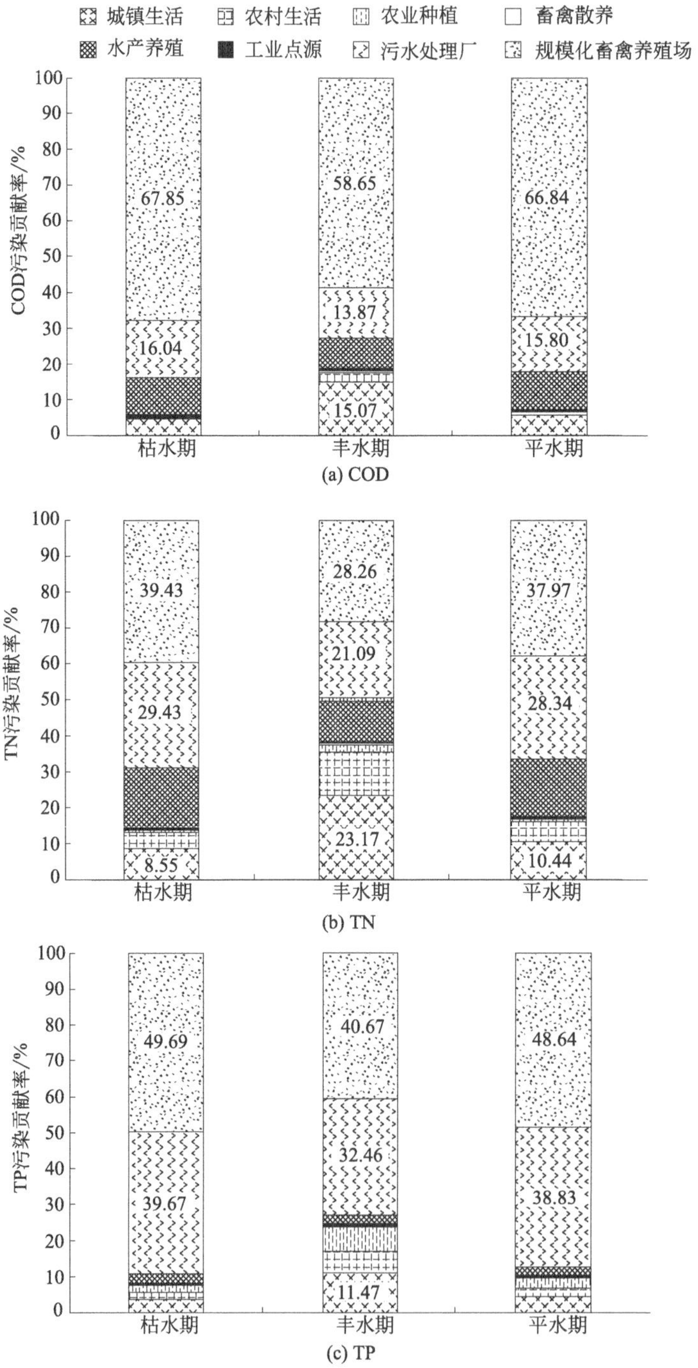

(a) COD

(b) TN

(c) TP

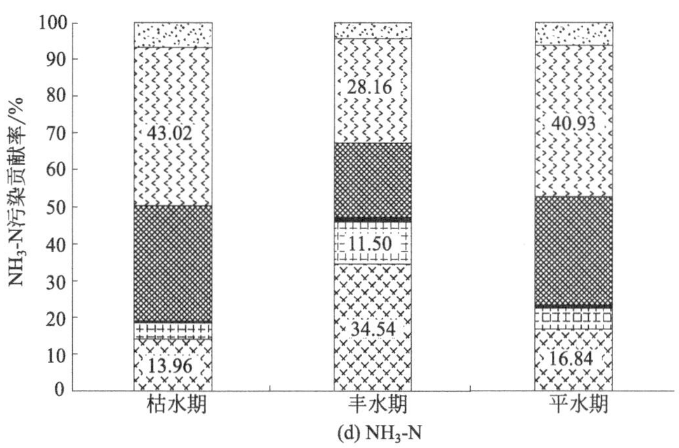

图 6-23　不同污染源对重点断面小峡桥不同水期 4 种污染物的入河贡献率

整体上看，不同污染类型在水期内对各项污染物入河贡献具有较大差异。

① 对 COD 而言，规模化畜禽养殖场的贡献率居于首位，并且遵循以下规律：枯水期＞平水期＞丰水期。

② 规模化畜禽养殖场对 TN 各水期中入河负荷贡献居于第一位，污水处理厂在枯水期和平水期是 TN 入河负荷的第二大贡献源，占比分别为 29.43％和 28.34％，其次工业点源和城镇生活对 TN 入河负荷也有一定贡献，其中，在丰水期城镇生活对入河负荷贡献位居第二（23.17％），但在枯水期和平水期这两个污染源的贡献率相差不大。

③ 规模化畜禽养殖场和污水处理厂是 TP 入河量的主要污染源，贡献率均遵循枯水期＞平水期＞丰水期的变化规律，占比分别为 40.67％～49.69％、32.46％～39.67％。

④ 对于 NH_3-N，在枯水期和平水期，污水处理厂和工业点源是主要污染源，而在丰水期，城镇生活贡献率位于第一（34.54％）；其次为污水处理厂（28.16％）和工业点源（20.42％）。

6.5.2.5　乐都

不同类型污染源对重点断面乐都丰、平、枯三个水期 4 种污染物入河贡献率如图 6-24 所示。

整体上看，不同污染类型在水期内对各项污染物入河贡献具有较大差异。

① 对 COD 而言，规模化畜禽养殖场的贡献率居于首位，并且遵循以下规律：枯水期＞平水期＞丰水期。

② 规模化畜禽养殖场在各水期内对 TN 入河负荷贡献居于第一位，污水处理厂在枯水期和平水期是 TN 入河负荷的第二大贡献源，占比分别为 29.60％和 28.52％，其次，工业点源和城镇生活对 TN 入河负荷也有一定的贡献，尤其是在丰水期，污水处理厂对 TN 入河负荷的贡献位居第二，而在枯水期和平水期这两个污染源的贡献率相差不大。

③ 规模化畜禽养殖场和污水处理厂是 TP 入河量的主要污染源，贡献率均遵循枯水期＞平水期＞丰水期的变化规律，占比分别为 44.18％～53.62％、29.95％～36.34％。

④ 对于 NH_3-N，在枯水期和平水期，污水处理厂和工业点源是前两大主要污染源，而在丰水期，城镇生活贡献率位于第一（35.69％），其次为污水处理厂（27.02％）

和工业点源（19.30％）。

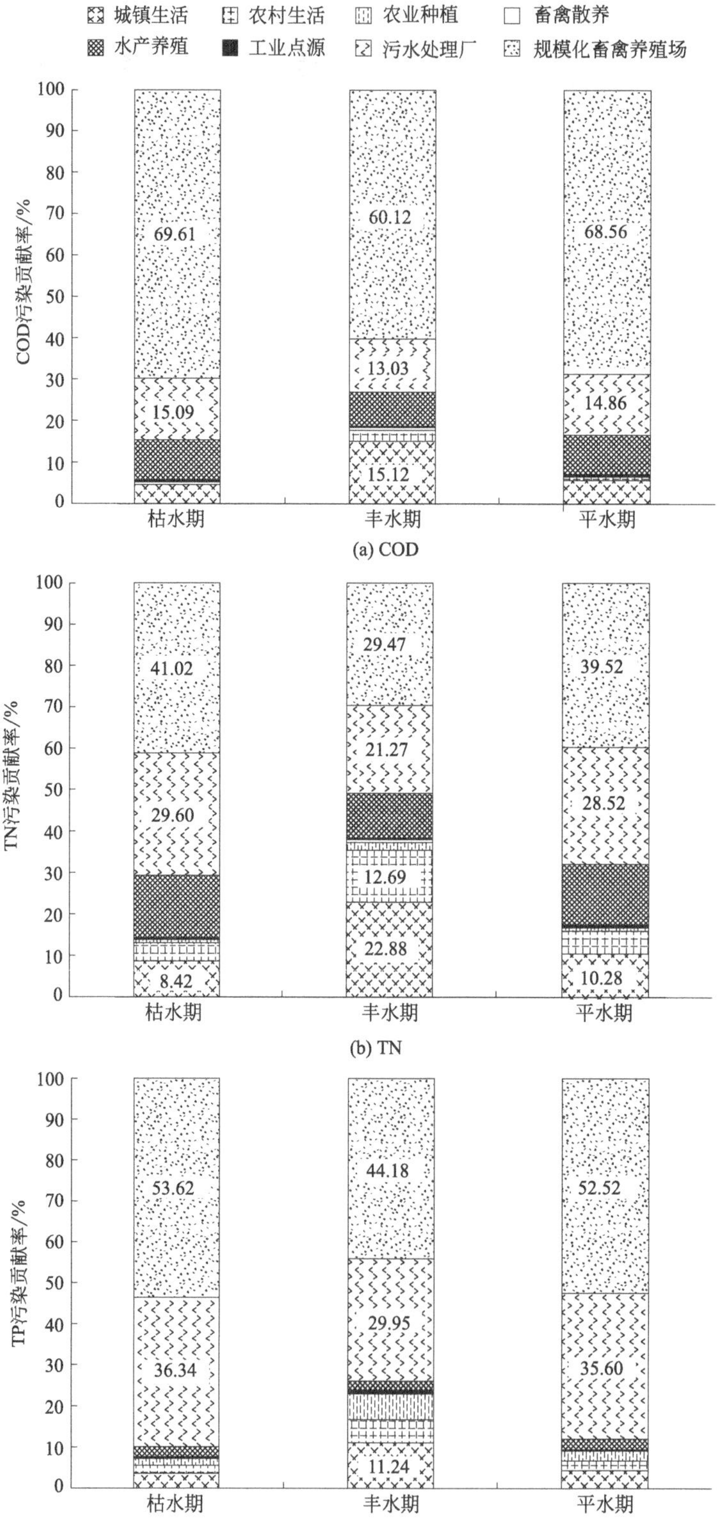

城镇生活　农村生活　农业种植　畜禽散养
水产养殖　工业点源　污水处理厂　规模化畜禽养殖场

(a) COD

(b) TN

(c) TP

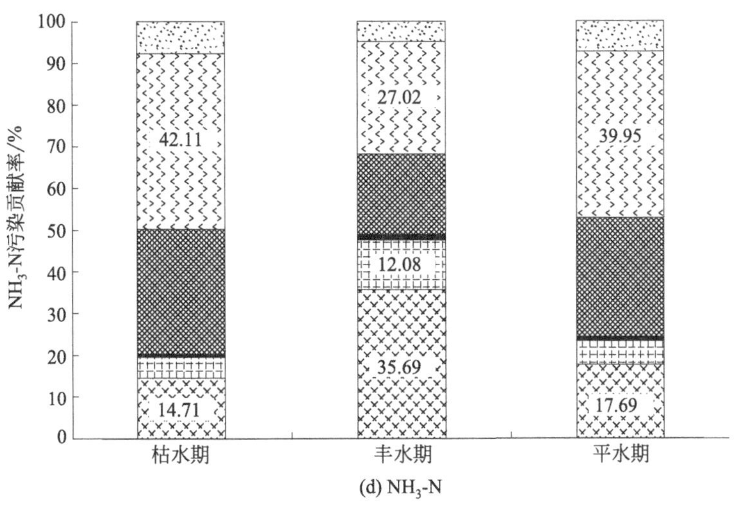

(d) NH_3-N

图 6-24 不同污染源对重点断面乐都不同水期 4 种污染物的入河贡献率

6.5.2.6 边墙村

不同类型污染源对重点断面边墙村丰、平、枯三个水期 4 种污染物入河贡献率如图 6-25 所示。

整体上看，不同污染类型在水期内对各项污染物入河贡献具有较大差异。

① 对 COD 而言，规模化畜禽养殖场的贡献率居于首位，并且遵循以下规律：枯水期＞平水期＞丰水期。

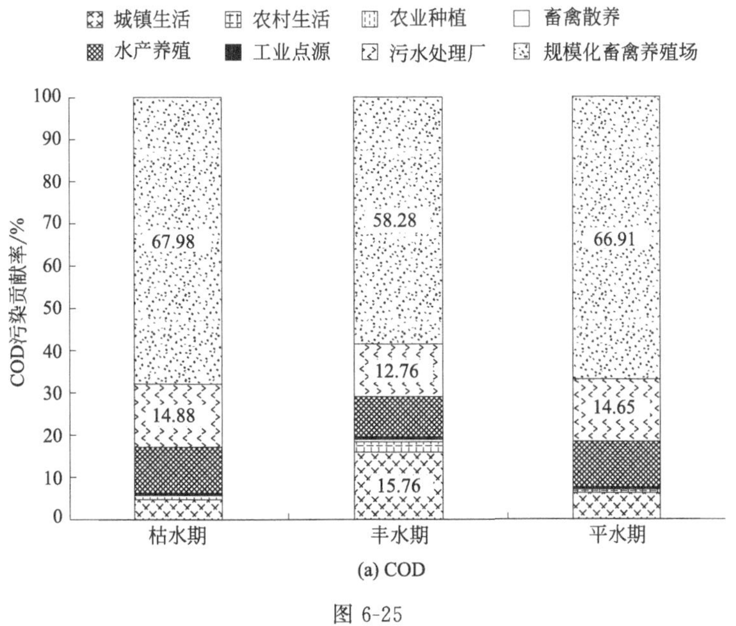

(a) COD

图 6-25

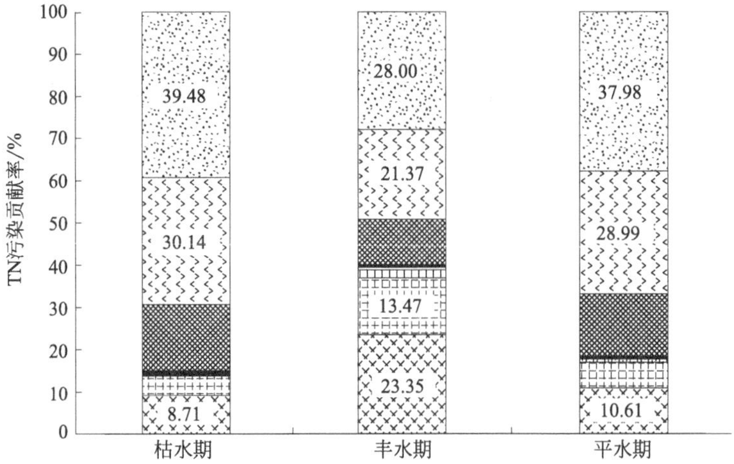

(b) TN

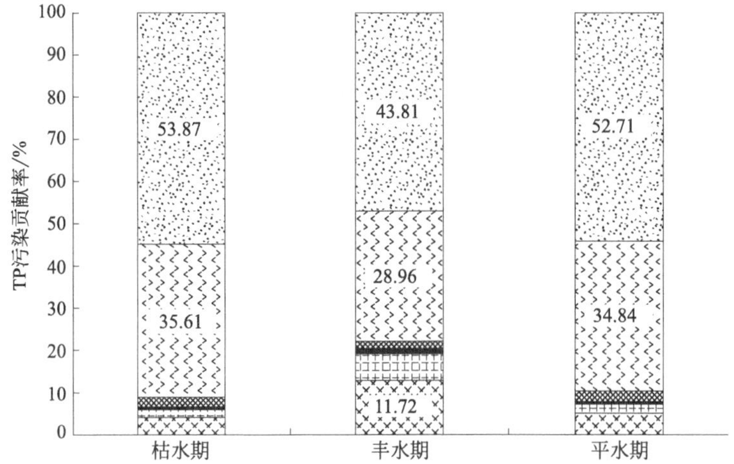

(c) TP

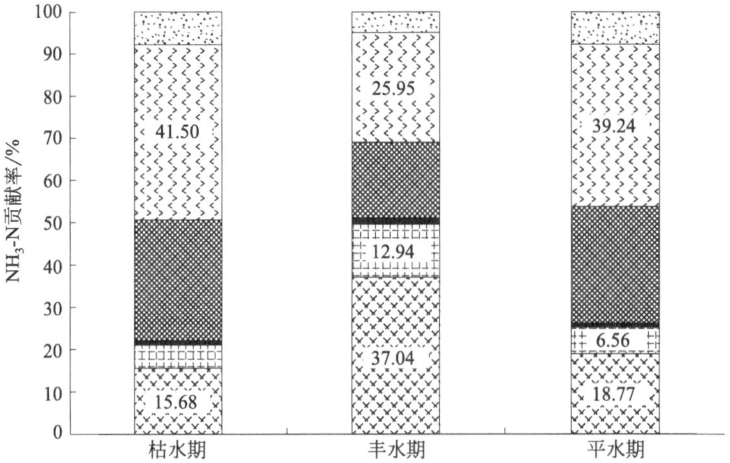

(d) NH_3-N

图 6-25 不同污染源对重点断面边墙村不同水期 4 种污染物的入河贡献率

② 规模化畜禽养殖场对 TN 各水期中入河负荷贡献居于第一位，污水处理厂在枯水期和平水期对 TN 入河负荷的贡献位居第二，分别为 30.14%和 28.99%，其次，工业点源和城镇生活对 TN 入河负荷也有一定贡献，尤其是在丰水期，城镇生活是 TN 入河负荷的第二大污染源（23.55%）。

③ 规模化畜禽养殖场和污水处理厂是 TP 入河量的主要污染源，贡献率均遵循枯水期＞平水期＞丰水期的变化规律，占比分别为 43.81%～53.87%、28.96%～35.61%。

④ 对于 NH_3-N，在枯水期和平水期，污水处理厂和工业点源是主要污染源，而在丰水期，城镇生活贡献率位于第一（37.04%），其次为污水处理厂（25.95%）和工业点源（18.25%）。

6.5.3 水期不同乡镇对重点断面贡献率

6.5.3.1 金滩

（1）水期不同乡镇对 COD 的贡献率

流域内不同乡镇对重点断面金滩枯、丰、平三个水期 COD 污染物入河贡献率中：对断面金滩的 COD 入河有影响的乡镇共计 9 个，均位于流域的上游区域。在不同水期中，乡镇哈勒景蒙古族乡对金滩 COD 入河贡献率均最大，枯、丰、平期间分别为 46.76%、41.97%和 45.96%。其次青海湖乡和三角城镇是 COD 入河的第二、第三大污染来源区域，各水期贡献率均在 10%以上，且都遵循以下变化特征：丰水期＞平水期＞枯水期。

（2）水期不同乡镇对 TN 的贡献率

流域内不同乡镇对重点断面金滩枯、丰、平三个水期 TN 污染物入河贡献率与 COD 相似。在不同水期中，乡镇哈勒景蒙古族乡对金滩 TN 入河贡献率最大，占据主要地位，枯、丰、平期间分别为 43.31%、36.78%和 41.59%。乡镇青海湖乡是 TN 入河负荷的第二大污染来源区域，枯、丰、平期间分别为 31.78%、36.66%和 33.45%。

（3）水期不同乡镇对 TP 的贡献率

流域内不同乡镇对重点断面金滩枯、丰、平三个水期 TP 污染物入河贡献率中：乡镇哈勒景蒙古族乡、青海湖乡、三角城镇均为不同水期入河贡献率前三的污染区域，其中哈勒景蒙古族乡的贡献率占据主要地位，枯、丰、平期间贡献率分别为 35.29%、33.89%和 34.85%，其余两个乡镇在水期中的贡献率分别在 25.27%～32.44%、17.70%～20.12%之间。

（4）水期不同乡镇对 NH_3-N 的贡献率

流域内不同乡镇对重点断面金滩枯、丰、平三个水期 NH_3-N 污染物入河贡献率中，不同水期对 NH_3-N 贡献率最大的乡镇不一致。在枯水期，对 NH_3-N 入河贡献率最大的乡镇为三角城镇（31.29%），其次为青海湖乡（27.33%）和哈勒景蒙古族乡（25.85%）；在丰水期，青海湖乡的贡献率最大（35.42%），其次为哈勒景蒙古族乡

(30.09%) 和三角城镇 (20.92%); 在平水期, 对 NH_3-N 入河贡献率排名在前的乡镇依次为青海湖乡 (29.89%)、三角城镇 (28.67%)、哈勒景蒙古族乡 (26.57%)。

6.5.3.2 扎马隆

(1) 水期不同乡镇对 COD 的贡献率

从流域内不同乡镇对重点断面扎马隆枯、丰、平三个水期 COD 污染物入河贡献率变化特征来看, 贡献率居于前列的大部分乡镇的入河贡献率大小遵循: 枯水期>平水期>丰水期。在不同水期中, 乡镇大华镇 (20.41%~22.05%)、日月藏族乡 (17.04%~17.84%)、申中乡 (12.47%~13.53%) 这三个乡镇对该断面 COD 入河贡献率居于前列。

(2) 水期不同乡镇对 TN 的贡献率

从流域内不同乡镇对重点断面扎马隆枯、丰、平三个水期 TN 污染物入河贡献率变化特征来看, 贡献率居于前列的大部分乡镇的入河贡献率大小遵循: 枯水期>平水期>丰水期。在不同水期中, 乡镇城关镇对该断面 TN 入河贡献率最大 (33.38%~43.09%), 大华镇、日月藏族乡、申中乡等乡镇对该断面 TN 入河贡献率位居其后。

(3) 水期不同乡镇对 TP 的贡献率

从流域内不同乡镇对重点断面扎马隆枯、丰、平三个水期 TP 污染物入河贡献率变化特征来看, 贡献率居于前列的大部分乡镇的入河贡献率大小遵循: 枯水期>平水期>丰水期。在不同水期中, 乡镇大华镇 (21.48%~25.74%)、日月藏族乡 (13.73%~15.07%)、申中乡 (8.42%~9.63%) 这三个乡镇对该断面 TP 入河贡献率居于前列。

(4) 水期不同乡镇对 NH_3-N 的贡献率

对比流域内不同乡镇对重点断面扎马隆枯、丰、平三个水期 NH_3-N 污染物入河贡献率发现, 不同水期对 NH_3-N 贡献率最大的乡镇不一致。在枯水期, 对 NH_3-N 入河贡献率位于前面的乡镇主要有三角城镇 (14.13%)、城关镇 (12.36%)、青海湖乡 (12.33%) 和哈勒景蒙古族乡 (11.66%); 在丰水期, 青海湖乡的贡献率最大 (19.63%), 其次为哈勒景蒙古族乡 (16.68%); 在平水期, 青海湖乡 (14.13%)、三角城镇 (13.52%)、哈勒景蒙古族乡 (12.53%)、城关镇 (10.97%)。

6.5.3.3 塔尔桥

(1) 水期不同乡镇对 COD 的贡献率

从流域内不同乡镇对重点断面塔尔桥枯、丰、平三个水期 COD 污染物入河贡献率变化特征来看, 贡献率居于前列的乡镇的入河贡献率大小遵循: 枯水期>平水期>丰水期。在不同水期中, 乡镇青林乡对 COD 入河贡献率最大, 位于 42.45%~43.37%之间, 其余乡镇的贡献率相对很小。

（2）水期不同乡镇对TN的贡献率

从流域内不同乡镇对重点断面塔尔桥枯、丰、平三个水期TN污染物入河贡献率变化特征来看，贡献率居于前列的乡镇的入河贡献率大小遵循：枯水期＞平水期＞丰水期。在不同水期中，乡镇青林乡对TN入河贡献率最大，位于34.75%～40.31%之间，其次是多林镇，贡献率为15.54%～19.14%。

（3）水期不同乡镇对TP的贡献率

从流域内不同乡镇对重点断面塔尔桥枯、丰、平三个水期TP污染物入河贡献率变化特征来看，贡献率居于前列的乡镇的入河贡献率大小遵循：枯水期＞平水期＞丰水期。在不同水期中，乡镇青林乡对TP入河贡献率最大，位于34.80%～39.29%之间；其次是多林镇，贡献率为16.04%～19.06%；接下来是新庄镇（7.09%～8.08%）。

（4）水期不同乡镇对NH_3-N的贡献率

对比流域内不同乡镇对重点断面塔尔桥枯、丰、平三个水期NH_3-N污染物入河贡献率发现，不同水期对NH_3-N贡献率最大的乡镇不一致。在枯水期，对NH_3-N入河贡献率位于前面的乡镇主要有青林乡（33.38%）、宝库乡（21.51%）、多林镇（14.51%）；在丰水期，宝库乡的贡献率最大（40.68%）；其次为青林乡（23.87%）；在平水期，青林乡对NH_3-N入河贡献率居于首位，占比为31.51%；其余乡镇对其贡献率相对很小。

6.5.3.4 小峡桥

（1）水期不同乡镇对COD的贡献率

从流域内不同乡镇对重点断面小峡桥枯、丰、平三个水期COD污染物入河贡献率变化特征来看，贡献率居于前列的乡镇的入河贡献率大小遵循枯水期＞平水期＞丰水期的规律。在枯、丰、平三个水期中，乡镇乐家湾镇对COD入河贡献率居于第一，分别为8.57%、8.49%、8.55%，乡镇青林乡、田家寨镇、上新庄镇等乡镇的贡献率大小位于乐家湾镇之后，但是相差不大，其余乡镇的COD入河贡献率相对很小。

（2）水期不同乡镇对TN的贡献率

从流域内不同乡镇对重点断面小峡桥枯、丰、平三个水期TN污染物入河贡献率变化特征来看，贡献率居于前列的大部分乡镇的入河贡献率大小遵循枯水期＞平水期＞丰水期的规律。乡镇汉东回族乡对TN入河贡献率最大，枯、丰、平水期分别为20.19%、14.53%、19.45%，城关镇、马坊街道办事处对TN的贡献率排名第二、第三，其余乡镇的贡献率相对很小。

（3）水期不同乡镇对TP的贡献率

不同水期中，流域内不同乡镇对重点断面小峡桥枯、丰、平三个水期TP污染物入河贡献率排名前三的乡镇分别为乐家湾镇、甘河滩镇、汉东回族乡，其中乐家湾镇的贡献率均超过10%，剩余的乡镇贡献率均低于10%。

(4) 水期不同乡镇对 NH_3-N 的贡献率

不同水期中，流域内不同乡镇对重点断面小峡桥枯、丰、平三个水期 NH_3-N 污染物入河贡献率排名前三的乡镇均分别为乐家湾镇（14.04%～17.52%）、兴海路街道办事处、马坊街道办事处，这三个乡镇的 NH_3-N 贡献率均超过 10%。剩余的乡镇贡献率均低于 10%。

6.5.3.5 乐都

(1) 水期不同乡镇对 COD 的贡献率

从不同水期贡献率变化特征来看，贡献率居于前列的乡镇的入河贡献率大小基本遵循枯水期＞平水期＞丰水期的变化特征。在枯、丰、平三个水期中，乡镇乐家湾镇对 COD 入河贡献率居于第一，分别为 7.87%、7.79%、7.86%；乡镇青林乡、田家寨镇、上新庄镇等乡镇的贡献率大小位于乐家湾镇之后，但是相差不大；其余乡镇的 COD 入河贡献率相对很小，有些接近 0。

(2) 水期不同乡镇对 TN 的贡献率

从不同水期贡献率变化特征来看，贡献率居于前列的大部分乡镇的入河贡献率大小遵循枯水期＞平水期＞丰水期的规律。乡镇汉东回族乡对 TN 入河贡献率最大，枯、丰、平水期间分别为 18.13%、13.08%、17.47%，城关镇、马坊街道办事处对 TN 的贡献率排名第二、第三，贡献率大小均在 5%以上，其余乡镇的贡献率相对很小，有的乡镇贡献率接近 0。

(3) 水期不同乡镇对 TP 的贡献率

从不同水期贡献率变化特征来看，贡献率居于前列的大部分乡镇的入河贡献率大小遵循枯水期＞平水期＞丰水期的规律。在各水期中，入河贡献率排名第一的乡镇为乐家湾镇，其贡献率均在 10%以上。乡镇甘河滩镇、汉东回族乡、田家寨镇的入河贡献率大小位于乐家湾镇之后，贡献率均位于 5%～10%之间。其余乡镇的贡献率相对很小，有的乡镇贡献率接近 0。

(4) 水期不同乡镇对 NH_3-N 的贡献率

不同水期中，对 NH_3-N 入河量贡献率排名前三的乡镇均分别为乐家湾镇（13.25%～16.88%）、兴海路街道办事处（9.15%～14.17%）、马坊街道办事处（7.86%～10.13%），且贡献率大小都遵循枯水期＞平水期＞丰水期的变化规律。其余乡镇的贡献率相对很小，有的乡镇贡献率接近 0。

6.5.3.6 边墙村

(1) 水期不同乡镇对 COD 的贡献率

从不同水期贡献率变化特征来看，大部分乡镇的入河贡献率大小遵循：枯水期＞平水期＞丰水期。在不同水期中，乡镇乐家湾镇、青林乡、田家寨镇、上新庄镇等对 COD 入河贡献率居于前列，但是贡献率相差不大。

(2) 水期不同乡镇对TN的贡献率

从流域内不同乡镇对重点断面边墙村枯、丰、平三个水期TN污染物入河贡献率变化特征来看，大部分乡镇的入河贡献率大小遵循：枯水期＞平水期＞丰水期。在不同水期中，乡镇汉东回族乡对TN入河贡献率居于首位（12.02%～16.88%），其他乡镇对TN入河贡献率都相对较小。

(3) 水期不同乡镇对TP的贡献率

从流域内不同乡镇对重点断面边墙村枯、丰、平三个水期TP污染物入河贡献率变化特征来看，大部分乡镇的入河贡献率大小遵循：枯水期＞平水期＞丰水期。在不同水期中，乡镇乐家湾镇的入河贡献率最大，在11.13%～12.76%之间；甘河滩镇、汉东回族乡等对TP入河贡献率居于其后，但是贡献率相差不大。

(4) 水期不同乡镇对NH_3-N的贡献率

从流域内不同乡镇对重点断面边墙村枯、丰、平三个水期NH_3-N污染物入河贡献率变化特征来看，大部分乡镇的入河贡献率大小遵循：枯水期＞平水期＞丰水期。在不同水期中，乡镇乐家湾镇对氨氮的入河贡献率最大，在12.41%～16.22%之间，兴海路街道办事处对NH_3-N入河贡献率居于第二，贡献率大小在8.57%～13.631%之间；其余乡镇对NH_3-N入河贡献率相对较小。

6.5.4 月份不同类型污染源对重点断面贡献率

6.5.4.1 金滩

不同类型污染源在1～12月份对重点断面金滩4种污染物入河贡献率如表6-19所列。

表6-19 不同类型污染源在对重点断面金滩4种污染物的逐月入河贡献率 单位：%

COD								
月份	规模化畜禽养殖场	污水处理厂	工业点源	水产养殖	畜禽散养	农业种植	农村生活	城镇生活
1	77.64	5.92	0.25	0.09	0.96	0.05	3.22	11.87
2	78.64	6.00	0.25	0.08	0.90	0.04	3.01	11.08
3	76.51	5.83	0.25	0.09	1.03	0.05	3.47	12.77
4	70.23	5.36	0.23	0.13	1.43	0.07	4.81	17.74
5	74.10	5.65	0.24	0.11	1.19	0.06	3.98	14.68
6	69.01	5.26	0.22	0.14	1.51	0.08	5.08	18.71
7	32.48	2.48	0.10	0.36	3.85	0.19	12.93	47.63
8	54.52	4.16	0.18	0.22	2.44	0.12	8.19	30.18
9	66.34	5.06	0.21	0.15	1.68	0.08	5.65	20.82
10	66.79	5.09	0.21	0.15	1.65	0.08	5.55	20.46
11	76.98	5.87	0.25	0.09	1.00	0.05	3.36	12.40
12	77.93	5.94	0.25	0.08	0.94	0.05	3.16	11.65
TN								
月份	规模化畜禽养殖场	污水处理厂	工业点源	水产养殖	畜禽散养	农业种植	农村生活	城镇生活
1	48.18	0.00	1.20	0.29	1.40	4.19	22.22	22.52
2	50.18	0.00	1.25	0.28	1.35	4.02	21.32	21.61
3	46.05	0.00	1.14	0.31	1.46	4.37	23.18	23.49

续表

月份	规模化畜禽养殖场	污水处理厂	工业点源	水产养殖	畜禽散养	农业种植	农村生活	城镇生活
TN								
4	36.23	0.00	0.90	0.37	1.74	5.20	27.60	27.97
5	41.91	0.00	1.04	0.33	1.58	4.72	25.04	25.37
6	34.63	0.00	0.86	0.38	1.79	5.34	28.32	28.69
7	9.01	0.00	0.22	0.53	2.52	7.51	39.84	40.37
8	20.71	0.00	0.51	0.46	2.18	6.52	34.58	35.04
9	31.44	0.00	0.78	0.39	1.88	5.61	29.75	30.15
10	31.95	0.00	0.79	0.39	1.86	5.56	29.52	29.92
11	46.93	0.00	1.16	0.30	1.44	4.29	22.78	23.09
12	48.74	0.00	1.21	0.29	1.39	4.14	21.97	22.26
TP								
月份	规模化畜禽养殖场	污水处理厂	工业点源	水产养殖	畜禽散养	农业种植	农村生活	城镇生活
1	51.38	15.47	1.55	0.62	0.57	10.72	9.44	10.25
2	52.69	15.87	1.59	0.58	0.54	10.13	8.92	9.68
3	49.94	15.04	1.50	0.66	0.60	11.37	10.02	10.87
4	42.61	12.83	1.28	0.85	0.78	14.68	12.93	14.04
5	46.99	14.15	1.42	0.73	0.68	12.70	11.19	12.14
6	41.30	12.43	1.24	0.88	0.81	15.27	13.46	14.61
7	13.83	4.17	0.42	1.60	1.47	27.67	24.38	26.46
8	28.11	8.46	0.85	1.22	1.13	21.23	18.70	20.30
9	38.56	11.61	1.16	0.95	0.88	16.51	14.54	15.79
10	39.01	11.75	1.17	0.94	0.87	16.30	14.36	15.59
11	50.54	15.22	1.52	0.64	0.59	11.10	9.78	10.61
12	51.75	15.58	1.56	0.61	0.56	10.55	9.30	10.09
NH_3-N								
月份	规模化畜禽养殖场	污水处理厂	工业点源	水产养殖	畜禽散养	农业种植	农村生活	城镇生活
1	8.83	28.51	1.13	0.10	0.91	0.79	21.68	38.04
2	9.28	29.96	1.19	0.10	0.88	0.77	20.99	36.83
3	8.36	26.99	1.07	0.11	0.94	0.82	22.41	39.31
4	6.31	20.35	0.81	0.12	1.07	0.94	25.56	44.85
5	7.48	24.13	0.95	0.11	1.00	0.87	23.77	41.70
6	5.99	19.32	0.76	0.12	1.09	0.95	26.05	45.70
7	1.41	4.54	0.18	0.16	1.39	1.21	33.08	58.04
8	3.38	10.92	0.43	0.14	1.26	1.10	30.05	52.72
9	5.36	17.31	0.69	0.13	1.13	0.99	27.01	47.39
10	5.46	17.63	0.70	0.13	1.13	0.98	26.86	47.12
11	8.56	27.61	1.09	0.10	0.93	0.81	22.11	38.79
12	8.96	28.91	1.14	0.10	0.90	0.79	21.49	37.70

可以看出，在不同月份，各种类型的污染源贡献表现出不同的变化特征。

① 对于 COD，规模化畜禽养殖场对其入河贡献最大，并且呈现出 1～7 月减小、8～12 月增大的特征，其贡献率由 1 月的 77.64%降低至 7 月的 32.48%，到 12 月增加至 77.93%。城镇生活是 COD 各月份入河的第二污染源，其变化特征正好与规模化畜禽养殖场相反，7 月份贡献率增至最大为 47.63%。

② 对 TN 入河贡献率位居前三位的是规模化畜禽养殖场、城镇生活和农村生活。规模化畜禽养殖场是所有月份（除了 7、8 月份）最大的污染源，并且 1～7 月减小、8～12 月增大；城镇生活和农村生活贡献率变化范围均在 21%～41%之间。

③ 各月份中TP入河的主要污染源为规模化畜禽养殖场（除了7月份），在7月份，城镇生活、农村生活和农业种植对TP的贡献率有大幅度提升，其中农业种植成为7月份TP入河的主要污染源。

④ 对于NH_3-N，各月份城镇生活对其入河量具有相对较大贡献，并且1～12月份直接表现出先增后减的形式（36.83%～58.04%），农村生活和污水处理厂对NH_3-N入河贡献也占据一定比例，贡献率范围分别在20.99%～33%、4.54%～29.96%之间。

6.5.4.2 扎马隆

不同类型污染源在1～12月份对重点断面扎马隆4种污染物入河贡献率如表6-20所列。

表6-20　不同类型污染源对重点断面扎马隆4种污染物的逐月入河贡献率　单位：%

COD								
月份	规模化畜禽养殖场	污水处理厂	工业点源	水产养殖	畜禽散养	农业种植	农村生活	城镇生活
1	93.91	2.37	0.57	0.01	0.27	0.01	0.65	2.21
2	93.98	2.37	0.57	0.01	0.27	0.01	0.64	2.15
3	93.50	2.36	0.56	0.01	0.31	0.01	0.74	2.50
4	91.95	2.32	0.55	0.02	0.44	0.02	1.08	3.63
5	92.84	2.34	0.56	0.01	0.37	0.01	0.88	2.97
6	91.44	2.31	0.55	0.02	0.50	0.02	1.19	3.98
7	73.30	1.85	0.44	0.09	2.11	0.08	5.07	17.06
8	86.43	2.18	0.52	0.04	0.94	0.03	2.26	7.60
9	90.69	2.29	0.55	0.02	0.56	0.02	1.35	4.53
10	90.81	2.29	0.55	0.02	0.55	0.02	1.32	4.44
11	93.76	2.37	0.56	0.01	0.28	0.01	0.69	2.32
12	93.91	2.37	0.57	0.01	0.27	0.01	0.65	2.21
TN								
月份	规模化畜禽养殖场	污水处理厂	工业点源	水产养殖	畜禽散养	农业种植	农村生活	城镇生活
1	49.49	40.38	1.00	0.04	0.36	0.73	4.14	3.85
2	49.59	40.47	1.00	0.03	0.37	0.72	4.07	3.75
3	48.86	39.87	0.99	0.04	0.42	0.83	4.68	4.32
4	46.60	38.03	0.94	0.06	0.58	1.16	6.56	6.08
5	47.89	39.08	0.97	0.05	0.49	0.97	5.49	5.07
6	45.89	37.45	0.93	0.06	0.64	1.26	7.16	6.61
7	27.27	22.26	0.55	0.19	2.02	4.01	22.70	21.00
8	39.57	32.29	0.80	0.10	1.10	2.19	12.43	11.51
9	44.86	36.60	0.91	0.07	0.71	1.42	8.02	7.41
10	45.03	36.74	0.91	0.07	0.70	1.39	7.88	7.28
11	49.25	40.19	1.00	0.04	0.38	0.77	4.33	4.04
12	49.48	40.38	1.00	0.04	0.37	0.73	4.15	3.86
TP								
月份	规模化畜禽养殖场	污水处理厂	工业点源	水产养殖	畜禽散养	农业种植	农村生活	城镇生活
1	83.67	8.60	0.24	0.10	0.19	2.56	2.32	2.31
2	83.81	8.62	0.24	0.09	0.20	2.52	2.28	2.25
3	82.79	8.51	0.24	0.11	0.22	2.90	2.63	2.60
4	79.61	8.18	0.23	0.16	0.31	4.11	3.72	3.69
5	81.45	8.37	0.23	0.13	0.27	3.39	3.10	3.07
6	78.61	8.08	0.22	0.17	0.35	4.48	4.07	4.02

续表

TP								
月份	规模化畜禽养殖场	污水处理厂	工业点源	水产养殖	畜禽散养	农业种植	农村生活	城镇生活
7	50.14	5.15	0.14	0.57	1.17	15.27	13.84	13.72
8	69.39	7.13	0.20	0.30	0.61	7.96	7.23	7.17
9	77.12	7.93	0.22	0.19	0.39	5.06	4.57	4.53
10	77.37	7.95	0.22	0.18	0.38	4.95	4.49	4.45
11	83.35	8.57	0.24	0.10	0.20	2.68	2.43	2.43
12	83.67	8.60	0.24	0.10	0.20	2.55	2.33	2.32
NH_3-N								
月份	规模化畜禽养殖场	污水处理厂	工业点源	水产养殖	畜禽散养	农业种植	农村生活	城镇生活
1	33.87	18.79	5.74	0.05	0.89	0.52	15.37	24.76
2	34.22	18.99	5.80	0.04	0.91	0.51	15.23	24.29
3	32.03	17.77	5.43	0.05	0.98	0.56	16.61	26.56
4	26.42	14.66	4.48	0.06	1.18	0.68	20.16	32.36
5	29.41	16.32	4.99	0.05	1.09	0.61	18.27	29.25
6	24.98	13.86	4.24	0.06	1.25	0.71	21.12	33.78
7	7.20	3.99	1.22	0.10	1.91	1.10	32.47	52.01
8	15.82	8.78	2.68	0.08	1.59	0.91	26.95	43.19
9	23.05	12.79	3.91	0.07	1.32	0.75	22.36	35.75
10	23.35	12.96	3.96	0.07	1.31	0.75	22.15	35.45
11	33.16	18.40	5.62	0.05	0.92	0.54	15.82	25.50
12	33.86	18.79	5.74	0.05	0.90	0.52	15.38	24.76

可以看出，在不同月份各种类型的污染源贡献表现出不同的变化特征。

① 对于 COD，规模化畜禽养殖场对其入河贡献最大，并且呈现出 1～7 月减小、8～12 月增大的特征，其贡献率由 1 月的 93.91%降低至 7 月的 73.30%，到 12 月增加至 93.91%。

② 对 TN 入河贡献率位居前两位的是规模化畜禽养殖场和污水处理厂，同样呈现出 1～7 月减小、8～12 月增大的特征，变化范围分别在 27.27%～49.49%、22.26%～40.47%之间。同时，在 7 月份，农村生活和城镇生活贡献率有大幅度提升，分别增至 22.70%、21.00%。

③ TP 具有和 COD 相似特征，各月份规模化畜禽养殖场对其入河贡献最大，并且呈现出 1～7 月减小、8～12 月增大的特征，其贡献率由 1 月的 83.67%降低至 7 月的 50.14%，到 12 月增加至 83.67%。

④ 对于 NH_3-N，城镇生活对其入河量具有相对较大贡献，并且 1～12 月份直接表现出先增后减的形式，在 4～10 月份之间对 NH_3-N 入河贡献率最大。点源对 NH_3-N 入河贡献也具有较大比例，例如规模化畜禽养殖场是 1 月、2 月、3 月、5 月、11 月、12 月的最大污染源。

6.5.4.3 塔尔桥

不同类型污染源在 1～12 月份对重点断面塔尔桥 4 种污染物入河贡献率如表 6-21 所列。

表 6-21 不同类型污染源对重点断面塔尔桥 4 种污染物的逐月入河贡献率 单位：%

COD								
月份	规模化畜禽养殖场	污水处理厂	工业点源	水产养殖	畜禽散养	农业种植	农村生活	城镇生活
1	99.00	0.00	0.00	0.00	0.18	0.00	0.48	0.34
2	98.88	0.00	0.00	0.00	0.20	0.01	0.54	0.38
3	98.91	0.00	0.00	0.00	0.20	0.01	0.52	0.37
4	98.32	0.00	0.00	0.00	0.30	0.01	0.80	0.56
5	98.61	0.00	0.00	0.00	0.25	0.01	0.67	0.47
6	98.24	0.00	0.00	0.00	0.32	0.01	0.84	0.59
7	91.00	0.00	0.00	0.00	1.65	0.04	4.40	3.10
8	96.30	0.00	0.00	0.00	0.66	0.02	1.77	1.25
9	97.91	0.00	0.00	0.00	0.38	0.01	1.00	0.71
10	97.90	0.00	0.00	0.00	0.38	0.01	1.00	0.71
11	99.08	0.00	0.00	0.00	0.16	0.00	0.44	0.31
12	99.01	0.00	0.00	0.00	0.18	0.00	0.48	0.34
TN								
月份	规模化畜禽养殖场	污水处理厂	工业点源	水产养殖	畜禽散养	农业种植	农村生活	城镇生活
1	91.61	0.00	0.00	0.00	0.48	0.91	5.86	1.13
2	90.67	0.00	0.00	0.00	0.54	1.02	6.51	1.26
3	90.92	0.00	0.00	0.00	0.52	0.99	6.34	1.23
4	86.64	0.00	0.00	0.00	0.77	1.46	9.33	1.81
5	88.67	0.00	0.00	0.00	0.65	1.23	7.91	1.53
6	86.07	0.00	0.00	0.00	0.80	1.52	9.73	1.88
7	52.23	0.00	0.00	0.00	2.76	5.20	33.35	6.46
8	74.23	0.00	0.00	0.00	1.49	2.81	17.99	3.48
9	83.80	0.00	0.00	0.00	0.93	1.76	11.31	2.19
10	83.78	0.00	0.00	0.00	0.94	1.77	11.32	2.19
11	92.27	0.00	0.00	0.00	0.45	0.84	5.40	1.05
12	91.67	0.00	0.00	0.00	0.48	0.91	5.81	1.13
TP								
月份	规模化畜禽养殖场	污水处理厂	工业点源	水产养殖	畜禽散养	农业种植	农村生活	城镇生活
1	93.25	0.00	0.00	0.00	0.17	3.99	2.15	0.45
2	92.48	0.00	0.00	0.00	0.19	4.44	2.39	0.50
3	92.69	0.00	0.00	0.00	0.18	4.32	2.33	0.48
4	89.14	0.00	0.00	0.00	0.27	6.41	3.46	0.72
5	90.83	0.00	0.00	0.00	0.23	5.41	2.92	0.61
6	88.67	0.00	0.00	0.00	0.28	6.69	3.61	0.75
7	58.06	0.00	0.00	0.00	1.05	24.76	13.36	2.77
8	78.48	0.00	0.00	0.00	0.54	12.71	6.85	1.42
9	86.75	0.00	0.00	0.00	0.33	7.82	4.22	0.88
10	86.74	0.00	0.00	0.00	0.33	7.83	4.22	0.88
11	93.79	0.00	0.00	0.00	0.16	3.67	1.98	0.41
12	93.31	0.00	0.00	0.00	0.17	3.95	2.13	0.44
NH_3-N								
月份	规模化畜禽养殖场	污水处理厂	工业点源	水产养殖	畜禽散养	农业种植	农村生活	城镇生活
1	68.07	0.00	0.00	0.00	1.23	0.74	22.44	7.52
2	65.51	0.00	0.00	0.00	1.33	0.80	24.24	8.12
3	66.17	0.00	0.00	0.00	1.30	0.79	23.77	7.96
4	55.89	0.00	0.00	0.00	1.70	1.03	31.00	10.39
5	60.46	0.00	0.00	0.00	1.52	0.92	27.79	9.31
6	54.69	0.00	0.00	0.00	1.75	1.05	31.84	10.67

续表

NH$_3$-N								
月份	规模化畜禽养殖场	污水处理厂	工业点源	水产养殖	畜禽散养	农业种植	农村生活	城镇生活
7	17.60	0.00	0.00	0.00	3.17	1.92	57.91	19.40
8	36.01	0.00	0.00	0.00	2.46	1.49	44.98	15.07
9	50.27	0.00	0.00	0.00	1.92	1.16	34.95	11.71
10	50.23	0.00	0.00	0.00	1.92	1.16	34.98	11.72
11	69.97	0.00	0.00	0.00	1.16	0.70	21.10	7.07
12	68.26	0.00	0.00	0.00	1.22	0.74	22.30	7.47

可以看出，在不同月份，各种类型的污染源贡献表现出不同的变化特征。

① 对于COD、TN和TP，不同月份内规模化畜禽养殖场的入河贡献率居于首位，并且呈现出1～7月减小、8～12月增大的特征。此外，在7月份，对于TN，农村生活入河贡献率有大幅度提升，增至33.35%；对于TP，农业种植入河贡献率有大幅度提升，增至24.76%。

② 对于NH$_3$-N，除7月份外，规模化畜禽养殖场和农村生活是其入河量的两大主要来源，但是规模化畜禽养殖场贡献率在1～12月份表现出先减后增形式，在7月份减小至17.60%；而农村生活则相反，在7月份达到峰值（57.91%）。

6.5.4.4 小峡桥

不同类型污染源在1～12月份对重点断面小峡桥4种污染物入河贡献率如表6-22所列。

表6-22 不同类型污染源对重点断面小峡桥4种污染物的逐月入河贡献率 单位：%

COD								
月份	规模化畜禽养殖场	污水处理厂	工业点源	水产养殖	畜禽散养	农业种植	农村生活	城镇生活
1	68.54	16.21	10.57	0.01	0.21	0.01	0.63	3.83
2	68.17	16.12	10.51	0.01	0.23	0.01	0.69	4.27
3	67.95	16.06	10.48	0.01	0.25	0.01	0.74	4.50
4	66.25	15.66	10.22	0.01	0.35	0.01	1.06	6.44
5	67.32	15.92	10.38	0.01	0.29	0.01	0.87	5.20
6	65.77	15.55	10.14	0.01	0.38	0.01	1.14	6.99
7	47.81	11.30	7.37	0.04	1.51	0.04	4.52	27.40
8	60.40	14.28	9.31	0.02	0.73	0.02	2.17	13.07
9	64.87	15.34	10.00	0.01	0.44	0.01	1.32	8.00
10	64.95	15.36	10.02	0.01	0.44	0.01	1.31	7.91
11	68.39	16.17	10.55	0.01	0.22	0.01	0.65	4.01
12	68.39	16.17	10.55	0.01	0.22	0.01	0.66	4.00
TN								
月份	规模化畜禽养殖场	污水处理厂	工业点源	水产养殖	畜禽散养	农业种植	农村生活	城镇生活
1	40.42	30.18	17.40	0.02	0.28	0.57	3.93	7.20
2	39.91	29.79	17.18	0.02	0.30	0.60	4.20	7.99
3	39.56	29.53	17.03	0.02	0.32	0.65	4.52	8.36
4	37.15	27.73	15.99	0.03	0.44	0.90	6.24	11.52
5	38.62	28.83	16.63	0.02	0.37	0.76	5.24	9.52
6	36.52	27.26	15.72	0.03	0.47	0.96	6.65	12.38
7	19.18	14.32	8.26	0.08	1.34	2.75	19.00	35.06

续表

月份	规模化畜禽养殖场	污水处理厂	工业点源	水产养殖	畜禽散养	农业种植	农村生活	城镇生活
TN								
8	30.07	22.45	12.95	0.05	0.80	1.64	11.30	20.75
9	35.33	26.37	15.21	0.03	0.53	1.09	7.54	13.89
10	35.44	26.46	15.26	0.03	0.53	1.08	7.45	13.77
11	40.23	30.03	17.32	0.02	0.28	0.58	4.01	7.53
12	40.22	30.03	17.32	0.02	0.29	0.59	4.06	7.49
TP								
月份	规模化畜禽养殖场	污水处理厂	工业点源	水产养殖	畜禽散养	农业种植	农村生活	城镇生活
1	50.37	40.21	2.74	0.03	0.10	1.96	1.49	3.09
2	50.04	39.95	2.73	0.04	0.10	2.10	1.60	3.45
3	49.79	39.75	2.71	0.04	0.11	2.26	1.72	3.62
4	48.03	38.35	2.62	0.06	0.16	3.21	2.45	5.12
5	49.09	39.19	2.67	0.04	0.13	2.67	2.03	4.16
6	47.57	37.98	2.59	0.06	0.17	3.45	2.63	5.55
7	31.20	24.91	1.70	0.21	0.62	12.35	9.39	19.62
8	42.30	33.76	2.30	0.11	0.32	6.35	4.83	10.04
9	46.65	37.24	2.54	0.07	0.20	3.98	3.02	6.31
10	46.74	37.31	2.55	0.07	0.20	3.91	2.98	6.24
11	50.26	40.12	2.74	0.04	0.10	1.98	1.52	3.24
12	50.25	40.12	2.74	0.03	0.10	2.01	1.53	3.21
NH_3-N								
月份	规模化畜禽养殖场	污水处理厂	工业点源	水产养殖	畜禽散养	农业种植	农村生活	城镇生活
1	7.07	44.51	32.28	0.01	0.19	0.12	3.97	11.86
2	6.94	43.71	31.70	0.01	0.20	0.13	4.23	13.08
3	6.87	43.22	31.34	0.01	0.22	0.14	4.54	13.67
4	6.32	39.77	28.84	0.01	0.29	0.18	6.14	18.45
5	6.65	41.89	30.38	0.01	0.25	0.16	5.21	15.45
6	6.18	38.89	28.20	0.01	0.31	0.20	6.51	19.72
7	2.84	17.86	12.95	0.02	0.77	0.49	16.25	48.82
8	4.83	30.40	22.05	0.02	0.50	0.32	10.50	31.39
9	5.92	37.26	27.02	0.01	0.35	0.22	7.31	21.92
10	5.94	37.40	27.12	0.01	0.34	0.22	7.23	21.74
11	7.02	44.19	32.05	0.01	0.19	0.12	4.05	12.37
12	7.02	44.18	32.04	0.01	0.20	0.12	4.11	12.32

可以看出，在不同月份各种类型的污染源贡献表现出不同的变化特征。

① 对于COD，规模化畜禽养殖场对其入河贡献最大，并且呈现出1～7月减小、8～12月增大的特征，其贡献率由1月的68.54%降低至7月的47.81%，到12月增加至68.39%。

② 对TN入河贡献率位居前两位的是规模化畜禽养殖场和污水处理厂，同样呈现出1～7月减小、8～12月增大的特征，变化幅度较大，变化范围分别在19.18%～40.42%、14.32%～30.18%之间。同时，在7月份，城镇生活和农村生活贡献率有大幅度提升，分别增至35.06%、19.00%，其中城镇生活引起的TN入河量占主要地位。

③ TP各月份规模化畜禽养殖场对其入河贡献最大，其次是污水处理厂，并且呈现出1～7月减小、8～12月增大的特征。

④ 对于NH_3-N，污水处理厂、工业点源和城镇生活对其入河贡献率位居前三，污水处理厂和工业点源1～12月份表现出先减后增形式，城镇生活正好相反；在所有月份

中（除 7、8 月份），污水处理厂的贡献率最大，而在 7 月份，城镇生活对 NH_3-N 入河贡献率达到最大值（48.82%）。

6.5.4.5 乐都

不同类型污染源在 1～12 月份对重点断面乐都 4 种污染物入河贡献率如表 6-23 所列。

表 6-23 不同类型污染源对重点断面乐都 4 种污染物的逐月入河贡献率 单位：%

月份	规模化畜禽养殖场	污水处理厂	工业点源	水产养殖	畜禽散养	农业种植	农村生活	城镇生活
COD								
1	70.31	15.24	9.74	0.01	0.21	0.01	0.65	3.85
2	69.94	15.16	9.69	0.01	0.23	0.01	0.70	4.28
3	69.69	15.10	9.65	0.01	0.25	0.01	0.76	4.53
4	67.96	14.73	9.41	0.01	0.36	0.01	1.08	6.45
5	69.05	14.96	9.56	0.01	0.29	0.01	0.88	5.23
6	67.45	14.62	9.34	0.01	0.39	0.01	1.16	7.02
7	48.96	10.61	6.78	0.05	1.52	0.04	4.59	27.45
8	61.92	13.42	8.58	0.02	0.73	0.02	2.20	13.12
9	66.53	14.42	9.21	0.01	0.45	0.01	1.34	8.03
10	66.62	14.44	9.23	0.01	0.44	0.01	1.33	7.93
11	70.16	15.21	9.72	0.01	0.22	0.01	0.66	4.02
12	70.16	15.20	9.72	0.01	0.22	0.01	0.67	4.01
TN								
月份	规模化畜禽养殖场	污水处理厂	工业点源	水产养殖	畜禽散养	农业种植	农村生活	城镇生活
1	42.03	30.34	15.73	0.02	0.28	0.53	3.96	7.11
2	41.53	29.97	15.54	0.02	0.30	0.56	4.24	7.85
3	41.15	29.70	15.40	0.03	0.32	0.61	4.56	8.25
4	38.68	27.92	14.47	0.04	0.44	0.84	6.28	11.34
5	40.18	29.00	15.03	0.03	0.37	0.70	5.29	9.40
6	38.01	27.43	14.22	0.04	0.47	0.89	6.72	12.21
7	20.05	14.47	7.50	0.11	1.35	2.56	19.24	34.70
8	31.35	22.63	11.73	0.07	0.80	1.52	11.42	20.49
9	36.79	26.55	13.77	0.04	0.53	1.01	7.60	13.70
10	36.91	26.64	13.81	0.04	0.53	1.00	7.51	13.56
11	41.85	30.20	15.66	0.02	0.28	0.54	4.05	7.40
12	41.84	30.20	15.66	0.02	0.29	0.55	4.09	7.36
TP								
月份	规模化畜禽养殖场	污水处理厂	工业点源	水产养殖	畜禽散养	农业种植	农村生活	城镇生活
1	54.32	36.82	2.44	0.05	0.10	1.78	1.49	3.01
2	53.98	36.59	2.42	0.05	0.10	1.91	1.60	3.34
3	53.71	36.41	2.41	0.05	0.11	2.05	1.73	3.53
4	51.91	35.18	2.33	0.07	0.16	2.91	2.45	4.98
5	52.99	35.92	2.38	0.06	0.13	2.42	2.03	4.06
6	51.41	34.84	2.31	0.08	0.17	3.13	2.65	5.41
7	34.15	23.15	1.53	0.29	0.62	11.35	9.54	19.36
8	45.89	31.11	2.06	0.15	0.32	5.78	4.87	9.83
9	50.45	34.20	2.26	0.09	0.20	3.61	3.03	6.15
10	50.55	34.27	2.27	0.09	0.20	3.55	2.99	6.08
11	54.21	36.75	2.43	0.05	0.10	1.79	1.53	3.14
12	54.20	36.74	2.43	0.05	0.10	1.82	1.53	3.12

续表

NH_3-N								
月份	规模化畜禽养殖场	污水处理厂	工业点源	水产养殖	畜禽散养	农业种植	农村生活	城镇生活
1	8.05	43.64	31.17	0.01	0.20	0.12	4.26	12.55
2	7.90	42.84	30.60	0.01	0.21	0.13	4.54	13.77
3	7.80	42.30	30.21	0.01	0.23	0.14	4.87	14.43
4	7.15	38.78	27.70	0.01	0.31	0.18	6.53	19.34
5	7.55	40.93	29.23	0.01	0.26	0.16	5.58	16.28
6	6.98	37.84	27.03	0.01	0.33	0.19	6.94	20.68
7	3.12	16.90	12.07	0.03	0.79	0.47	16.84	49.77
8	5.40	29.25	20.90	0.02	0.52	0.31	11.06	32.54
9	6.68	36.19	25.85	0.01	0.37	0.22	7.77	22.93
10	6.70	36.34	25.96	0.01	0.36	0.21	7.68	22.72
11	7.99	43.33	30.95	0.01	0.20	0.12	4.35	13.04
12	7.99	43.32	30.94	0.01	0.21	0.12	4.41	12.99

可以看出，在不同月份，各种类型的污染源贡献表现出不同的变化特征。

① 对于COD，规模化畜禽养殖场对其入河贡献最大，并且呈现出1～7月减小、8～12月增大的特征，其贡献率由1月的70.31%降低至7月的48.96%，到12月又增加至70.16%。

② 对TN入河贡献率位居前两位的是规模化畜禽养殖场和污水处理厂，同样呈现出1～7月减小、8～12月增大的特征，变化幅度较大，变化范围分别在20.05%～42.03%、14.47%～30.34%之间。同时，在7月份，城镇生活和农村生活贡献率有大幅度提升，分别增至34.70%、19.24%，其中城镇生活引起的TN入河量占主要地位。

③ TP各月份规模化畜禽养殖场对其入河贡献最大，其次是污水处理厂，并且呈现出1～7月减小、8～12月增大的特征。

④ 对于NH_3-N，污水处理厂、工业点源和城镇生活对其入河贡献率位居前三，污水处理厂和工业点源1～12月份表现出先减后增形式，城镇生活正好相反；在所有月份中（除7、8月份），污水处理厂的贡献率最大，而在7月份城镇生活对NH_3-N入河贡献率达到最大值（49.77%）。

6.5.4.6 边墙村

不同类型污染源在1～12月份对重点断面边墙村4种污染物入河贡献率如表6-24所列。

表6-24 不同类型污染源对重点断面边墙村4种污染物的逐月入河贡献率 单位：%

COD								
月份	规模化畜禽养殖场	污水处理厂	工业点源	水产养殖	畜禽散养	农业种植	农村生活	城镇生活
1	68.70	15.04	11.28	0.01	0.22	0.01	0.70	4.05
2	68.32	14.96	11.22	0.01	0.24	0.01	0.76	4.49
3	68.06	14.90	11.17	0.01	0.26	0.01	0.82	4.76
4	66.28	14.51	10.88	0.02	0.37	0.01	1.16	6.77
5	67.41	14.76	11.07	0.01	0.30	0.01	0.95	5.49
6	65.76	14.40	10.80	0.02	0.40	0.01	1.26	7.36
7	47.08	10.31	7.73	0.07	1.55	0.04	4.87	28.36
8	60.11	13.16	9.87	0.03	0.75	0.02	2.36	13.69
9	64.82	14.19	10.64	0.02	0.46	0.01	1.45	8.41

续表

COD								
月份	规模化畜禽养殖场	污水处理厂	工业点源	水产养殖	畜禽散养	农业种植	农村生活	城镇生活
10	64.91	14.21	10.66	0.02	0.45	0.01	1.43	8.31
11	68.56	15.01	11.26	0.01	0.23	0.01	0.72	4.22
12	68.55	15.01	11.25	0.01	0.23	0.01	0.73	4.22
TN								
月份	规模化畜禽养殖场	污水处理厂	工业点源	水产养殖	畜禽散养	农业种植	农村生活	城镇生活
1	40.51	30.92	16.06	0.03	0.29	0.54	4.28	7.37
2	40.00	30.53	15.86	0.03	0.31	0.58	4.58	8.11
3	39.61	30.23	15.70	0.04	0.33	0.62	4.92	8.55
4	37.14	28.35	14.72	0.05	0.45	0.85	6.74	11.70
5	38.65	29.50	15.32	0.04	0.38	0.72	5.68	9.72
6	36.46	27.83	14.46	0.05	0.49	0.91	7.22	12.59
7	18.85	14.39	7.47	0.15	1.36	2.55	20.21	35.02
8	29.84	22.78	11.83	0.09	0.82	1.53	12.15	20.96
9	35.25	26.90	13.97	0.06	0.55	1.03	8.14	14.10
10	35.37	27.00	14.02	0.06	0.54	1.01	8.04	13.95
11	40.34	30.79	15.99	0.03	0.29	0.55	4.36	7.65
12	40.31	30.77	15.98	0.03	0.30	0.56	4.41	7.63
TP								
月份	规模化畜禽养殖场	污水处理厂	工业点源	水产养殖	畜禽散养	农业种植	农村生活	城镇生活
1	54.64	36.12	2.31	0.06	0.10	1.91	1.66	3.19
2	54.27	35.87	2.30	0.07	0.11	2.07	1.78	3.53
3	53.98	35.68	2.29	0.07	0.12	2.21	1.92	3.73
4	52.03	34.39	2.20	0.10	0.17	3.13	2.71	5.26
5	53.21	35.17	2.25	0.08	0.14	2.60	2.25	4.29
6	51.49	34.04	2.18	0.11	0.18	3.37	2.93	5.70
7	33.40	22.08	1.41	0.38	0.64	11.89	10.28	19.91
8	45.62	30.15	1.93	0.20	0.33	6.16	5.33	10.27
9	50.48	33.37	2.14	0.12	0.21	3.87	3.34	6.47
10	50.58	33.44	2.14	0.12	0.21	3.81	3.30	6.40
11	54.53	36.05	2.31	0.06	0.10	1.94	1.69	3.32
12	54.51	36.03	2.31	0.06	0.11	1.97	1.71	3.31
NH_3-N								
月份	规模化畜禽养殖场	污水处理厂	工业点源	水产养殖	畜禽散养	农业种植	农村生活	城镇生活
1	8.08	43.12	30.32	0.01	0.21	0.13	4.71	13.43
2	7.92	42.28	29.73	0.01	0.22	0.13	5.02	14.67
3	7.81	41.69	29.32	0.01	0.24	0.14	5.37	15.40
4	7.12	38.00	26.72	0.02	0.32	0.19	7.15	20.48
5	7.54	40.25	28.31	0.01	0.28	0.16	6.12	17.32
6	6.94	37.01	26.03	0.02	0.34	0.20	7.59	21.87
7	2.99	15.96	11.23	0.04	0.80	0.47	17.74	50.77
8	5.28	28.20	19.83	0.03	0.54	0.32	11.90	33.90
9	6.62	35.30	24.83	0.02	0.38	0.23	8.45	24.18
10	6.65	35.47	24.95	0.02	0.38	0.22	8.36	23.95
11	8.02	42.82	30.11	0.01	0.21	0.13	4.80	13.90
12	8.02	42.78	30.09	0.01	0.22	0.13	4.87	13.88

可以看出，在不同月份各种类型的污染源贡献表现出不同的变化特征。

① 对于COD，规模化畜禽养殖场对其入河贡献最大，并且呈现出1～7月减小、8～12月增大的特征，其贡献率由1月的68.70%降低至7月的47.08%，到12月又增加至68.55%。

② 对 TN 入河贡献率位居前两位的是规模化畜禽养殖场和污水处理厂，同样呈现出1～7月减小、8～12月增大的特征，变化幅度较大，变化范围分别在18.85%～40.51%、14.39%～30.92%之间。同时，在7月份，农村生活和城镇生活贡献率有大幅度提升，分别增至20.21%、35.02%，其中城镇生活引起的 TN 入河量占主要地位。

③ TP 各月份规模化畜禽养殖场对其入河贡献最大，其次是污水处理厂，并且呈现出1～7月减小、8～12月增大的特征。

④ 对于 NH_3-N，污水处理厂、工业点源和城镇生活对其入河贡献率位居前三，污水处理厂和工业点源1～12月份表现出先减后增形式，城镇生活正好相反；在所有月份中（除7、8月份），污水处理厂的贡献率最大，而在7月份，城镇生活对 NH_3-N 入河贡献率达到最大值（50.77%）。

6.5.5 月份不同乡镇对重点断面贡献率

6.5.5.1 扎马隆

（1）月份不同乡镇对重点断面扎马隆的 COD 入河贡献率

经过数据统计得到不同月份对断面扎马隆 COD 的污染占比情况。对比不同月份，各乡镇对 COD 的污染占比的空间分布和大小都相似，没有发生显著变化。COD 入河污染占比相对高一点的代表性乡镇有大华镇、日月藏族乡和申中乡，这些乡镇中在各月份间的 COD 入河贡献率都位于10%以上，其中大华镇的贡献率基本超过20%。贡献率排名靠前的这几个乡镇都显示出以下变化特征：1～7月份贡献率逐渐减小；8～12月份贡献率逐渐增大。以大华镇为例，在7月份贡献率减至最小（18.27%）。

（2）月份不同乡镇对重点断面扎马隆的 TN 入河贡献率

同样对比不同月份，各乡镇对 TN 的污染占比的空间分布和大小都相似，没有发生显著变化。在各月份当中，乡镇城关镇、大华镇、日月藏族乡和申中乡的入河贡献率排名前四，城关镇的入河贡献率最大，位于24.36%～43.71%之间。与上述 COD 相似，贡献率排名靠前的这几个乡镇都显示出以下变化特征：1～7月份贡献率逐渐减小，8～12月份贡献率逐渐增大。其余乡镇各月的入河占比都相对很低。还可以发现，在7月份，位于海晏县内的青海湖乡和哈勒景蒙古族乡的入河贡献率有明显的增加，分别从6月份的5.30%增至7月份的13.14%，5.89%增至12.08%，成为该月份 TN 入河的第二、第三大污染来源区。在一些月份中，有些乡镇的贡献率极其小，接近0。

（3）月份不同乡镇对重点断面扎马隆的 TP 入河贡献率

在各月份当中，大华镇、日月藏族乡、申中乡和哈勒景蒙古族乡是贡献率排名在前的4个乡镇，大华镇的入河贡献率最大，位于17.17%～26.03%之间。这4个乡镇中，除哈勒景蒙古族乡以外，其余3个乡镇的入河贡献率都遵循以下变化特征：1～7月份贡献率逐渐减小，8～12月份贡献率逐渐增大。乡镇哈勒景蒙古族乡在12各月份中的 TP 入河贡献率变化正好相反，在7月份，入河贡献率达到峰值（11.54%）。同时，青海湖乡在7月份的 TP 入河贡献率大幅度增加，从6月份的5.16%增至7月份的

12.23%。在一些月份中，有些乡镇的贡献率极其小，甚至接近0。

(4) 月份不同乡镇对重点断面扎马隆的NH_3-N入河贡献率

在各月份当中，三角城镇、城关镇、哈勒景蒙古族乡、青海湖乡和日月藏族乡是贡献率排名相对靠前的几个乡镇。这5个乡镇中，三角城镇、城关镇、日月藏族乡的NH_3-N入河贡献率遵循以下变化特征：1～7月份贡献率逐渐减小，8～12月份贡献率逐渐增大，而哈勒景蒙古族乡、青海湖乡的NH_3-N入河贡献率变化刚好相反。在7月份，青海湖乡对NH_3-N入河贡献占比最大，贡献率为22.30%。在一些月份中有些乡镇的贡献率极其小，接近0。

6.5.5.2 金滩

从表6-25～表6-28可以看出，对金滩断面污染物入河量有贡献的乡镇共9个，不同月份各乡镇的贡献率排名较为相似。COD、TN、TP三项污染物入河量贡献率每个月排名前三的乡镇均为哈勒景蒙古族乡、青海湖乡、三角城镇，三者贡献率合计超80%。就NH_3-N而言，三角城镇、青海湖乡、哈勒景蒙古族乡是每个月贡献率排名前三的乡镇，三者贡献率占比范围为83.2%(2月)～87.1%(7月)。

6.5.5.3 塔尔桥

从表6-29～表6-32中可以看出，不同月份对塔尔桥断面污染物入河量贡献率最大的前10个乡镇较为固定，其中青林乡的贡献率尤其突出。

① 就COD而言，青林乡、多林镇、青山乡是每个月贡献率排名前三的乡镇，青林乡月均贡献率达40%以上，多林镇月均贡献率达20%以上。

② 就NH_3-N而言，青林乡、宝库乡、多林镇是每个月贡献率排名前三的乡镇，多林镇每个月均排第三，宝库乡在7～10月间排名第一，其余月份为青林乡排名第一。

③ 就TN而言，4～10月，青林乡、多林镇、宝库乡是贡献率排名前三的乡镇，11月、12月、1～3月青林乡、多林镇、青山乡是贡献率排名前三的乡镇。

④ 就TP而言，11月、12月、1～6月青林乡、多林镇、新庄镇是贡献率排名前三的乡镇，7～10月青林乡、宝库乡、多林镇是贡献率排名前三的乡镇。

6.5.5.4 小峡桥

从表6-33～表6-36中可以看出，不同月份对小峡桥断面污染物入河量贡献率最大的前10个乡镇较为固定。

① 就COD而言，乐家湾镇、青林乡和田家寨镇是每个月贡献率排名前三的乡镇，三者贡献率合计范围为19.2%(7月)～21.9%(11月、12月、1月、2月)。7月份前十名乡镇的合计贡献率最小，为41.7%；1月的合计贡献率最大，为47.5%。

② 就NH_3-N而言，乐家湾镇、兴海路街道办事处、马坊街道办事处是每个月（除7月外）贡献率排名前三的乡镇，前三者贡献率占比范围为25.9%(7月)～43.8%(1月)。7月份前十名乡镇的合计贡献率最小，为52.9%；1月的合计贡献率最大，为77.6%。

表 6-25 金滩断面 1～12 月 COD 污染物入河量贡献率排名前九的乡镇

排名	1月		2月		3月		4月		5月		6月	
	乡镇	贡献率/%	乡镇	贡献率/%	乡镇	贡献率/%	乡镇	贡献率/%	乡镇	贡献率/%	乡镇	贡献率/%
1	哈勒景蒙古族乡	47.2	哈勒景蒙古族乡	47.4	哈勒景蒙古族乡	46.7	哈勒景蒙古族乡	45.8	哈勒景蒙古族乡	46.1	哈勒景蒙古族乡	44.7
2	青海湖乡	27.6	青海湖乡	26.5	青海湖乡	27.7	青海湖乡	28.8	青海湖乡	28.3	青海湖乡	29.3
3	三角城镇	9.7	三角城镇	10.2	三角城镇	9.8	三角城镇	10.4	三角城镇	10.1	三角城镇	10.6
4	金滩乡	9.2	金滩乡	9.4	金滩乡	9.4	金滩乡	9.1	金滩乡	9.3	金滩乡	9.3
5	甘子河乡	3.3	甘子河乡	3.4	甘子河乡	3.3	甘子河乡	3.1	甘子河乡	3.2	甘子河乡	3.1
6	西海镇	3.0	西海镇	3.1	西海镇	3.0	西海镇	2.9	西海镇	2.9	西海镇	3.0
7	寺寨乡	0.0	宝库乡	0.0	寺寨乡	0.0	寺寨乡	0.0	寺寨乡	0.0	寺寨乡	0.0
8	宝库乡	0.0	寺寨乡	0.0	宝库乡	0.0	宝库乡	0.0	宝库乡	0.0	宝库乡	0.0
9	青林乡	0.0	青林乡	0.0	青林乡	0.0	青林乡	0.0	青林乡	0.0	青林乡	0.0
排名	7月		8月		9月		10月		11月		12月	
	乡镇	贡献率/%	乡镇	贡献率/%	乡镇	贡献率/%	乡镇	贡献率/%	乡镇	贡献率/%	乡镇	贡献率/%
1	哈勒景蒙古族乡	38.8	哈勒景蒙古族乡	42.6	哈勒景蒙古族乡	45.2	哈勒景蒙古族乡	44.9	哈勒景蒙古族乡	47.1	哈勒景蒙古族乡	46.9
2	青海湖乡	34.5	青海湖乡	31.0	青海湖乡	29.0	青海湖乡	29.1	青海湖乡	27.6	青海湖乡	27.0
3	三角城镇	13.0	三角城镇	11.6	三角城镇	10.5	三角城镇	10.8	三角城镇	9.9	三角城镇	10.2
4	金滩乡	8.9	金滩乡	9.2	金滩乡	9.2	金滩乡	9.2	金滩乡	9.2	金滩乡	9.5
5	西海镇	2.5	甘子河乡	2.8	甘子河乡	3.1	甘子河乡	3.1	甘子河乡	3.3	甘子河乡	3.3
6	甘子河乡	2.3	西海镇	2.7	西海镇	2.9	西海镇	2.9	西海镇	3.0	西海镇	3.0
7	寺寨乡	0.0	寺寨乡	0.0	寺寨乡	0.0	寺寨乡	0.0	寺寨乡	0.0	寺寨乡	0.0
8	宝库乡	0.0	宝库乡	0.0	宝库乡	0.0	宝库乡	0.0	宝库乡	0.0	宝库乡	0.0
9	青林乡	0.0	青林乡	0.0	青林乡	0.0	青林乡	0.0	青林乡	0.0	青林乡	0.0

表 6-26　金滩断面 1～12 月 NH_3-N 污染物入河量贡献率排名前九的乡镇

排名	1月		2月		3月		4月		5月		6月	
	乡镇	贡献率/%	乡镇	贡献率/%	乡镇	贡献率/%	乡镇	贡献率/%	乡镇	贡献率/%	乡镇	贡献率/%
1	三角城镇	31.7	三角城镇	34.7	三角城镇	30.8	青海湖乡	31.1	青海湖乡	29.9	青海湖乡	32.2
2	青海湖乡	27.3	哈勒景蒙古族乡	25.4	青海湖乡	27.9	哈勒景蒙古族乡	27.6	三角城镇	29.4	三角城镇	27.1
3	哈勒景蒙古族乡	25.9	青海湖乡	23.1	哈勒景蒙古族乡	25.3	三角城镇	27.3	哈勒景蒙古族乡	25.6	哈勒景蒙古族乡	25.6
4	西海镇	8.3	西海镇	9.0	西海镇	8.0	西海镇	6.3	西海镇	7.3	金滩乡	7.1
5	金滩乡	5.5	金滩乡	6.1	金滩乡	6.6	金滩乡	6.3	金滩乡	6.4	西海镇	6.5
6	甘子河乡	1.2	甘子河乡	1.6	甘子河乡	1.3	甘子河乡	1.3	甘子河乡	1.3	甘子河乡	1.4
7	寺寨乡	0.0	宝库乡	0.0	寺寨乡	0.0	寺寨乡	0.0	寺寨乡	0.0	寺寨乡	0.0
8	宝库乡	0.0	寺寨乡	0.0	宝库乡	0.0	宝库乡	0.0	宝库乡	0.0	宝库乡	0.0
9	青林乡	0.0	青林乡	0.0	青林乡	0.0	青林乡	0.0	青林乡	0.0	青林乡	0.0
排名	7月		8月		9月		10月		11月		12月	
	乡镇	贡献率/%	乡镇	贡献率/%	乡镇	贡献率/%	乡镇	贡献率/%	乡镇	贡献率/%	乡镇	贡献率/%
1	青海湖乡	37.5	青海湖乡	34.6	青海湖乡	31.4	青海湖乡	31.7	三角城镇	31.6	三角城镇	33.9
2	哈勒景蒙古族乡	31.7	哈勒景蒙古族乡	29.5	哈勒景蒙古族乡	28.8	哈勒景蒙古族乡	27.6	青海湖乡	27.3	青海湖乡	25.2
3	三角城镇	17.9	三角城镇	22.0	三角城镇	25.3	三角城镇	26.3	哈勒景蒙古族乡	26.1	哈勒景蒙古族乡	24.3
4	金滩乡	8.2	金滩乡	7.7	金滩乡	7.1	金滩乡	7.0	西海镇	8.1	西海镇	8.5
5	西海镇	3.1	西海镇	4.5	西海镇	5.9	西海镇	6.0	金滩乡	5.7	金滩乡	6.8
6	甘子河乡	1.6	甘子河乡	1.6	甘子河乡	1.5	甘子河乡	1.4	甘子河乡	1.2	甘子河乡	1.3
7	寺寨乡	0.0	寺寨乡	0.0	寺寨乡	0.0	寺寨乡	0.0	寺寨乡	0.0	寺寨乡	0.0
8	宝库乡	0.0	宝库乡	0.0	宝库乡	0.0	宝库乡	0.0	宝库乡	0.0	宝库乡	0.0
9	青林乡	0.0	青林乡	0.0	青林乡	0.0	青林乡	0.0	青林乡	0.0	青林乡	0.0

表 6-27　金滩断面 1～12 月 TN 污染物入河量贡献率排名前九的乡镇

排名	1 月		2 月		3 月		4 月		5 月		6 月	
	乡镇	贡献率/%	乡镇	贡献率/%	乡镇	贡献率/%	乡镇	贡献率/%	乡镇	贡献率/%	乡镇	贡献率/%
1	哈勒景蒙古族乡	44.5	哈勒景蒙古族乡	44.9	哈勒景蒙古族乡	43.1	哈勒景蒙古族乡	41.4	哈勒景蒙古族乡	41.8	哈勒景蒙古族乡	39.0
2	青海湖乡	32.1	青海湖乡	28.8	青海湖乡	32.4	青海湖乡	34.1	青海湖乡	33.7	青海湖乡	35.0
3	三角城镇	11.0	三角城镇	12.6	三角城镇	11.2	三角城镇	12.3	三角城镇	11.8	三角城镇	12.8
4	金滩乡	8.6	金滩乡	9.2	金滩乡	9.4	金滩乡	8.5	金滩乡	9.0	金滩乡	9.2
5	甘子河乡	2.8	甘子河乡	3.2	甘子河乡	2.8	甘子河乡	2.5	甘子河乡	2.7	甘子河乡	2.6
6	西海镇	1.0	西海镇	1.3	西海镇	1.1	西海镇	1.1	西海镇	1.1	西海镇	1.4
7	寺寨乡	0.0	宝库乡	0.0	寺寨乡	0.0	寺寨乡	0.0	寺寨乡	0.0	寺寨乡	0.0
8	宝库乡	0.0	寺寨乡	0.0	宝库乡	0.0	宝库乡	0.0	宝库乡	0.0	宝库乡	0.0
9	青林乡	0.0	青林乡	0.0	青林乡	0.0	青林乡	0.0	青林乡	0.0	青林乡	0.0

排名	7 月		8 月		9 月		10 月		11 月		12 月	
	乡镇	贡献率/%	乡镇	贡献率/%	乡镇	贡献率/%	乡镇	贡献率/%	乡镇	贡献率/%	乡镇	贡献率/%
1	青海湖乡	38.0	哈勒景蒙古族乡	37.2	哈勒景蒙古族乡	40.6	哈勒景蒙古族乡	39.7	哈勒景蒙古族乡	44.1	哈勒景蒙古族乡	43.4
2	哈勒景蒙古族乡	35.0	青海湖乡	36.1	青海湖乡	34.0	青海湖乡	34.3	青海湖乡	31.9	青海湖乡	30.4
3	三角城镇	14.5	三角城镇	13.9	三角城镇	12.5	三角城镇	13.2	三角城镇	11.5	三角城镇	12.5
4	金滩乡	8.7	金滩乡	8.9	金滩乡	9.0	金滩乡	8.9	金滩乡	8.7	金滩乡	9.7
5	西海镇	1.9	甘子河乡	2.2	甘子河乡	2.5	甘子河乡	2.5	甘子河乡	2.8	甘子河乡	2.9
6	甘子河乡	1.9	西海镇	1.6	西海镇	1.4	西海镇	1.4	西海镇	1.0	西海镇	1.0
7	寺寨乡	0.0	寺寨乡	0.0	寺寨乡	0.0	寺寨乡	0.0	寺寨乡	0.0	寺寨乡	0.0
8	宝库乡	0.0	宝库乡	0.0	宝库乡	0.0	宝库乡	0.0	宝库乡	0.0	宝库乡	0.0
9	青林乡	0.0	青林乡	0.0	青林乡	0.0	青林乡	0.0	青林乡	0.0	青林乡	0.0

表 6-28　金滩断面 1～12 月 TP 污染物入河量贡献率排名前九的乡镇

排名	1月		2月		3月		4月		5月		6月	
	乡镇	贡献率/%	乡镇	贡献率/%	乡镇	贡献率/%	乡镇	贡献率/%	乡镇	贡献率/%	乡镇	贡献率/%
1	哈勒景蒙古族乡	35.7	哈勒景蒙古族乡	35.7	哈勒景蒙古族乡	35.1	哈勒景蒙古族乡	35.1	哈勒景蒙古族乡	34.7	哈勒景蒙古族乡	33.6
2	青海湖乡	25.2	青海湖乡	23.0	青海湖乡	25.6	青海湖乡	27.8	青海湖乡	26.8	青海湖乡	28.6
3	三角城镇	19.9	三角城镇	21.1	三角城镇	19.8	三角城镇	19.3	三角城镇	19.6	三角城镇	19.4
4	西海镇	9.9	西海镇	10.3	西海镇	9.7	西海镇	8.4	西海镇	9.2	西海镇	8.5
5	金滩乡	7.1	金滩乡	7.4	金滩乡	7.6	金滩乡	7.3	金滩乡	7.4	金滩乡	7.7
6	甘子河乡	2.3	甘子河乡	2.5	甘子河乡	2.3	甘子河乡	2.2	甘子河乡	2.2	甘子河乡	2.2
7	寺寨乡	0.0	宝库乡	0.0	寺寨乡	0.0	寺寨乡	0.0	寺寨乡	0.0	寺寨乡	0.0
8	宝库乡	0.0	寺寨乡	0.0	宝库乡	0.0	宝库乡	0.0	宝库乡	0.0	宝库乡	0.0
9	青林乡	0.0	青林乡	0.0	青林乡	0.0	青林乡	0.0	青林乡	0.0	青林乡	0.0
排名	7月		8月		9月		10月		11月		12月	
	乡镇	贡献率/%	乡镇	贡献率/%	乡镇	贡献率/%	乡镇	贡献率/%	乡镇	贡献率/%	乡镇	贡献率/%
1	青海湖乡	35.6	哈勒景蒙古族乡	33.9	哈勒景蒙古族乡	35.1	哈勒景蒙古族乡	34.4	哈勒景蒙古族乡	35.6	哈勒景蒙古族乡	34.9
2	哈勒景蒙古族乡	33.6	青海湖乡	31.5	青海湖乡	28.3	青海湖乡	28.4	青海湖乡	25.2	青海湖乡	24.1
3	三角城镇	16.6	三角城镇	18.1	三角城镇	18.7	三角城镇	19.3	三角城镇	20.0	三角城镇	20.9
4	金滩乡	8.3	金滩乡	8.0	西海镇	8.0	西海镇	8.0	西海镇	9.8	西海镇	10.0
5	西海镇	4.2	西海镇	6.4	金滩乡	7.7	金滩乡	7.6	金滩乡	7.1	金滩乡	7.7
6	甘子河乡	1.8	甘子河乡	2.1	甘子河乡	2.2	甘子河乡	2.1	甘子河乡	2.2	甘子河乡	2.3
7	寺寨乡	0.0	寺寨乡	0.0	寺寨乡	0.0	寺寨乡	0.0	寺寨乡	0.0	寺寨乡	0.0
8	宝库乡	0.0	宝库乡	0.0	宝库乡	0.0	宝库乡	0.0	宝库乡	0.0	宝库乡	0.0
9	青林乡	0.0	青林乡	0.0	青林乡	0.0	青林乡	0.0	青林乡	0.0	青林乡	0.0

表 6-29　塔尔桥断面 1～12 月 COD 污染物入河量贡献率排名前十的乡镇

排名	1月		2月		3月		4月		5月		6月	
	乡镇	贡献率/%	乡镇	贡献率/%	乡镇	贡献率/%	乡镇	贡献率/%	乡镇	贡献率/%	乡镇	贡献率/%
1	青林乡	43.4	青林乡	43.4	青林乡	43.4	青林乡	43.2	青林乡	43.3	青林乡	43.2
2	多林镇	21.5	多林镇	21.4	多林镇	21.5	多林镇	21.3	多林镇	21.4	多林镇	21.3
3	青山乡	7.6	青山乡	7.6	青山乡	7.6	青山乡	7.6	青山乡	7.6	青山乡	7.6
4	逊让乡	7.4	逊让乡	7.3	逊让乡	7.4	逊让乡	7.3	逊让乡	7.4	逊让乡	7.3
5	新庄镇	7.0	新庄镇	7.0	新庄镇	7.0	新庄镇	7.0	新庄镇	7.0	新庄镇	7.0
6	塔尔镇	4.6	塔尔镇	4.6	塔尔镇	4.6	塔尔镇	4.6	塔尔镇	4.6	塔尔镇	4.6
7	良教乡	3.1	良教乡	3.1	良教乡	3.1	良教乡	3.1	良教乡	3.1	良教乡	3.1
8	极乐乡	2.7	极乐乡	2.7	极乐乡	2.7	极乐乡	2.7	极乐乡	2.7	极乐乡	2.7
9	宝库乡	1.5	宝库乡	1.6	宝库乡	1.5	宝库乡	1.9	宝库乡	1.7	宝库乡	1.9
10	城关镇	0.7	城关镇	0.7	城关镇	0.7	城关镇	0.7	城关镇	0.7	城关镇	0.7
排名	7月		8月		9月		10月		11月		12月	
	乡镇	贡献率/%	乡镇	贡献率/%	乡镇	贡献率/%	乡镇	贡献率/%	乡镇	贡献率/%	乡镇	贡献率/%
1	青林乡	41.0	青林乡	42.6	青林乡	43.1	青林乡	43.1	青林乡	43.4	青林乡	43.4
2	多林镇	19.9	多林镇	20.9	多林镇	21.3	多林镇	21.3	多林镇	21.5	多林镇	21.5
3	青山乡	7.5	青山乡	7.6	青山乡	7.6	青山乡	7.6	青山乡	7.6	青山乡	7.6
4	逊让乡	7.2	逊让乡	7.3	逊让乡	7.3	逊让乡	7.3	逊让乡	7.4	逊让乡	7.4
5	新庄镇	6.7	新庄镇	6.9	新庄镇	7.0	新庄镇	7.0	新庄镇	7.0	新庄镇	7.0
6	宝库乡	6.3	塔尔镇	4.6	塔尔镇	4.6	塔尔镇	4.6	塔尔镇	4.6	塔尔镇	4.6
7	塔尔镇	4.5	宝库乡	3.1	良教乡	3.1	良教乡	3.1	良教乡	3.1	良教乡	3.1
8	良教乡	2.9	良教乡	3.1	极乐乡	2.7	极乐乡	2.7	极乐乡	2.7	极乐乡	2.7
9	极乐乡	2.6	极乐乡	2.7	宝库乡	2.2	宝库乡	2.2	宝库乡	1.4	宝库乡	1.5
10	城关镇	0.8	城关镇	0.7	城关镇	0.7	城关镇	0.7	城关镇	0.7	城关镇	0.7

表 6-30　塔尔桥断面 1～12 月 NH_3-N 污染物入河量贡献率排名前十的乡镇

排名	1月		2月		3月		4月		5月		6月	
	乡镇	贡献率/%	乡镇	贡献率/%	乡镇	贡献率/%	乡镇	贡献率/%	乡镇	贡献率/%	乡镇	贡献率/%
1	青林乡	34.5	青林乡	33.5	青林乡	33.7	青林乡	30.7	青林乡	31.9	青林乡	30.5
2	宝库乡	19.1	宝库乡	21.6	宝库乡	20.1	宝库乡	27.3	宝库乡	24.2	宝库乡	27.0
3	多林镇	15.3	多林镇	14.6	多林镇	15.0	多林镇	12.8	多林镇	13.7	多林镇	12.7
4	青山乡	7.1	青山乡	7.2	青山乡	7.2	青山乡	7.0	青山乡	7.1	青山乡	7.0
5	逊让乡	6.8	逊让乡	6.5	逊让乡	6.9	逊让乡	6.3	逊让乡	6.7	逊让乡	6.5
6	新庄镇	5.8	新庄镇	5.6	新庄镇	5.8	新庄镇	5.1	新庄镇	5.5	新庄镇	5.2
7	塔尔镇	4.2	塔尔镇	3.9	塔尔镇	4.1	塔尔镇	3.8	塔尔镇	3.9	塔尔镇	3.9
8	极乐乡	2.7	极乐乡	2.6	极乐乡	2.6	极乐乡	2.5	极乐乡	2.6	极乐乡	2.6
9	良教乡	2.2	良教乡	2.1	良教乡	2.1	良教乡	1.8	良教乡	1.9	良教乡	1.7
10	城关镇	1.2	城关镇	1.2	城关镇	1.3	城关镇	1.4	城关镇	1.3	城关镇	1.4
排名	7月		8月		9月		10月		11月		12月	
	乡镇	贡献率/%	乡镇	贡献率/%	乡镇	贡献率/%	乡镇	贡献率/%	乡镇	贡献率/%	乡镇	贡献率/%
1	宝库乡	49.5	宝库乡	38.7	宝库乡	30.2	宝库乡	30.5	青林乡	35.0	青林乡	35.0
2	青林乡	19.6	青林乡	24.9	青林乡	29.0	青林乡	28.8	宝库乡	17.7	宝库乡	18.5
3	青山乡	6.5	多林镇	9.1	多林镇	11.8	多林镇	11.8	多林镇	15.7	多林镇	15.1
4	多林镇	5.6	青山乡	6.8	青山乡	7.0	青山乡	6.9	青山乡	7.3	青山乡	7.3
5	逊让乡	5.5	逊让乡	5.9	逊让乡	6.4	逊让乡	6.4	逊让乡	7.1	逊让乡	7.1
6	新庄镇	3.4	新庄镇	4.3	新庄镇	4.9	新庄镇	4.9	新庄镇	5.9	新庄镇	5.8
7	塔尔镇	3.1	塔尔镇	3.4	塔尔镇	3.8	塔尔镇	3.8	塔尔镇	4.2	塔尔镇	4.2
8	极乐乡	2.4	极乐乡	2.5	极乐乡	2.5	极乐乡	2.5	极乐乡	2.7	极乐乡	2.6
9	斜沟乡	2.0	斜沟乡	1.7	良教乡	1.6	良教乡	1.6	良教乡	2.2	良教乡	2.2
10	城关镇	1.8	城关镇	1.6	城关镇	1.4	斜沟乡	1.4	城关镇	1.2	城关镇	1.2

表 6-31 塔尔桥断面 1～12 月 TN 污染物入河量贡献率排名前十的乡镇

排名	1月		2月		3月		4月		5月		6月	
	乡镇	贡献率/%	乡镇	贡献率/%	乡镇	贡献率/%	乡镇	贡献率/%	乡镇	贡献率/%	乡镇	贡献率/%
1	青林乡	40.7	青林乡	40.4	青林乡	40.4	青林乡	39.2	青林乡	39.8	青林乡	39.1
2	多林镇	19.4	多林镇	19.2	多林镇	19.3	多林镇	18.4	多林镇	18.8	多林镇	18.4
3	青山乡	7.6	青山乡	7.6	青山乡	7.7	宝库乡	8.9	宝库乡	7.6	宝库乡	9.0
4	逊让乡	7.5	逊让乡	7.4	逊让乡	7.5	青山乡	7.6	青山乡	7.6	青山乡	7.6
5	新庄镇	6.9	新庄镇	6.8	新庄镇	6.9	逊让乡	7.3	逊让乡	7.5	逊让乡	7.4
6	宝库乡	5.7	宝库乡	6.6	宝库乡	6.1	新庄镇	6.6	新庄镇	6.7	新庄镇	6.6
7	塔尔镇	4.8	塔尔镇	4.8	塔尔镇	4.8	塔尔镇	4.7	塔尔镇	4.7	塔尔镇	4.7
8	良教乡	2.8	良教乡	2.8	良教乡	2.8	极乐乡	2.8	极乐乡	2.8	极乐乡	2.8
9	极乐乡	2.8	极乐乡	2.8	极乐乡	2.8	良教乡	2.7	良教乡	2.8	良教乡	2.7
10	城关镇	1.0	城关镇	1.0	城关镇	1.0	城关镇	1.1	城关镇	1.0	城关镇	1.1

排名	7月		8月		9月		10月		11月		12月	
	乡镇	贡献率/%	乡镇	贡献率/%	乡镇	贡献率/%	乡镇	贡献率/%	乡镇	贡献率/%	乡镇	贡献率/%
1	青林乡	29.4	青林乡	35.6	青林乡	38.4	青林乡	38.3	青林乡	40.9	青林乡	40.8
2	宝库乡	29.1	宝库乡	16.2	多林镇	17.9	多林镇	17.9	多林镇	19.5	多林镇	19.4
3	多林镇	12.0	多林镇	16.1	宝库乡	10.5	宝库乡	10.6	青山乡	7.7	青山乡	7.7
4	青山乡	7.1	青山乡	7.4	青山乡	7.5	青山乡	7.5	逊让乡	7.6	逊让乡	7.6
5	逊让乡	6.5	逊让乡	7.0	逊让乡	7.3	逊让乡	7.3	新庄镇	6.9	新庄镇	6.9
6	新庄镇	5.0	新庄镇	6.1	新庄镇	6.5	新庄镇	6.5	宝库乡	5.3	宝库乡	5.6
7	塔尔镇	3.9	塔尔镇	4.4	塔尔镇	4.6	塔尔镇	4.6	塔尔镇	4.8	塔尔镇	4.8
8	极乐乡	2.6	极乐乡	2.7	极乐乡	2.7	极乐乡	2.7	良教乡	2.9	良教乡	2.8
9	良教乡	1.6	良教乡	2.3	良教乡	2.6	良教乡	2.6	极乐乡	2.8	极乐乡	2.8
10	城关镇	1.5	城关镇	1.2	城关镇	1.1	城关镇	1.1	城关镇	1.0	城关镇	1.0

表 6-32 塔尔桥断面 1～12 月 TP 污染物入河量贡献率排名前十的乡镇

排名	1月		2月		3月		4月		5月		6月	
	乡镇	贡献率/%	乡镇	贡献率/%	乡镇	贡献率/%	乡镇	贡献率/%	乡镇	贡献率/%	乡镇	贡献率/%
1	青林乡	39.6	青林乡	39.3	青林乡	39.4	青林乡	38.4	青林乡	38.9	青林乡	38.3
2	多林镇	19.3	多林镇	19.1	多林镇	19.2	多林镇	18.5	多林镇	18.8	多林镇	18.4
3	新庄镇	8.1	新庄镇	8.1	新庄镇	8.1	新庄镇	7.9	新庄镇	8.0	新庄镇	7.9
4	青山乡	7.8	青山乡	7.8	青山乡	7.8	青山乡	7.7	青山乡	7.8	青山乡	7.8
5	逊让乡	7.1	逊让乡	7.0	逊让乡	7.1	宝库乡	7.4	逊让乡	7.1	宝库乡	7.4
6	宝库乡	4.7	宝库乡	5.4	宝库乡	5.0	逊让乡	7.0	宝库乡	6.3	逊让乡	7.0
7	塔尔镇	4.3	塔尔镇	4.3	塔尔镇	4.3	塔尔镇	4.2	塔尔镇	4.3	塔尔镇	4.3
8	极乐乡	3.9	极乐乡	3.9	极乐乡	3.9	极乐乡	3.8	极乐乡	3.9	极乐乡	3.9
9	良教乡	2.8	良教乡	2.8	良教乡	2.8	良教乡	2.7	良教乡	2.7	良教乡	2.7
10	城关镇	1.7	城关镇	1.7	城关镇	1.7	城关镇	1.7	城关镇	1.7	城关镇	1.7

排名	7月		8月		9月		10月		11月		12月	
	乡镇	贡献率/%	乡镇	贡献率/%	乡镇	贡献率/%	乡镇	贡献率/%	乡镇	贡献率/%	乡镇	贡献率/%
1	青林乡	30.1	青林乡	35.5	青林乡	37.8	青林乡	37.7	青林乡	39.7	青林乡	39.7
2	宝库乡	25.6	多林镇	16.6	多林镇	18.1	多林镇	18.1	多林镇	19.4	多林镇	19.2
3	多林镇	12.8	宝库乡	13.6	宝库乡	8.7	宝库乡	8.8	新庄镇	8.2	新庄镇	8.1
4	青山乡	7.2	青山乡	7.6	新庄镇	7.8	新庄镇	7.8	青山乡	7.8	青山乡	7.8
5	逊让乡	6.3	新庄镇	7.3	青山乡	7.7	青山乡	7.7	逊让乡	7.2	逊让乡	7.2
6	新庄镇	6.0	逊让乡	6.8	逊让乡	7.0	逊让乡	7.0	宝库乡	4.3	宝库乡	4.6
7	塔尔镇	3.7	塔尔镇	4.0	塔尔镇	4.2	塔尔镇	4.2	塔尔镇	4.3	塔尔镇	4.3
8	极乐乡	3.3	极乐乡	3.7	极乐乡	3.8	极乐乡	3.8	极乐乡	3.9	极乐乡	3.9
9	城关镇	1.8	良教乡	2.4	良教乡	2.6	良教乡	2.6	良教乡	2.8	良教乡	2.8
10	良教乡	1.8	城关镇	1.7	城关镇	1.7	城关镇	1.7	城关镇	1.7	城关镇	1.7

表 6-33 小峡桥断面 1～12 月 COD 污染物入河量贡献率排名前十的乡镇

排名	1月		2月		3月		4月		5月		6月	
	乡镇	贡献率/%	乡镇	贡献率/%	乡镇	贡献率/%	乡镇	贡献率/%	乡镇	贡献率/%	乡镇	贡献率/%
1	乐家湾镇	8.6	乐家湾镇	8.6	乐家湾镇	8.6	乐家湾镇	8.5	乐家湾镇	8.5	乐家湾镇	8.5
2	青林乡	7.9	青林乡	7.8	青林乡	7.8	青林乡	7.6	青林乡	7.7	青林乡	7.6
3	田家寨镇	5.5	田家寨镇	5.4	田家寨镇	5.4	田家寨镇	5.3	田家寨镇	5.4	田家寨镇	5.3
4	上新庄镇	5.1	上新庄镇	5.1	上新庄镇	5.1	上新庄镇	5.0	上新庄镇	5.0	上新庄镇	4.9
5	多林镇	3.9	多林镇	3.9	多林镇	3.9	多林镇	3.8	多林镇	3.8	多林镇	3.7
6	大华镇	3.8	大华镇	3.8	大华镇	3.8	大华镇	3.7	大华镇	3.8	大华镇	3.7
7	塘川镇	3.6	塘川镇	3.6	塘川镇	3.6	塘川镇	3.6	塘川镇	3.6	塘川镇	3.6
8	日月藏族乡	3.1	日月藏族乡	3.1	日月藏族乡	3.1	日月藏族乡	3.0	日月藏族乡	3.1	日月藏族乡	3.0
9	汉东回族乡	3.1	汉东回族乡	3.1	汉东回族乡	3.1	汉东回族乡	3.0	汉东回族乡	3.0	汉东回族乡	3.0
10	威远镇	3.0	威远镇	2.9	威远镇	2.9	威远镇	2.9	威远镇	2.9	威远镇	2.8

排名	7月		8月		9月		10月		11月		12月	
	乡镇	贡献率/%	乡镇	贡献率/%	乡镇	贡献率/%	乡镇	贡献率/%	乡镇	贡献率/%	乡镇	贡献率/%
1	乐家湾镇	8.4	乐家湾镇	8.5	乐家湾镇	8.5	乐家湾镇	8.5	乐家湾镇	8.6	乐家湾镇	8.6
2	青林乡	5.6	青林乡	7.0	青林乡	7.5	青林乡	7.5	青林乡	7.8	青林乡	7.8
3	总寨镇	5.1	田家寨镇	5.1	田家寨镇	5.3	田家寨镇	5.3	田家寨镇	5.5	田家寨镇	5.4
4	田家寨镇	4.5	上新庄镇	4.6	上新庄镇	4.9	上新庄镇	4.9	上新庄镇	5.1	上新庄镇	5.1
5	上新庄镇	3.8	塘川镇	3.5	多林镇	3.7	多林镇	3.7	多林镇	3.9	多林镇	3.9
6	塘川镇	3.2	大华镇	3.4	大华镇	3.7	大华镇	3.7	大华镇	3.8	大华镇	3.8
7	马坊街道办事处	3.0	多林镇	3.4	塘川镇	3.6	塘川镇	3.6	塘川镇	3.6	塘川镇	3.6
8	大华镇	2.8	总寨镇	3.4	日月藏族乡	3.0	日月藏族乡	3.0	日月藏族乡	3.1	汉东回族乡	3.1
9	多林镇	2.7	日月藏族乡	2.9	汉东回族乡	2.9	汉东回族乡	2.9	汉东回族乡	3.1	日月藏族乡	3.1
10	日月藏族乡	2.5	汉东回族乡	2.7	总寨镇	2.9	总寨镇	2.9	威远镇	2.9	威远镇	2.9

表 6-34　小峡桥断面 1～12 月 NH_3-N 污染物入河量贡献率排名前十的乡镇

排名	1月		2月		3月		4月		5月		6月	
	乡镇	贡献率/%	乡镇	贡献率/%	乡镇	贡献率/%	乡镇	贡献率/%	乡镇	贡献率/%	乡镇	贡献率/%
1	乐家湾镇	17.8	乐家湾镇	17.7	乐家湾镇	17.6	乐家湾镇	16.7	乐家湾镇	17.1	乐家湾镇	16.5
2	兴海路街道办事处	15.2	兴海路街道办事处	14.9	兴海路街道办事处	14.8	兴海路街道办事处	13.6	兴海路街道办事处	14.3	兴海路街道办事处	13.3
3	马坊街道办事处	10.8	马坊街道办事处	10.6	马坊街道办事处	10.6	马坊街道办事处	10.0	马坊街道办事处	10.4	马坊街道办事处	9.9
4	威远镇	7.9	威远镇	7.7	威远镇	7.6	威远镇	7.1	威远镇	7.4	威远镇	6.9
5	桥头镇	7.8	桥头镇	7.7	桥头镇	7.6	桥头镇	7.0	桥头镇	7.4	桥头镇	6.9
6	甘河滩镇	5.9	廿里铺镇	5.9	廿里铺镇	5.8	廿里铺镇	5.6	廿里铺镇	5.8	廿里铺镇	5.5
7	廿里铺镇	5.9	甘河滩镇	5.8	甘河滩镇	5.8	甘河滩镇	5.3	甘河滩镇	5.6	甘河滩镇	5.2
8	总寨镇	2.5	总寨镇	2.9	总寨镇	2.7	总寨镇	3.5	总寨镇	3.0	总寨镇	3.7
9	大堡子镇	1.9	大堡子镇	1.9	大堡子镇	2.0	大堡子镇	2.1	大堡子镇	2.0	大堡子镇	2.1
10	汉东回族乡	1.8	汉东回族乡	1.8	塘川镇	1.8	塘川镇	1.8	塘川镇	1.8	韵家口镇	1.8

排名	7月		8月		9月		10月		11月		12月	
	乡镇	贡献率/%	乡镇	贡献率/%	乡镇	贡献率/%	乡镇	贡献率/%	乡镇	贡献率/%	乡镇	贡献率/%
1	乐家湾镇	11.6	乐家湾镇	14.6	乐家湾镇	16.2	乐家湾镇	16.2	乐家湾镇	17.9	乐家湾镇	17.8
2	总寨镇	7.4	兴海路街道办事处	10.4	兴海路街道办事处	12.8	兴海路街道办事处	12.8	兴海路街道办事处	15.1	兴海路街道办事处	15.1
3	马坊街道办事处	6.8	马坊街道办事处	8.6	马坊街道办事处	9.6	马坊街道办事处	9.7	马坊街道办事处	10.7	马坊街道办事处	10.6
4	兴海路街道办事处	6.2	威远镇	5.5	威远镇	6.6	威远镇	6.7	威远镇	7.8	威远镇	7.8
5	廿里铺镇	4.1	桥头镇	5.4	桥头镇	6.6	桥头镇	6.6	桥头镇	7.8	桥头镇	7.8
6	彭家寨镇	3.7	总寨镇	5.1	廿里铺镇	5.4	廿里铺镇	5.5	廿里铺镇	5.9	甘河滩镇	5.9
7	韵家口镇	3.5	廿里铺镇	4.9	甘河滩镇	5.0	甘河滩镇	5.0	甘河滩镇	5.9	廿里铺镇	5.8
8	威远镇	3.4	甘河滩镇	4.1	总寨镇	4.0	总寨镇	4.0	总寨镇	2.6	总寨镇	2.8
9	桥头镇	3.3	韵家口镇	2.5	大堡子镇	2.1	大堡子镇	2.1	大堡子镇	1.9	大堡子镇	1.8
10	大堡子镇	2.8	大堡子镇	2.4	韵家口镇	2.0	韵家口镇	1.9	汉东回族乡	1.8	汉东回族乡	1.8

表 6-35　小峡桥断面 1～12 月 TN 污染物入河量贡献率排名前十的乡镇

排名	1月		2月		3月		4月		5月		6月	
	乡镇	贡献率/%	乡镇	贡献率/%	乡镇	贡献率/%	乡镇	贡献率/%	乡镇	贡献率/%	乡镇	贡献率/%
1	汉东回族乡	20.7	汉东回族乡	20.4	汉东回族乡	20.3	汉东回族乡	19.0	汉东回族乡	19.8	汉东回族乡	18.7
2	城关镇	8.6	城关镇	8.5	城关镇	8.4	城关镇	7.9	城关镇	8.2	城关镇	7.7
3	马坊街道办事处	6.9	马坊街道办事处	6.8	马坊街道办事处	6.8	马坊街道办事处	6.6	马坊街道办事处	6.8	马坊街道办事处	6.6
4	青林乡	4.3	青林乡	4.3	青林乡	4.2	青林乡	4.0	青林乡	4.2	青林乡	4.0
5	田家寨镇	3.5	田家寨镇	3.5	田家寨镇	3.5	田家寨镇	3.4	田家寨镇	3.5	田家寨镇	3.5
6	上新庄镇	3.3	上新庄镇	3.2	上新庄镇	3.2	上新庄镇	3.1	上新庄镇	3.2	上新庄镇	3.1
7	廿里铺镇	3.1	廿里铺镇	3.0	廿里铺镇	3.0	廿里铺镇	3.0	廿里铺镇	3.1	廿里铺镇	3.0
8	桥头镇	3.0	桥头镇	3.0	桥头镇	3.0	总寨镇	2.8	桥头镇	2.9	总寨镇	3.0
9	西堡镇	2.4	总寨镇	2.4	西堡镇	2.4	桥头镇	2.8	总寨镇	2.5	桥头镇	2.8
10	大华镇	2.3	西堡镇	2.4	总寨镇	2.3	乐家湾镇	2.5	西堡镇	2.4	乐家湾镇	2.6

排名	7月		8月		9月		10月		11月		12月	
	乡镇	贡献率/%	乡镇	贡献率/%	乡镇	贡献率/%	乡镇	贡献率/%	乡镇	贡献率/%	乡镇	贡献率/%
1	汉东回族乡	9.9	汉东回族乡	15.4	汉东回族乡	18.1	汉东回族乡	18.2	汉东回族乡	20.6	汉东回族乡	20.6
2	总寨镇	5.9	城关镇	6.4	城关镇	7.5	城关镇	7.5	城关镇	8.5	城关镇	8.5
3	马坊街道办事处	5.2	马坊街道办事处	6.0	马坊街道办事处	6.5	马坊街道办事处	6.5	马坊街道办事处	6.9	马坊街道办事处	6.8
4	乐家湾镇	4.4	总寨镇	4.0	青林乡	3.9	青林乡	3.9	青林乡	4.3	青林乡	4.3
5	城关镇	4.1	青林乡	3.5	田家寨镇	3.4	田家寨镇	3.4	田家寨镇	3.5	田家寨镇	3.5
6	哈勒景蒙古族乡	3.1	田家寨镇	3.3	总寨镇	3.2	总寨镇	3.2	上新庄镇	3.2	上新庄镇	3.2
7	田家寨镇	3.0	乐家湾镇	3.3	上新庄镇	3.0	廿里铺镇	3.0	廿里铺镇	3.1	桥头镇	3.0
8	西堡镇	2.9	廿里铺镇	2.9	廿里铺镇	3.0	上新庄镇	3.0	桥头镇	3.0	廿里铺镇	3.0
9	彭家寨镇	2.8	上新庄镇	2.8	乐家湾镇	2.7	乐家湾镇	2.7	西堡镇	2.4	西堡镇	2.5
10	廿里铺镇	2.8	西堡镇	2.6	桥头镇	2.7	桥头镇	2.7	大华镇	2.3	总寨镇	2.4

表 6-36　小峡桥断面 1～12 月 TP 污染物入河量贡献率排名前十的乡镇

排名	1月		2月		3月		4月		5月		6月	
	乡镇	贡献率/%	乡镇	贡献率/%	乡镇	贡献率/%	乡镇	贡献率/%	乡镇	贡献率/%	乡镇	贡献率/%
1	乐家湾镇	15.3	乐家湾镇	15.2	乐家湾镇	15.2	乐家湾镇	14.8	乐家湾镇	15.0	乐家湾镇	14.7
2	甘河滩镇	7.9	甘河滩镇	7.9	甘河滩镇	7.8	甘河滩镇	7.6	甘河滩镇	7.7	甘河滩镇	7.5
3	汉东回族乡	7.2	汉东回族乡	7.1	汉东回族乡	7.1	汉东回族乡	6.9	汉东回族乡	7.0	汉东回族乡	6.8
4	田家寨镇	5.9	田家寨镇	5.9	田家寨镇	5.9	田家寨镇	5.7	田家寨镇	5.8	田家寨镇	5.7
5	青林乡	4.7	青林乡	4.6	青林乡	4.6	青林乡	4.5	青林乡	4.6	青林乡	4.5
6	兴海路街道办事处	4.5	兴海路街道办事处	4.5	兴海路街道办事处	4.4	兴海路街道办事处	4.3	兴海路街道办事处	4.4	兴海路街道办事处	4.2
7	桥头镇	4.2	桥头镇	4.2	桥头镇	4.2	桥头镇	4.0	桥头镇	4.1	桥头镇	4.0
8	大华镇	3.7	大华镇	3.7	大华镇	3.7	大华镇	3.6	大华镇	3.6	大华镇	3.5
9	上新庄镇	3.2	上新庄镇	3.1	上新庄镇	3.2	上新庄镇	3.1	上新庄镇	3.1	上新庄镇	3.1
10	多林镇	2.3	多林镇	2.3	多林镇	2.2	塘川镇	2.2	塘川镇	2.2	总寨镇	2.3

排名	7月		8月		9月		10月		11月		12月	
	乡镇	贡献率/%	乡镇	贡献率/%	乡镇	贡献率/%	乡镇	贡献率/%	乡镇	贡献率/%	乡镇	贡献率/%
1	乐家湾镇	11.4	乐家湾镇	13.7	乐家湾镇	14.6	乐家湾镇	14.6	乐家湾镇	15.3	乐家湾镇	15.3
2	甘河滩镇	5.1	甘河滩镇	6.7	甘河滩镇	7.4	甘河滩镇	7.4	甘河滩镇	7.9	甘河滩镇	7.9
3	田家寨镇	4.7	汉东回族乡	6.1	汉东回族乡	6.7	汉东回族乡	6.7	汉东回族乡	7.2	汉东回族乡	7.2
4	汉东回族乡	4.6	田家寨镇	5.4	田家寨镇	5.7	田家寨镇	5.7	田家寨镇	5.9	田家寨镇	5.9
5	总寨镇	4.0	青林乡	4.2	青林乡	4.4	青林乡	4.4	青林乡	4.6	青林乡	4.7
6	青林乡	3.5	兴海路街道办事处	3.8	兴海路街道办事处	4.2	兴海路街道办事处	4.2	兴海路街道办事处	4.5	兴海路街道办事处	4.5
7	宝库乡	3.2	桥头镇	3.6	桥头镇	3.9	桥头镇	3.9	桥头镇	4.2	桥头镇	4.2
8	桥头镇	2.8	大华镇	3.2	大华镇	3.5	大华镇	3.5	大华镇	3.7	大华镇	3.7
9	兴海路街道办事处	2.8	上新庄镇	2.9	上新庄镇	3.1	上新庄镇	3.1	上新庄镇	3.2	上新庄镇	3.1
10	上新庄镇	2.6	总寨镇	2.8	总寨镇	2.3	总寨镇	2.4	多林镇	2.3	多林镇	2.3

③ 就 TN 而言，汉东回族乡、城关镇、马坊街道办事处是每个月（除 7 月外）贡献率排名前三的乡镇，前三者贡献率合计范围为 21%(7 月)～36.2%(1 月)。7 月份前十名乡镇的合计贡献率最小，为 44.1%；1 月的合计贡献率最大，为 58.2%。

④ 就 TP 而言，乐家湾镇、甘河滩镇、汉东回族乡是每个月（除 7 月外）贡献率排名前三的乡镇，前三者贡献率之和范围为 21.2%(7 月)～30.4%(11 月、12 月、1 月)。7 月份前十名乡镇的合计贡献率最小，为 44.8%；1 月的合计贡献率最大，为 58.7%。

总体上，前十名乡镇 4 种污染物的合计入河量贡献率均表现出 1～7 月合计贡献率逐渐减小，8～12 月合计贡献率逐渐增加趋势。

6.5.5.5 乐都

从表 6-37～表 6-40 中可以看出，不同月份对乐都断面污染物入河量贡献率最大的前 10 个乡镇较为固定。

① 就 COD 而言，乐家湾镇、青林乡和田家寨镇是每个月（除 7 月外）贡献率排名前三的乡镇，前三者贡献率合计范围为 17.6%(7 月)～20.1%(1 月、2 月、11 月、12 月)。7 月份前十名乡镇的合计贡献率最小，为 38.3%；1 月、11 月、12 月各月份的合计贡献率最大，为 43.6%。

② 就 NH_3-N 而言，乐家湾镇、兴海路街道办事处、马坊街道办事处是每个月（除 7 月外）贡献率排名前三的乡镇，前三者贡献率占比范围为 24.1%(7 月)～42.2%(1 月)。7 月份前十名乡镇的合计贡献率最小，为 49.3%；1 月的合计贡献率最大，为 74.9%。

③ 就 TN 而言，汉东回族乡、城关镇、马坊街道办事处是每个月（除 7 月外）贡献率排名前三的乡镇，前三者贡献率合计范围为 19.0%(7 月)～32.5%(1 月)。7 月份前十名乡镇的合计贡献率最小，为 39.8%；1 月的合计贡献率最大，为 54.4%。

④ 就 TP 而言，乐家湾镇、甘河滩镇、汉东回族乡是每个月（除 7 月外）贡献率排名前三的乡镇，前三者贡献率之和范围为 19.1%(7 月)～26.9%(1 月、11 月、12 月)。7 月份前十名乡镇的合计贡献率最小，为 40.3%；1 月的合计贡献率最大，为 52.7%。

总体上，前十名乡镇 4 种污染物的合计入河量贡献率均表现出 1～7 月合计贡献率逐渐减小，8～12 月合计贡献率逐渐增加趋势。

6.5.5.6 边墙村

从表 6-41～表 6-44 中可以看出，不同月份对边墙村断面污染物入河量贡献率最大的前 10 个乡镇较为固定。

① 就 COD 而言，乐家湾镇、青林乡和田家寨镇是每个月（除 7 月处）贡献率排名前三的乡镇，前三者贡献率合计范围为 16.4%(7 月)～19.1%(1 月)。7 月份前十名乡镇的合计贡献率最小，为 35.8%；12 月和 1 月的合计贡献率最大，为 41.4%。

表 6-37　乐都断面 1～12 月 COD 污染物入河量贡献率排名前十的乡镇

排名	1月		2月		3月		4月		5月		6月	
	乡镇	贡献率/%	乡镇	贡献率/%	乡镇	贡献率/%	乡镇	贡献率/%	乡镇	贡献率/%	乡镇	贡献率/%
1	乐家湾镇	7.9	乐家湾镇	7.9	乐家湾镇	7.9	乐家湾镇	7.9	乐家湾镇	7.8	乐家湾镇	7.8
2	青林乡	7.2	青林乡	7.2	青林乡	7.2	青林乡	7.0	青林乡	7.1	青林乡	6.9
3	田家寨镇	5.0	田家寨镇	5.0	田家寨镇	5.0	田家寨镇	4.9	田家寨镇	5.0	田家寨镇	4.9
4	上新庄镇	4.7	上新庄镇	4.7	上新庄镇	4.7	上新庄镇	4.6	上新庄镇	4.6	上新庄镇	4.5
5	多林镇	3.6	多林镇	3.6	多林镇	3.5	多林镇	3.5	多林镇	3.5	多林镇	3.4
6	大华镇	3.5	大华镇	3.5	大华镇	3.5	大华镇	3.4	大华镇	3.5	大华镇	3.4
7	塘川镇	3.3	塘川镇	3.3	塘川镇	3.3	塘川镇	3.3	塘川镇	3.3	塘川镇	3.3
8	日月藏族乡	2.8	日月藏族乡	2.8	日月藏族乡	2.8	日月藏族乡	2.8	日月藏族乡	2.8	日月藏族乡	2.8
9	汉东回族乡	2.8	汉东回族乡	2.8	汉东回族乡	2.8	汉东回族乡	2.8	汉东回族乡	2.8	汉东回族乡	2.7
10	威远镇	2.7	威远镇	2.7	威远镇	2.7	威远镇	2.6	威远镇	2.7	威远镇	2.6

排名	7月		8月		9月		10月		11月		12月	
	乡镇	贡献率/%	乡镇	贡献率/%	乡镇	贡献率/%	乡镇	贡献率/%	乡镇	贡献率/%	乡镇	贡献率/%
1	乐家湾镇	7.7	乐家湾镇	7.8	乐家湾镇	7.9	乐家湾镇	7.9	乐家湾镇	7.9	乐家湾镇	7.9
2	青林乡	5.2	青林乡	6.4	青林乡	6.9	青林乡	6.9	青林乡	7.2	青林乡	7.2
3	总寨镇	4.7	田家寨镇	4.7	田家寨镇	4.9	田家寨镇	4.9	田家寨镇	5.0	田家寨镇	5.0
4	田家寨镇	4.1	上新庄镇	4.2	上新庄镇	4.5	上新庄镇	4.5	上新庄镇	4.7	上新庄镇	4.7
5	上新庄镇	3.5	塘川镇	3.2	多林镇	3.4	多林镇	3.4	多林镇	3.6	多林镇	3.6
6	塘川镇	2.9	大华镇	3.2	大华镇	3.4	大华镇	3.4	大华镇	3.5	大华镇	3.5
7	马坊街道办事处	2.7	多林镇	3.2	塘川镇	3.3	塘川镇	3.3	塘川镇	3.3	塘川镇	3.3
8	大华镇	2.6	总寨镇	3.1	日月藏族乡	2.7	日月藏族乡	2.8	日月藏族乡	2.8	汉东回族乡	2.8
9	多林镇	2.5	日月藏族乡	2.6	汉东回族乡	2.7	汉东回族乡	2.7	汉东回族乡	2.8	日月藏族乡	2.8
10	日月藏族乡	2.3	汉东回族乡	2.5	总寨镇	2.7	总寨镇	2.7	威远镇	2.7	威远镇	2.7

表 6-38 乐都断面 1～12 月 NH_3-N 污染物入河量贡献率排名前十的乡镇

排名	1月		2月		3月		4月		5月		6月	
	乡镇	贡献率/%	乡镇	贡献率/%	乡镇	贡献率/%	乡镇	贡献率/%	乡镇	贡献率/%	乡镇	贡献率/%
1	乐家湾镇	17.2	乐家湾镇	17.0	乐家湾镇	17.0	乐家湾镇	16.1	乐家湾镇	16.5	乐家湾镇	15.8
2	兴海路街道办事处	14.7	兴海路街道办事处	14.4	兴海路街道办事处	14.2	兴海路街道办事处	13.1	兴海路街道办事处	13.8	兴海路街道办事处	12.7
3	马坊街道办事处	10.4	马坊街道办事处	10.2	马坊街道办事处	10.2	马坊街道办事处	9.6	马坊街道办事处	10.0	马坊街道办事处	9.5
4	威远镇	7.6	威远镇	7.5	威远镇	7.4	威远镇	6.8	威远镇	7.1	威远镇	6.6
5	桥头镇	7.6	桥头镇	7.4	桥头镇	7.3	桥头镇	6.7	桥头镇	7.1	桥头镇	6.6
6	甘河滩镇	5.7	廿里铺镇	5.7	廿里铺镇	5.6	廿里铺镇	5.4	廿里铺镇	5.6	廿里铺镇	5.3
7	廿里铺镇	5.7	甘河滩镇	5.6	甘河滩镇	5.6	甘河滩镇	5.1	甘河滩镇	5.4	甘河滩镇	5.0
8	总寨镇	2.4	总寨镇	2.8	总寨镇	2.6	总寨镇	3.3	总寨镇	2.9	总寨镇	3.5
9	大堡子镇	1.9	大堡子镇	1.9	大堡子镇	1.9	大堡子镇	2.0	大堡子镇	2.0	大堡子镇	2.0
10	汉东回族乡	1.7	汉东回族乡	1.7	塘川镇	1.7	塘川镇	1.8	塘川镇	1.7	韵家口镇	1.8
排名	7月		8月		9月		10月		11月		12月	
	乡镇	贡献率/%	乡镇	贡献率/%	乡镇	贡献率/%	乡镇	贡献率/%	乡镇	贡献率/%	乡镇	贡献率/%
1	乐家湾镇	10.8	乐家湾镇	13.8	乐家湾镇	15.5	乐家湾镇	15.5	乐家湾镇	17.2	乐家湾镇	17.2
2	总寨镇	6.9	兴海路街道办事处	9.9	兴海路街道办事处	12.2	兴海路街道办事处	12.3	兴海路街道办事处	14.6	兴海路街道办事处	14.6
3	马坊街道办事处	6.4	马坊街道办事处	8.2	马坊街道办事处	9.2	马坊街道办事处	9.3	马坊街道办事处	10.3	马坊街道办事处	10.3
4	兴海路街道办事处	5.8	威远镇	5.2	威远镇	6.3	威远镇	6.4	威远镇	7.5	威远镇	7.5
5	廿里铺镇	3.8	桥头镇	5.1	桥头镇	6.3	桥头镇	6.3	桥头镇	7.5	桥头镇	7.5
6	彭家寨镇	3.4	总寨镇	4.8	廿里铺镇	5.1	廿里铺镇	5.2	廿里铺镇	5.7	甘河滩镇	5.7
7	韵家口镇	3.3	廿里铺镇	4.7	甘河滩镇	4.8	甘河滩镇	4.8	甘河滩镇	5.7	廿里铺镇	5.6
8	威远镇	3.1	甘河滩镇	3.9	总寨镇	3.8	总寨镇	3.8	总寨镇	2.5	总寨镇	2.7
9	桥头镇	3.1	韵家口镇	2.4	大堡子镇	2.0	大堡子镇	2.0	大堡子镇	1.8	大堡子镇	1.8
10	大堡子镇	2.7	大堡子镇	2.3	韵家口镇	1.9	韵家口镇	1.8	汉东回族乡	1.7	汉东回族乡	1.7

表 6-39　乐都断面 1～12 月 TN 污染物入河量贡献率排名前十的乡镇

排名	1月		2月		3月		4月		5月		6月	
	乡镇	贡献率/%	乡镇	贡献率/%	乡镇	贡献率/%	乡镇	贡献率/%	乡镇	贡献率/%	乡镇	贡献率/%
1	汉东回族乡	18.6	汉东回族乡	18.4	汉东回族乡	18.2	汉东回族乡	17.1	汉东回族乡	17.8	汉东回族乡	16.8
2	城关镇	7.7	城关镇	7.6	城关镇	7.5	城关镇	7.1	城关镇	7.4	城关镇	7.0
3	马坊街道办事处	6.2	马坊街道办事处	6.1	马坊街道办事处	6.1	马坊街道办事处	6.0	马坊街道办事处	6.1	马坊街道办事处	5.9
4	平安镇	4.4	平安镇	4.4	平安镇	4.3	平安镇	4.1	平安镇	4.2	平安镇	4.0
5	青林乡	3.9	青林乡	3.8	青林乡	3.8	青林乡	3.6	青林乡	3.7	青林乡	3.6
6	田家寨镇	3.2	田家寨镇	3.2	田家寨镇	3.2	田家寨镇	3.1	田家寨镇	3.2	田家寨镇	3.1
7	上新庄镇	2.9	上新庄镇	2.9	上新庄镇	2.9	上新庄镇	2.8	上新庄镇	2.8	上新庄镇	2.8
8	廿里铺镇	2.8	廿里铺镇	2.7	廿里铺镇	2.7	廿里铺镇	2.7	廿里铺镇	2.8	廿里铺镇	2.7
9	桥头镇	2.7	桥头镇	2.7	桥头镇	2.7	总寨镇	2.5	桥头镇	2.6	总寨镇	2.7
10	西堡镇	2.1	总寨镇	2.2	西堡镇	2.2	桥头镇	2.5	总寨镇	2.2	桥头镇	2.5

排名	7月		8月		9月		10月		11月		12月	
	乡镇	贡献率/%	乡镇	贡献率/%	乡镇	贡献率/%	乡镇	贡献率/%	乡镇	贡献率/%	乡镇	贡献率/%
1	汉东回族乡	9.0	汉东回族乡	13.9	汉东回族乡	16.3	汉东回族乡	16.3	汉东回族乡	18.5	汉东回族乡	18.5
2	总寨镇	5.3	城关镇	5.8	城关镇	6.7	城关镇	6.8	城关镇	7.7	城关镇	7.7
3	马坊街道办事处	4.7	马坊街道办事处	5.4	马坊街道办事处	5.8	马坊街道办事处	5.8	马坊街道办事处	6.2	马坊街道办事处	6.1
4	乐家湾镇	4.0	总寨镇	3.6	平安镇	3.9	平安镇	3.9	平安镇	4.4	平安镇	4.4
5	城关镇	3.7	平安镇	3.4	青林乡	3.5	青林乡	3.5	青林乡	3.9	青林乡	3.9
6	哈勒景蒙古族乡	2.8	青林乡	3.1	田家寨镇	3.1	田家寨镇	3.1	田家寨镇	3.2	田家寨镇	3.2
7	田家寨镇	2.7	田家寨镇	3.0	总寨镇	2.8	总寨镇	2.9	上新庄镇	2.9	上新庄镇	2.9
8	西堡镇	2.6	乐家湾镇	3.0	上新庄镇	2.7	廿里铺镇	2.7	廿里铺镇	2.8	桥头镇	2.7
9	彭家寨镇	2.6	廿里铺镇	2.6	廿里铺镇	2.7	上新庄镇	2.7	桥头镇	2.7	廿里铺镇	2.7
10	廿里铺镇	2.5	上新庄镇	2.5	乐家湾镇	2.5	乐家湾镇	2.5	西堡镇	2.1	西堡镇	2.2

表 6-40 乐都断面 1～12 月 TP 污染物入河量贡献率排名前十的乡镇

排名	1月		2月		3月		4月		5月		6月	
	乡镇	贡献率/%	乡镇	贡献率/%	乡镇	贡献率/%	乡镇	贡献率/%	乡镇	贡献率/%	乡镇	贡献率/%
1	乐家湾镇	13.5	乐家湾镇	13.5	乐家湾镇	13.5	乐家湾镇	13.2	乐家湾镇	13.3	乐家湾镇	13.1
2	甘河滩镇	7.0	甘河滩镇	7.0	甘河滩镇	6.9	甘河滩镇	6.7	甘河滩镇	6.9	甘河滩镇	6.7
3	汉东回族乡	6.4	汉东回族乡	6.3	汉东回族乡	6.3	汉东回族乡	6.1	汉东回族乡	6.2	汉东回族乡	6.0
4	田家寨镇	5.2	田家寨镇	5.2	田家寨镇	5.2	田家寨镇	5.1	田家寨镇	5.1	田家寨镇	5.1
5	青林乡	4.1	青林乡	4.1	青林乡	4.1	青林乡	4.0	青林乡	4.1	青林乡	4.0
6	兴海路街道办事处	4.0	兴海路街道办事处	4.0	兴海路街道办事处	3.9	兴海路街道办事处	3.8	兴海路街道办事处	3.9	兴海路街道办事处	3.8
7	桥头镇	3.7	桥头镇	3.7	桥头镇	3.7	桥头镇	3.6	桥头镇	3.6	桥头镇	3.5
8	大华镇	3.3	大华镇	3.3	大华镇	3.2	大华镇	3.2	大华镇	3.2	大华镇	3.1
9	上新庄镇	2.8	上新庄镇	2.8	上新庄镇	2.8	上新庄镇	2.7	上新庄镇	2.8	上新庄镇	2.7
10	平安镇	2.7	平安镇	2.7	平安镇	2.7	平安镇	2.6	平安镇	2.6	平安镇	2.6
排名	7月		8月		9月		10月		11月		12月	
	乡镇	贡献率/%	乡镇	贡献率/%	乡镇	贡献率/%	乡镇	贡献率/%	乡镇	贡献率/%	乡镇	贡献率/%
1	乐家湾镇	10.2	乐家湾镇	12.2	乐家湾镇	12.9	乐家湾镇	12.9	乐家湾镇	13.6	乐家湾镇	13.6
2	甘河滩镇	4.6	甘河滩镇	6.0	甘河滩镇	6.6	甘河滩镇	6.6	甘河滩镇	7.0	甘河滩镇	7.0
3	田家寨镇	4.3	汉东回族乡	5.4	汉东回族乡	5.9	汉东回族乡	5.9	汉东回族乡	6.3	汉东回族乡	6.3
4	汉东回族乡	4.1	田家寨镇	4.8	田家寨镇	5.0	田家寨镇	5.0	田家寨镇	5.2	田家寨镇	5.2
5	总寨镇	3.6	青林乡	3.7	青林乡	3.9	青林乡	3.9	青林乡	4.1	青林乡	4.1
6	青林乡	3.2	兴海路街道办事处	3.4	兴海路街道办事处	3.7	兴海路街道办事处	3.7	兴海路街道办事处	4.0	兴海路街道办事处	4.0
7	宝库乡	2.9	桥头镇	3.2	桥头镇	3.5	桥头镇	3.5	桥头镇	3.7	桥头镇	3.7
8	桥头镇	2.6	大华镇	2.9	大华镇	3.1	大华镇	3.1	大华镇	3.3	大华镇	3.3
9	兴海路街道办事处	2.5	上新庄镇	2.6	上新庄镇	2.7	上新庄镇	2.7	上新庄镇	2.8	上新庄镇	2.8
10	上新庄镇	2.3	总寨镇	2.5	平安镇	2.5	平安镇	2.5	平安镇	2.7	平安镇	2.7

表 6-41 边墙村断面 1～12 月 COD 污染物入河量贡献率排名前十的乡镇

排名	1月		2月		3月		4月		5月		6月	
	乡镇	贡献率/%	乡镇	贡献率/%	乡镇	贡献率/%	乡镇	贡献率/%	乡镇	贡献率/%	乡镇	贡献率/%
1	乐家湾镇	7.5	乐家湾镇	7.5	乐家湾镇	7.5	乐家湾镇	7.4	乐家湾镇	7.4	乐家湾镇	7.4
2	青林乡	6.9	青林乡	6.8	青林乡	6.8	青林乡	6.6	青林乡	6.7	青林乡	6.6
3	田家寨镇	4.8	田家寨镇	4.8	田家寨镇	4.7	田家寨镇	4.7	田家寨镇	4.7	田家寨镇	4.6
4	上新庄镇	4.4	上新庄镇	4.4	上新庄镇	4.4	上新庄镇	4.3	上新庄镇	4.4	上新庄镇	4.3
5	多林镇	3.4	多林镇	3.4	多林镇	3.4	多林镇	3.3	多林镇	3.3	多林镇	3.2
6	大华镇	3.3	大华镇	3.3	大华镇	3.3	大华镇	3.2	大华镇	3.3	大华镇	3.2
7	塘川镇	3.2	塘川镇	3.2	塘川镇	3.2	塘川镇	3.1	塘川镇	3.1	塘川镇	3.1
8	日月藏族乡	2.7	日月藏族乡	2.7	日月藏族乡	2.7	日月藏族乡	2.6	日月藏族乡	2.7	日月藏族乡	2.6
9	汉东回族乡	2.7	汉东回族乡	2.7	汉东回族乡	2.7	汉东回族乡	2.6	汉东回族乡	2.7	汉东回族乡	2.6
10	威远镇	2.6	威远镇	2.6	威远镇	2.6	威远镇	2.5	威远镇	2.5	威远镇	2.5

排名	7月		8月		9月		10月		11月		12月	
	乡镇	贡献率/%	乡镇	贡献率/%	乡镇	贡献率/%	乡镇	贡献率/%	乡镇	贡献率/%	乡镇	贡献率/%
1	乐家湾镇	7.2	乐家湾镇	7.4	乐家湾镇	7.4	乐家湾镇	7.4	乐家湾镇	7.5	乐家湾镇	7.5
2	青林乡	4.8	青林乡	6.1	青林乡	6.5	青林乡	6.5	青林乡	6.8	青林乡	6.8
3	总寨镇	4.4	田家寨镇	4.4	田家寨镇	4.6	田家寨镇	4.6	田家寨镇	4.8	田家寨镇	4.8
4	田家寨镇	3.8	上新庄镇	4.0	上新庄镇	4.2	上新庄镇	4.2	上新庄镇	4.4	上新庄镇	4.4
5	上新庄镇	3.3	塘川镇	3.0	多林镇	3.2	多林镇	3.2	多林镇	3.4	多林镇	3.4
6	塘川镇	2.8	大华镇	3.0	大华镇	3.2	大华镇	3.2	大华镇	3.3	大华镇	3.3
7	马坊街道办事处	2.6	多林镇	3.0	塘川镇	3.1	塘川镇	3.1	塘川镇	3.2	塘川镇	3.2
8	大华镇	2.4	总寨镇	3.0	日月藏族乡	2.6	日月藏族乡	2.6	日月藏族乡	2.7	汉东回族乡	2.7
9	多林镇	2.3	日月藏族乡	2.5	汉东回族乡	2.6	汉东回族乡	2.6	汉东回族乡	2.7	日月藏族乡	2.7
10	日月藏族乡	2.1	汉东回族乡	2.4	总寨镇	2.5	总寨镇	2.5	威远镇	2.6	威远镇	2.6

表 6-42 边墙村断面 1～12 月 NH_3-N 污染物入河量贡献率排名前十的乡镇

排名	1月		2月		3月		4月		5月		6月	
	乡镇	贡献率/%	乡镇	贡献率/%	乡镇	贡献率/%	乡镇	贡献率/%	乡镇	贡献率/%	乡镇	贡献率/%
1	乐家湾镇	16.5	乐家湾镇	16.4	乐家湾镇	16.3	乐家湾镇	15.3	乐家湾镇	15.8	乐家湾镇	15.0
2	兴海路街道办事处	14.1	兴海路街道办事处	13.9	兴海路街道办事处	13.7	兴海路街道办事处	12.5	兴海路街道办事处	13.2	兴海路街道办事处	12.2
3	马坊街道办事处	10.0	马坊街道办事处	9.8	马坊街道办事处	9.8	马坊街道办事处	9.2	马坊街道办事处	9.6	马坊街道办事处	9.1
4	威远镇	7.3	威远镇	7.2	威远镇	7.1	威远镇	6.5	威远镇	6.8	威远镇	6.3
5	桥头镇	7.3	桥头镇	7.1	桥头镇	7.0	桥头镇	6.4	桥头镇	6.8	桥头镇	6.3
6	甘河滩镇	5.5	廿里铺镇	5.4	廿里铺镇	5.4	廿里铺镇	5.1	廿里铺镇	5.3	廿里铺镇	5.1
7	廿里铺镇	5.5	甘河滩镇	5.4	甘河滩镇	5.3	甘河滩镇	4.9	甘河滩镇	5.2	甘河滩镇	4.8
8	总寨镇	2.3	总寨镇	2.7	总寨镇	2.5	总寨镇	3.2	总寨镇	2.7	总寨镇	3.4
9	大堡子镇	1.8	大堡子镇	1.8	大堡子镇	1.8	大堡子镇	1.9	大堡子镇	1.9	大堡子镇	1.9
10	汉东回族乡	1.7	汉东回族乡	1.6	塘川镇	1.7	塘川镇	1.7	塘川镇	1.6	韵家口镇	1.7
排名	7月		8月		9月		10月		11月		12月	
	乡镇	贡献率/%	乡镇	贡献率/%	乡镇	贡献率/%	乡镇	贡献率/%	乡镇	贡献率/%	乡镇	贡献率/%
1	乐家湾镇	10.0	乐家湾镇	13.0	乐家湾镇	14.7	乐家湾镇	14.8	乐家湾镇	16.6	乐家湾镇	16.6
2	总寨镇	6.4	兴海路街道办事处	9.3	兴海路街道办事处	11.6	兴海路街道办事处	11.7	兴海路街道办事处	14.0	兴海路街道办事处	14.0
3	马坊街道办事处	5.9	马坊街道办事处	7.7	马坊街道办事处	8.8	马坊街道办事处	8.8	马坊街道办事处	9.9	马坊街道办事处	9.9
4	兴海路街道办事处	5.3	威远镇	4.9	威远镇	6.0	威远镇	6.1	威远镇	7.3	威远镇	7.3
5	廿里铺镇	3.5	桥头镇	4.8	桥头镇	6.0	桥头镇	6.0	桥头镇	7.2	桥头镇	7.2
6	彭家寨镇	3.2	总寨镇	4.5	廿里铺镇	4.9	廿里铺镇	5.0	廿里铺镇	5.5	甘河滩镇	5.5
7	韵家口镇	3.0	廿里铺镇	4.4	甘河滩镇	4.6	甘河滩镇	4.6	甘河滩镇	5.5	廿里铺镇	5.4
8	威远镇	2.9	甘河滩镇	3.7	总寨镇	3.6	总寨镇	3.7	总寨镇	2.5	总寨镇	2.6
9	桥头镇	2.8	韵家口镇	2.2	大堡子镇	1.9	大堡子镇	1.9	大堡子镇	1.8	大堡子镇	1.7
10	大堡子镇	2.4	大堡子镇	2.1	韵家口镇	1.8	韵家口镇	1.7	汉东回族乡	1.7	汉东回族乡	1.7

表 6-43 边墙村断面 1～12 月 TN 污染物入河量贡献率排名前十的乡镇

排名	1月		2月		3月		4月		5月		6月	
	乡镇	贡献率/%	乡镇	贡献率/%	乡镇	贡献率/%	乡镇	贡献率/%	乡镇	贡献率/%	乡镇	贡献率/%
1	汉东回族乡	17.3	汉东回族乡	17.1	汉东回族乡	16.9	汉东回族乡	15.9	汉东回族乡	16.5	汉东回族乡	15.6
2	城关镇	7.2	城关镇	7.1	城关镇	7.0	城关镇	6.6	城关镇	6.8	城关镇	6.5
3	马坊街道办事处	5.8	马坊街道办事处	5.7	马坊街道办事处	5.7	马坊街道办事处	5.5	马坊街道办事处	5.7	马坊街道办事处	5.5
4	川口镇	4.1	川口镇	4.1	川口镇	4.0	川口镇	3.8	川口镇	3.9	平安镇	3.8
5	平安镇	4.1	平安镇	4.1	平安镇	4.0	平安镇	3.8	平安镇	3.9	川口镇	3.7
6	青林乡	3.6	青林乡	3.6	青林乡	3.5	青林乡	3.4	青林乡	3.5	青林乡	3.3
7	田家寨镇	3.0	田家寨镇	3.0	田家寨镇	3.0	田家寨镇	2.9	田家寨镇	2.9	田家寨镇	2.9
8	上新庄镇	2.7	上新庄镇	2.7	上新庄镇	2.7	上新庄镇	2.6	上新庄镇	2.6	上新庄镇	2.6
9	廿里铺镇	2.6	廿里铺镇	2.6	廿里铺镇	2.5	廿里铺镇	2.5	廿里铺镇	2.6	廿里铺镇	2.5
10	桥头镇	2.5	桥头镇	2.5	桥头镇	2.5	总寨镇	2.4	桥头镇	2.4	总寨镇	2.5
排名	7月		8月		9月		10月		11月		12月	
	乡镇	贡献率/%	乡镇	贡献率/%	乡镇	贡献率/%	乡镇	贡献率/%	乡镇	贡献率/%	乡镇	贡献率/%
1	汉东回族乡	8.1	汉东回族乡	12.8	汉东回族乡	15.1	汉东回族乡	15.1	汉东回族乡	17.2	汉东回族乡	17.2
2	总寨镇	4.8	城关镇	5.3	城关镇	6.2	城关镇	6.3	城关镇	7.1	城关镇	7.1
3	马坊街道办事处	4.2	马坊街道办事处	5.0	马坊街道办事处	5.4	马坊街道办事处	5.4	马坊街道办事处	5.7	马坊街道办事处	5.7
4	乐家湾镇	3.6	总寨镇	3.3	平安镇	3.6	平安镇	3.6	川口镇	4.1	平安镇	4.1
5	城关镇	3.4	平安镇	3.2	川口镇	3.6	川口镇	3.6	平安镇	4.1	川口镇	4.1
6	哈勒景蒙古族乡	2.6	川口镇	3.1	青林乡	3.2	青林乡	3.2	青林乡	3.6	青林乡	3.6
7	田家寨镇	2.4	青林乡	2.9	田家寨镇	2.8	田家寨镇	2.9	田家寨镇	3.0	田家寨镇	3.0
8	西堡镇	2.4	田家寨镇	2.7	总寨镇	2.6	总寨镇	2.7	上新庄镇	2.7	上新庄镇	2.7
9	彭家寨镇	2.3	乐家湾镇	2.7	上新庄镇	2.5	廿里铺镇	2.5	廿里铺镇	2.6	桥头镇	2.5
10	廿里铺镇	2.3	廿里铺镇	2.4	廿里铺镇	2.5	上新庄镇	2.5	桥头镇	2.5	廿里铺镇	2.5

表 6-44 边墙村断面 1～12 月 TP 污染物入河量贡献率排名前十的乡镇

排名	1月		2月		3月		4月		5月		6月	
	乡镇	贡献率/%	乡镇	贡献率/%	乡镇	贡献率/%	乡镇	贡献率/%	乡镇	贡献率/%	乡镇	贡献率/%
1	乐家湾镇	12.9	乐家湾镇	12.8	乐家湾镇	12.8	乐家湾镇	12.5	乐家湾镇	12.6	乐家湾镇	12.3
2	甘河滩镇	6.7	甘河滩镇	6.6	甘河滩镇	6.6	甘河滩镇	6.4	甘河滩镇	6.5	甘河滩镇	6.3
3	汉东回族乡	6.0	汉东回族乡	6.0	汉东回族乡	6.0	汉东回族乡	5.8	汉东回族乡	5.9	汉东回族乡	5.7
4	田家寨镇	4.9	田家寨镇	4.9	田家寨镇	4.9	田家寨镇	4.8	田家寨镇	4.9	田家寨镇	4.8
5	青林乡	3.9	青林乡	3.9	青林乡	3.9	青林乡	3.8	青林乡	3.8	青林乡	3.8
6	兴海路街道办事处	3.8	兴海路街道办事处	3.8	兴海路街道办事处	3.7	兴海路街道办事处	3.6	兴海路街道办事处	3.7	兴海路街道办事处	3.6
7	桥头镇	3.5	桥头镇	3.5	桥头镇	3.5	桥头镇	3.4	桥头镇	3.5	桥头镇	3.4
8	大华镇	3.1	大华镇	3.1	大华镇	3.1	大华镇	3.0	大华镇	3.0	大华镇	3.0
9	上新庄镇	2.7	上新庄镇	2.6	上新庄镇	2.6	上新庄镇	2.6	上新庄镇	2.6	上新庄镇	2.6
10	平安镇	2.6	平安镇	2.5	平安镇	2.5	平安镇	2.4	平安镇	2.5	平安镇	2.4
排名	7月		8月		9月		10月		11月		12月	
	乡镇	贡献率/%	乡镇	贡献率/%	乡镇	贡献率/%	乡镇	贡献率/%	乡镇	贡献率/%	乡镇	贡献率/%
1	乐家湾镇	9.5	乐家湾镇	11.4	乐家湾镇	12.2	乐家湾镇	12.2	乐家湾镇	12.9	乐家湾镇	12.9
2	甘河滩镇	4.2	甘河滩镇	5.6	甘河滩镇	6.2	甘河滩镇	6.2	甘河滩镇	6.7	甘河滩镇	6.6
3	田家寨镇	3.9	汉东回族乡	5.1	汉东回族乡	5.6	汉东回族乡	5.6	汉东回族乡	6.0	汉东回族乡	6.0
4	汉东回族乡	3.8	田家寨镇	4.5	田家寨镇	4.7	田家寨镇	4.8	田家寨镇	4.9	田家寨镇	4.9
5	总寨镇	3.3	青林乡	3.5	青林乡	3.7	青林乡	3.7	青林乡	3.9	青林乡	3.9
6	青林乡	2.9	兴海路街道办事处	3.2	兴海路街道办事处	3.5	兴海路街道办事处	3.5	兴海路街道办事处	3.8	兴海路街道办事处	3.8
7	宝库乡	2.7	桥头镇	3.0	桥头镇	3.3	桥头镇	3.3	桥头镇	3.5	桥头镇	3.5
8	桥头镇	2.4	大华镇	2.7	大华镇	2.9	大华镇	2.9	大华镇	3.1	大华镇	3.1
9	兴海路街道办事处	2.4	上新庄镇	2.4	上新庄镇	2.6	上新庄镇	2.6	上新庄镇	2.7	上新庄镇	2.6
10	上新庄镇	2.2	总寨镇	2.3	平安镇	2.4	平安镇	2.4	平安镇	2.5	平安镇	2.5

② 就 NH_3-N 而言，乐家湾镇、兴海路街道办事处、马坊街道办事处是每个月（除7月外）贡献率排名前三的乡镇，前三者贡献率占比范围为22.2%(7月)～40.7%(1月)。7月份前十名乡镇的合计贡献率最小，为45.4%；1月的合计贡献率最大，为72.1%。

③ 就TN而言，汉东回族乡、城关镇、马坊街道办事处是每个月（除7月外）贡献率排名前三的乡镇，前三者贡献率合计范围为17.2%(7月)～30.3%(1月)。7月份前十名乡镇的合计贡献率最小，为36.3%；1月的合计贡献率最大，为52.9%。

④ 就TP而言，乐家湾镇、甘河滩镇、汉东回族乡是每个月（除7月外）贡献率排名前三的乡镇，前三者贡献率之和范围为17.6%(7月)～25.6%(1月、11月)。7月份前十名乡镇的合计贡献率最小，为37.2%；1月的合计贡献率最大，为50.1%。

总体上，前十名乡镇4种污染物的合计入河量贡献率均表现出1～7月合计贡献率逐渐减小，8～12月合计贡献率逐渐增加趋势。

6.6 重点断面首要贡献源分析

6.6.1 边墙村

从表6-45～表6-48可以看出，对边墙村断面贡献率最大的十大点源主要是污水处理厂和工业企业污染源，主要位于湟水河中游以及湟水城区。

① COD贡献率的差异不明显，最大为乐家湾镇的西宁市污水处理有限公司第一污水处理厂和第三污水处理厂，贡献率达3.1%和3%，除前十大点源外其他绝大多数的点源贡献率在1%以下；

② TN贡献率排名前三的点源为甘河工业园区西区污水处理厂、湟源县城镇污水处理厂、青海江仓能源发展有限责任公司；

③ TP贡献率前十的点源中有7个是污水处理厂，最大的是西宁市污水处理有限公司第三污水处理厂7.0%；

④ NH_3-N 贡献率最大的点源主要集中在湟水城区，西宁市第二污水处理厂和青海江仓能源发展有限责任公司的贡献率分别为11.2%和7.2%。

表6-45　边墙村断面COD污染物入河量贡献率前十大点源

排名	单位名称	COD贡献率/%	所在乡镇
1	西宁市污水处理有限公司第一污水处理厂	3.1	乐家湾镇
2	西宁市污水处理有限公司第三污水处理厂	3.0	乐家湾镇
3	甘河工业园区西区污水处理厂	2.4	汉东回族乡
4	西宁市第二污水处理厂	2.1	兴海路街道办事处
5	湟源贵录牛羊养殖专业合作社	1.9	大华镇
6	青海民和威思顿精淀粉有限责任公司	1.9	川口镇
7	青海互助天佑德青稞酒股份有限公司	1.8	威远镇
8	青海江仓能源发展有限责任公司	1.7	马坊街道办事处
9	海东市绿源富硒牛羊养殖专业合作社	1.6	洪水泉回族乡
10	青海威思顿薯业集团有限责任公司互助分公司	1.3	塘川镇

表 6-46 边墙村断面 TN 污染物入河量贡献率前十大点源

排名	单位名称	TN 贡献率/%	所在乡镇
1	甘河工业园区西区污水处理厂	14.6	汉东回族乡
2	湟源县城镇污水处理厂	5.6	城关镇
3	青海江仓能源发展有限责任公司	4.5	马坊街道办事处
4	海东市平安区排污站	2.5	平安镇
5	民和县污水处理厂	2.3	川口镇
6	青海宜化化工有限责任公司	1.5	桥头镇
7	青海明胶有限责任公司	1.4	廿里铺镇
8	湟中县污水处理厂	1.2	西堡镇
9	青海民和威思顿精淀粉有限责任公司	1.1	川口镇
10	海东市绿源富硒牛羊养殖专业合作社	1.1	洪水泉回族乡

表 6-47 边墙村断面 TP 污染物入河量贡献率前十大点源

排名	单位名称	TP 贡献率/%	所在乡镇
1	西宁市污水处理有限公司第三污水处理厂	7.0	乐家湾镇
2	甘河工业园区西区污水处理厂	5.5	汉东回族乡
3	甘河工业园东区生活污水处理厂	5.4	甘河滩镇
4	西宁市污水处理有限公司第一污水处理厂	4.4	乐家湾镇
5	西宁市第二污水处理厂	3.4	兴海路街道办事处
6	青海圣亚高原牧场有限公司	2.2	田家寨镇
7	大通县城污水处理厂	1.9	桥头镇
8	青海圣源牧场有限公司	1.6	大华镇
9	西宁市污水处理有限公司第五污水处理厂	1.4	廿里铺镇
10	青海天露乳业有限责任公司奶牛一公司	1.2	雨润镇

表 6-48 边墙村断面 NH_3-N 污染物入河量贡献率前十大点源

排名	单位名称	NH_3-N 贡献率/%	所在乡镇
1	西宁市第二污水处理厂	11.2	兴海路街道办事处
2	青海江仓能源发展有限责任公司	7.2	马坊街道办事处
3	西宁市污水处理有限公司第三污水处理厂	6.3	乐家湾镇
4	西宁市污水处理有限公司第一污水处理厂	4.6	乐家湾镇
5	甘河工业园东区生活污水处理厂	3.9	甘河滩镇
6	中国铝业股份有限公司青海分公司	2.8	桥头镇
7	青海明胶有限责任公司	2.3	廿里铺镇
8	大通县城污水处理厂	2.0	桥头镇
9	青海省互助崑崙泉青稞酒业有限公司	1.8	威远镇
10	青海互助金泉青稞酒酿造有限公司	1.8	威远镇

6.6.2 扎马隆

从表 6-49～表 6-52 可以看出，对扎马隆断面贡献率最大的十大点源主要是规模化畜禽养殖场和污水处理厂，主要位于湟水河上游。

① COD 贡献率排名前十的点源全为规模化畜禽养殖场，主要位于大华镇、日月藏族乡、申中乡，其中大华镇的湟源贵录牛羊养殖专业合作社 COD 贡献率达到 12.9%；

② TN 贡献率排名第一的点源为城关镇的湟源县城镇污水处理厂，贡献率高达 36%，其余均为规模化畜禽养殖场；

③ TP 的贡献率前三的点源为大华镇的青海圣源牧场有限公司、湟源贵录牛羊养殖专业合作社和城关镇的湟源县城镇污水处理厂；

④ NH_3-N 贡献率较大是污水处理厂，海晏县污水处理厂和湟源县城镇污水处理厂的贡献率分别为 6.1%和 3.9%。

表 6-49 扎马隆断面 COD 污染物入河量贡献率前十大点源

排名	单位名称	COD 贡献率/%	所在乡镇
1	湟源贵录牛羊养殖专业合作社	12.9	大华镇
2	青海圣源牧场有限公司	6.1	大华镇
3	湟源玉成肉牛羊养殖专业合作社	2.9	日月藏族乡
4	青海世顺农牧开发有限公司	2.8	申中乡
5	湟源碧绿养殖专业合作社	2.4	日月藏族乡
6	湟源恒祥畜牧养殖专业合作社	2.3	波航乡
7	湟源有太养殖专业合作社	2.2	巴燕乡
8	湟源茂源养殖有限公司	2.2	申中乡
9	海晏鼎祥家庭牧场	2.1	青海湖乡
10	湟源本康养殖专业合作社	2.1	日月藏族乡

表 6-50 扎马隆断面 TN 污染物入河量贡献率前十大点源

排名	单位名称	TN 贡献率/%	所在乡镇
1	湟源县城镇污水处理厂	36.0	城关镇
2	湟源贵录牛羊养殖专业合作社	6.2	大华镇
3	青海圣源牧场有限公司	2.9	大华镇
4	湟源玉成肉牛羊养殖专业合作社	1.3	日月藏族乡
5	青海世顺农牧开发有限公司	1.3	申中乡
6	湟源恒祥畜牧养殖专业合作社	1.1	波航乡
7	湟源茂源养殖有限公司	1.1	申中乡
8	湟源碧绿养殖专业合作社	1.1	日月藏族乡
9	湟源本康养殖专业合作社	1.0	日月藏族乡
10	湟源有太养殖专业合作社	1.0	巴燕乡

表 6-51 扎马隆断面 TP 污染物入河量贡献率前十大点源

排名	单位名称	TP 贡献率/%	所在乡镇
1	青海圣源牧场有限公司	13.3	大华镇
2	湟源贵录牛羊养殖专业合作社	8.7	大华镇
3	湟源县城镇污水处理厂	5.6	城关镇
4	湟源旺泉奶牛养殖专业合作社	2.7	日月藏族乡
5	湟源玉成肉牛羊养殖专业合作社	2.0	日月藏族乡
6	青海世顺农牧开发有限公司	1.9	申中乡
7	湟源碧绿养殖专业合作社	1.6	日月藏族乡
8	湟源恒祥畜牧养殖专业合作社	1.6	波航乡
9	湟源茂源养殖有限公司	1.5	申中乡
10	湟源有太养殖专业合作社	1.5	巴燕乡

表 6-52 扎马隆断面 NH_3-N 污染物入河量贡献率前十大点源

排名	单位名称	NH_3-N 贡献率/%	所在乡镇
1	海晏县污水处理厂	6.1	三角城镇
2	湟源县城镇污水处理厂	3.9	城关镇
3	青海天源乳业有限公司	3.2	城关镇

续表

排名	单位名称	NH_3-N 贡献率/%	所在乡镇
4	湟源贵录牛羊养殖专业合作社	3.1	大华镇
5	海晏县住房和城乡建设局	2.0	西海镇
6	青海圣源牧场有限公司	1.2	大华镇
7	湟源玉成肉牛羊养殖专业合作社	0.7	日月藏族乡
8	青海世顺农牧开发有限公司	0.6	申中乡
9	湟源碧绿养殖专业合作社	0.6	日月藏族乡
10	湟源恒祥畜牧养殖专业合作社	0.6	波航乡

6.6.3 金滩

从表6-53～表6-56可以看出，对金滩断面贡献率最大的十大点源主要是规模化畜禽养殖场和海晏县污水处理厂。COD、TN、TP贡献率较大点源均为规模化畜禽养殖场，主要位于青海湖乡和哈勒景蒙古族乡；NH_3-N最大的污染源来自三角城镇的海晏县污水处理厂，贡献率达12%。

表6-53 金滩断面COD污染物入河量贡献率前十大点源

排名	单位名称	COD贡献率/%	所在乡镇
1	海晏鼎祥家庭牧场	14.4	青海湖乡
2	海晏高原藏区牦牛繁育养殖专业合作社	10.2	哈勒景蒙古族乡
3	海晏县金银滩牛羊标准化养殖示范牧场有限公司	9.1	哈勒景蒙古族乡
4	海晏青海湖牦牛繁育养殖专业合作社	6.7	哈勒景蒙古族乡
5	海晏县保丰牛羊育肥养殖专业合作社	3.4	三角城镇
6	海晏县兴达牛羊育肥集中养殖专业合作社	3.3	金滩乡
7	海晏县石泉高原牛羊繁育育肥专业合作社	3.3	金滩乡
8	海晏县哈勒景赛汗生态畜牧业专业合作社	3.1	哈勒景蒙古族乡
9	海北传奇养殖业有限公司	2.9	青海湖乡
10	海晏县污水处理厂	2.7	三角城镇

表6-54 金滩断面TN污染物入河量贡献率前十大点源

排名	单位名称	TN贡献率/%	所在乡镇
1	海晏鼎祥家庭牧场	5.4	青海湖乡
2	海晏高原藏区牦牛繁育养殖专业合作社	5.1	哈勒景蒙古族乡
3	海晏县金银滩牛羊标准化养殖示范牧场有限公司	3.8	哈勒景蒙古族乡
4	海晏青海湖牦牛繁育养殖专业合作社	3.0	哈勒景蒙古族乡
5	海晏县保丰牛羊育肥养殖专业合作社	1.9	三角城镇
6	海晏县哈勒景赛汗生态畜牧业专业合作社	1.6	哈勒景蒙古族乡
7	海北传奇养殖业有限公司	1.5	青海湖乡
8	海晏县石泉高原牛羊繁育育肥专业合作社	1.5	金滩乡
9	海晏县兴达牛羊育肥集中养殖专业合作社	1.4	金滩乡
10	海晏蒙德生态牛羊养殖专业合作社	1.3	哈勒景蒙古族乡

表6-55 金滩断面TP污染物入河量贡献率前十大点源

排名	单位名称	TP贡献率/%	所在乡镇
1	海晏鼎祥家庭牧场	7.2	青海湖乡
2	海晏县住房和城乡建设局	6.6	西海镇

续表

排名	单位名称	TP 贡献率/%	所在乡镇
3	海晏县保丰牛羊育肥养殖专业合作社	5.7	三角城镇
4	海晏高原藏区牦牛繁育养殖专业合作社	5.2	哈勒景蒙古族乡
5	海晏县金银滩牛羊标准化养殖示范牧场有限公司	4.7	哈勒景蒙古族乡
6	海晏县污水处理厂	4.4	三角城镇
7	海晏青海湖牦牛繁育养殖专业合作社	3.4	哈勒景蒙古族乡
8	海晏县兴达牛羊育肥集中养殖专业合作社	1.7	金滩乡
9	海晏县石泉高原牛羊繁育育肥专业合作社	1.7	金滩乡
10	海晏县哈勒景赛汗生态畜牧业专业合作社	1.6	哈勒景蒙古族

表 6-56　金滩断面 NH_3-N 污染物入河量贡献率前十大点源

排名	单位名称	NH_3-N 贡献率/%	所在乡镇
1	海晏县污水处理厂	12.0	三角城镇
2	海晏县住房和城乡建设局	4.0	西海镇
3	海晏鼎祥家庭牧场	0.9	青海湖乡
4	海晏高原藏区牦牛繁育养殖专业合作社	0.8	哈勒景蒙古族乡
5	海晏县金银滩牛羊标准化养殖示范牧场有限公司	0.6	哈勒景蒙古族乡
6	青海夏华清真肉食品有限公司	0.6	三角城镇
7	海晏县保丰牛羊育肥养殖专业合作社	0.6	三角城镇
8	海晏青海湖牦牛繁育养殖专业合作社	0.5	哈勒景蒙古族乡
9	海晏县哈勒景赛汗生态畜牧业专业合作社	0.2	哈勒景蒙古族乡
10	海晏县石泉高原牛羊繁育育肥专业合作社	0.2	金滩乡

6.6.4 塔尔桥

对塔尔桥断面污染物入河量有贡献的点源达 130 个，因此贡献率较为分散，绝大多数点源的贡献率小于 2%。4 种污染物入河量贡献率的前十大点源均为规模化畜禽养殖场，主要位于多林镇和青林乡。大通县沅盛牦牛繁育专业合作社和大通县中天家庭牧场的 4 种污染物贡献率均为前两名（表 6-57～表 6-60）。

表 6-57　塔尔桥断面 COD 污染物入河量贡献率前十大点源

排名	单位名称	COD 贡献率/%	所在乡镇
1	大通县沅盛牦牛繁育专业合作社	4.7	多林镇
2	大通县中天家庭牧场	3.0	多林镇
3	大通县庆华牛羊养殖繁育专业合作社	2.7	塔尔镇
4	大通发源野牦牛养殖专业合作社	2.6	新庄镇
5	大通县春贵养殖专业合作社	2.6	青林乡
6	大通县元明家庭牧场	2.3	青林乡
7	大通县兴寿家庭牧场	2.2	青林乡
8	大通海荣农牧专业合作社	2.2	青林乡
9	大通县庆德家庭牧场	2.0	青山乡
10	大通县国录家庭牧场	2.0	青林乡

表 6-58　塔尔桥断面 TN 污染物入河量贡献率前十大点源

排名	单位名称	TN 贡献率/%	所在乡镇
1	大通县沅盛牦牛繁育专业合作社	3.8	多林镇
2	大通县中天家庭牧场	2.4	多林镇

续表

排名	单位名称	TN贡献率/%	所在乡镇
3	大通县庆华牛羊养殖繁育专业合作社	2.3	塔尔镇
4	大通发源野牦牛养殖专业合作社	2.2	新庄镇
5	大通县春贵养殖专业合作社	2.2	青林乡
6	大通县元明家庭牧场	1.9	青林乡
7	大通县兴寿家庭牧场	1.8	青林乡
8	大通县庆德家庭牧场	1.7	青山乡
9	大通海荣农牧专业合作社	1.7	青林乡
10	大通县国录家庭牧场	1.6	青林乡

表6-59　塔尔桥断面TP污染物入河量贡献率前十大点源

排名	单位名称	TP贡献率/%	所在乡镇
1	大通县沅盛牦牛繁育专业合作社	3.9	多林镇
2	大通县中天家庭牧场	2.4	多林镇
3	大通县彦忠牛羊养殖专业合作社	2.2	新庄镇
4	大通县庆华牛羊养殖繁育专业合作社	2.2	塔尔镇
5	大通发源野牦牛养殖专业合作社	2.2	新庄镇
6	大通县春贵养殖专业合作社	2.2	青林乡
7	大通县元明家庭牧场	1.9	青林乡
8	大通县兴寿家庭牧场	1.8	青林乡
9	大通海荣农牧专业合作社	1.8	青林乡
10	大通锦农奶牛繁育有限公司	1.8	极乐乡

表6-60　塔尔桥断面NH_3-N污染物入河量贡献率前十大点源

排名	单位名称	NH_3-N贡献率/%	所在乡镇
1	大通县沅盛牦牛繁育专业合作社	2.2	多林镇
2	大通县中天家庭牧场	1.4	多林镇
3	大通县庆华牛羊养殖繁育专业合作社	1.3	塔尔镇
4	大通发源野牦牛养殖专业合作社	1.3	新庄镇
5	大通县春贵养殖专业合作社	1.3	青林乡
6	大通县元明家庭牧场	1.1	青林乡
7	大通县兴寿家庭牧场	1.0	青林乡
8	大通海荣农牧专业合作社	1.0	青林乡
9	大通县庆德家庭牧场	1.0	青山乡
10	大通县国录家庭牧场	0.9	青林乡

6.6.5　小峡桥

对小峡桥断面污染物入河量有贡献的点源高达570个，因此贡献率十分分散，绝大多数点源的贡献率小于1%，前十大点源主要是污水处理厂和工业企业污染源。COD贡献率排名前四的点源全为污水处理厂，合计贡献率为12.2%；TN贡献率最大的是甘河工业园区西区污水处理厂，贡献率高达17.5%；TP贡献率排名前五的点源全为污水处理厂，合计贡献率为30.7%；NH_3-N贡献率最大的是西宁市第二污水处理厂，贡献率达12.3%（表6-61～表6-64）。

表 6-61　小峡桥断面 COD 污染物入河量贡献率前十大点源

排名	单位名称	COD 贡献率/%	所在乡镇
1	西宁市污水处理有限公司第一污水处理厂	3.5	乐家湾镇
2	西宁市污水处理有限公司第三污水处理厂	3.4	乐家湾镇
3	甘河工业园区西区污水处理厂	2.7	汉东回族乡
4	西宁市第二污水处理厂	2.5	兴海路街道办事处
5	湟源贵录牛羊养殖专业合作社	2.2	大华镇
6	青海互助天佑德青稞酒股份有限公司	2.1	威远镇
7	青海江仓能源发展有限责任公司	1.9	马坊街道办事处
8	青海威思顿薯业集团有限责任公司互助分公司	1.5	塘川镇
9	青海圣亚高原牧场有限公司	1.4	田家寨镇
10	青海圣源牧场有限公司	1.0	大华镇

表 6-62　小峡桥断面 TN 污染物入河量贡献率前十大点源

排名	单位名称	TN 贡献率/%	所在乡镇
1	甘河工业园区西区污水处理厂	17.5	汉东回族乡
2	湟源县城镇污水处理厂	6.8	城关镇
3	青海江仓能源发展有限责任公司	5.4	马坊街道办事处
4	青海宜化化工有限责任公司	1.8	桥头镇
5	青海明胶有限责任公司	1.7	廿里铺镇
6	湟中县污水处理厂	1.4	西堡镇
7	湟源贵录牛羊养殖专业合作社	1.2	大华镇
8	青海威思顿薯业集团有限责任公司互助分公司	0.9	塘川镇
9	青海电子材料产业发展有限公司	0.8	乐家湾镇
10	青海圣亚高原牧场有限公司	0.7	田家寨镇

表 6-63　小峡桥断面 TP 污染物入河量贡献率前十大点源

排名	单位名称	TP 贡献率/%	所在乡镇
1	西宁市污水处理有限公司第三污水处理厂	8.3	乐家湾镇
2	甘河工业园区西区污水处理厂	6.5	汉东回族乡
3	甘河工业园东区生活污水处理厂	6.5	甘河滩镇
4	西宁市污水处理有限公司第一污水处理厂	5.3	乐家湾镇
5	西宁市第二污水处理厂	4.1	兴海路街道办事处
6	青海圣亚高原牧场有限公司	2.6	田家寨镇
7	大通县城污水处理厂	2.2	桥头镇
8	青海圣源牧场有限公司	1.9	大华镇
9	西宁市污水处理有限公司第五污水处理厂	1.7	廿里铺镇
10	青海宜化化工有限责任公司	1.3	桥头镇

表 6-64　小峡桥断面 NH_3-N 污染物入河量贡献率前十大点源

排名	单位名称	NH_3-N 贡献率/%	所在乡镇
1	西宁市第二污水处理厂	12.3	兴海路街道办事处
2	青海江仓能源发展有限责任公司	8.0	马坊街道办事处
3	西宁市污水处理有限公司第三污水处理厂	7.0	乐家湾镇
4	西宁市污水处理有限公司第一污水处理厂	5.1	乐家湾镇
5	甘河工业园东区生活污水处理厂	4.3	甘河滩镇
6	中国铝业股份有限公司青海分公司	3.1	桥头镇
7	青海明胶有限责任公司	2.6	廿里铺镇
8	大通县城污水处理厂	2.2	桥头镇
9	青海省互助崑崙泉青稞酒业有限公司	2.0	威远镇
10	青海互助金泉青稞酒酿造有限公司	1.9	威远镇

6.6.6 乐都

对乐都断面污染物入河量有贡献的点源高达 621 个，因此贡献率十分分散，绝大多数点源的贡献率小于 0.5%，前十大点源主要是污水处理厂。COD 贡献率排名前四的点源全为污水处理厂，合计贡献率为 11.2%；TN 贡献率最大的是甘河工业园区西区污水处理厂，贡献率高达 15.8%；TP 贡献率排名前五的点源全为污水处理厂，合计贡献率为 27.2%；NH_3-N 贡献率最大的是西宁市第二污水处理厂，贡献率达 11.8%（表 6-65～表 6-68）。

表 6-65 乐都断面 COD 污染物入河量贡献率前十大点源

排名	单位名称	COD 贡献率/%	所在乡镇
1	西宁市污水处理有限公司第一污水处理厂	3.3	乐家湾镇
2	西宁市污水处理有限公司第三污水处理厂	3.2	乐家湾镇
3	甘河工业园区西区污水处理厂	2.5	汉东回族乡
4	西宁市第二污水处理厂	2.3	兴海路街道办事处
5	湟源贵录牛羊养殖专业合作社	2.0	大华镇
6	青海互助天佑德青稞酒股份有限公司	1.9	威远镇
7	青海江仓能源发展有限责任公司	1.8	马坊街道办事处
8	海东市绿源富硒牛羊养殖专业合作社	1.7	洪水泉回族乡
9	青海威思顿薯业集团有限责任公司互助分公司	1.3	塘川镇
10	青海圣亚高原牧场有限公司	1.3	田家寨镇

表 6-66 乐都断面 TN 污染物入河量贡献率前十大点源

排名	单位名称	TN 贡献率/%	所在乡镇
1	甘河工业园区西区污水处理厂	15.8	汉东回族乡
2	湟源县城镇污水处理厂	6.1	城关镇
3	青海江仓能源发展有限责任公司	4.8	马坊街道办事处
4	海东市平安区排污站	2.8	平安镇
5	青海宜化化工有限责任公司	1.6	桥头镇
6	青海明胶有限责任公司	1.6	廿里铺镇
7	湟中县污水处理厂	1.3	西堡镇
8	海东市绿源富硒牛羊养殖专业合作社	1.2	洪水泉回族乡
9	湟源贵录牛羊养殖专业合作社	1.0	大华镇
10	青海威思顿薯业集团有限责任公司互助分公司	0.8	塘川镇

表 6-67 乐都断面 TP 污染物入河量贡献率前十大点源

排名	单位名称	TP 贡献率/%	所在乡镇
1	西宁市污水处理有限公司第三污水处理厂	7.4	乐家湾镇
2	甘河工业园区西区污水处理厂	5.8	汉东回族乡
3	甘河工业园东区生活污水处理厂	5.7	甘河滩镇
4	西宁市污水处理有限公司第一污水处理厂	4.7	乐家湾镇
5	西宁市第二污水处理厂	3.6	兴海路街道办事处
6	青海圣亚高原牧场有限公司	2.3	田家寨镇
7	大通县城污水处理厂	2.0	桥头镇
8	青海圣源牧场有限公司	1.7	大华镇
9	西宁市污水处理有限公司第五污水处理厂	1.5	廿里铺镇
10	青海天露乳业有限责任公司奶牛一公司	1.2	雨润镇

表 6-68　乐都断面 NH_3-N 污染物入河量贡献率前十大点源

排名	单位名称	NH_3-N 贡献率/%	所在乡镇
1	西宁市第二污水处理厂	11.8	兴海路街道办事处
2	青海江仓能源发展有限责任公司	7.6	马坊街道办事处
3	西宁市污水处理有限公司第三污水处理厂	6.7	乐家湾镇
4	西宁市污水处理有限公司第一污水处理厂	4.8	乐家湾镇
5	甘河工业园东区生活污水处理厂	4.1	甘河滩镇
6	中国铝业股份有限公司青海分公司	3.0	桥头镇
7	青海明胶有限责任公司	2.5	廿里铺镇
8	大通县城污水处理厂	2.1	桥头镇
9	青海省互助崑崙泉青稞酒业有限公司	1.9	威远镇
10	青海互助金泉青稞酒酿造有限公司	1.9	威远镇

6.7　湟水河流域“十四五”污染源调控实际实施后效果评价

湟水河流域人口密度大，经济总量占比高，水环境容量小，生活、工业点源污染和农业面源污染物排放量大，且排放集中，流域水资源节约利用和总量减排难度高，国控断面水质达标压力大；受气候条件影响，流域浅山地区植被覆盖率低，水土流失情况还需要进一步遏制。通过流域污染源贡献率分析成果，湟水河流域的主要污染来源为规模化畜禽养殖场、污水处理厂和未经收集的城镇生活污水，因此综合考虑这些问题以及调控方案实施的现实可能性，本项目主要通过新增污水收集处理、污水处理厂提标改质和规模化畜禽养殖场污染治理，进行污染源消减。

6.7.1　污水处理厂建设和提标改质项目

根据流域“十四五”规划，西宁市、海东市和海北市等主要城市将针对污水处理厂，开展 11 项污水处理厂提标改质项目，如表 6-69 所列。

表 6-69　流域“十四五”期间污水处理厂项目

序号	市县	项目名称	项目概况
1	湟中区	多巴污水处理厂建设项目	(1)关停原青海雄越环保科技有限责任公司(西宁市第二污水处理厂)；(2)新建湟中县多巴污水处理厂，收水范围为多巴新城全部城区以及共和镇、拦隆口镇、李家山镇、西堡镇等村镇生活污水，处理能力为 40000t/d，出水水质为 1 级 A
2	湟中区	西宁市甘河污水处理厂(东区、西区)再生水水生态利用建设项目	将青海甘河水处理有限责任公司甘河污水处理厂(包括甘河工业园区东区污水处理厂、甘河工业园区西区污水处理厂)再生水和地下水修复水经过泵站提至东山、西山顶生态储水池，灌溉 2.5 万亩(1 亩=666.67 平方米)生态林地，实现尾水全部利用不外排
3	西宁市	西宁市污水处理有限公司第一污水处理厂、第三污水处理厂扩容及提标改造工程	在原有规模的基础上，扩建西宁市第一污水处理厂 30000t/d 处理能力、第三污水厂现 30000t/d 处理能力，并对现有处理工艺进行升级改造，增加深度处理单元，提升出水水质为 1 级 A
4	西宁市	西宁市第三、第六污水厂再生水厂建设工程	建设西宁市第三污水厂再生水厂和第六污水厂再生水厂，规模各 50000t/d，对污水处理厂尾水进行处理后作为再生水回用至工业园区，或者回用于园林绿化工程
5	平安区	平安区污水处理厂尾水湿地建设	建设处理规模为 2000t/d 的尾水人工湿地深度净化处理工程，对平安污水处理厂出水进行进一步处理，尾水湿地出水水质达到地表水Ⅳ类

续表

序号	市县	项目名称	项目概况
6	互助县	海东市互助县污水处理厂（三期）项目	建设互助县污水处理厂三期工程，新增处理能力 20000t/d，排放水质为 1 级 A
7	乐都区	乐都区污水处理厂及配套管网建设	针对海东市主城区搬迁乐都区的变化，新增乐都区污水处理厂 10 万吨/日处理能力及其配套管网，排放水质为 1 级 A
8	民和县	民和县清湟污水处理厂尾水湿地及管网建设项目	建设民和县污水处理厂尾水人工湿地深度净化处理工程，配套建设截污纳管工程，尾水湿地处理规模为 5000t/d，湿地出水水质为地表水Ⅳ类
9	大通县	大通北川工业园区污水处理厂建设工程	建设大通北川工业园区污水处理厂 10000t/d 处理能力，出水水质为 1 级 A
10	海晏县	海晏县农村生活污水集中处理项目	(1)新建金滩乡污水处理站 1 座，处理能力为 500m^3/d，配套新建尾水人工湿地，出水水质达到地表水Ⅳ类； (2)新建哈勒景乡 150m^3/d 污水处理站 1 座，配套建设尾水人工湿地，出水水质达到地表水Ⅳ类； (3)新建青海湖乡 150m^3/d 污水处理站 1 座，配套建设尾水湿地，出水水质达到地表水Ⅳ类
11	互助县	巴扎藏族乡、加定镇污水处理设施及配套管网建设项目	在巴扎藏族乡、加定镇分别建设日处理 500m^3/d 的污水处理站 2 座和配套污水管网，排放水质为 1 级 A

根据新建污水处理厂和提标改质状况，设定以下污染排放情景。

(1) 新增污水处理厂入河量变化调整

在污水处理厂项目中，新增西宁市湟中多巴新城污水处理厂，该厂收水范围为多巴新城全部城区以及共和镇、拦隆口镇、李家山镇、西堡镇等村镇生活污水，处理能力为 40000t/d，出水水质为 1 级 A。根据该设定，将在点源中新增一个污水处理厂，并且在非点源中，将多巴新城全部城区以及共和镇、拦隆口镇、李家山镇、西堡镇等的城镇生活污水清零，村镇生活污水按照面积比例减去处理量剩余部分即为入河量。

(2) 现有污水处理厂入河量变化调整

根据现有污水处理厂的提标改质项目，如由一级 B 提标到一级 A，新建湿地等尾水处理工程，都属于对现有污水处理厂的改造项目。根据现有污水处理厂排放入河量分析和规划污水处理厂提标排放量分析，得到现有污水处理厂提标后的排放量。

(3) 流域污水处理厂入河量变化调整

根据新增和现有污水处理厂改建项目，得到如表 6-70 所列全流域的污水处理厂改建后排放入河情景。

表 6-70　污水处理厂改建后排放入河情景

单位名称	废水排放量	COD	NH_3-N	TP
	10^4t/a	t/a		
西宁市污水处理有限公司第一污水处理厂	4091.36	1249.91	147.7	4.09
西宁市污水处理有限公司第三污水处理厂	2489.99	734.55	50.77	17.63
青海省大通县城污水处理厂	1011.86	126.48	29.48	3.64
湟中县江源给排水有限责任公司	118.05	29.51	2.36	0.49

续表

单位名称	废水排放量	COD	NH_3-N	TP
	10^4t/a	t/a		
湟源县城镇污水处理厂	333	99.9	6.66	0.77
西宁市污水处理有限公司城南污水处理厂	286.02	114.41	5.72	0.69
平安污水处理厂	564.69	172.23	14.29	1.33
青海清源环保开发有限公司(民和县清湟污水处理厂)	298	81.35	4.77	0.52
互助县污水处理厂	1110	310.8	14.21	2.11
海北恒洁污水处理有限公司	62.51	15.99	0.35	0.29
海晏天普伟业环保污水建设运营有限公司(青海省海北州海晏县原污水厂)	70.8	13.37	0.91	0.19
青海清源环保开发有限公司(乐都区污水处理厂)	222.51	59.41	6.01	0.68
西宁市湟中多巴新城污水处理厂	1460	730	73	7.3

6.7.2 规模化畜禽养殖场治理项目

针对西宁市、海东市规模养殖（小区）集中区域的污染治理，将两个城市的规模化畜禽养殖场排放量全部再生利用，设定流域内西宁市、海东市规模化畜禽养殖排放量为0。

6.7.3 调控效果分析

根据污水处理厂和规模化畜禽养殖场以及流域非点源规划改造情景，进行所有项目预期组合排放边界条件设置，开展水动力水质模型模拟分析。对项目实施后的流域污染物通量情况、重点断面水质变化情况进行分析。

6.7.3.1 项目实施对入河量的影响

项目实施后，对流域点、面源入河量将产生较大的影响，其中尤以点源和受影响位置的非点源影响较大。表6-71为项目实施前后对流域入河总量和各污染源入河量的影响情况。

表6-71 项目实施前后流域污染源入河量

类别		项目实施前/(t/a)				项目实施后/(t/a)				项目实施后变化比例/%			
		COD	TN	TP	NH_3-N	COD	TN	TP	NH_3-N	COD	TN	TP	NH_3-N
点源	工业企业	3089.3	217.6	3.6	236.7	3089.3	217.6	3.6	236.7	0.0	0.0	0.0	0.0
	污水处理厂	4062.8	401.3	54.4	325.6	5765.0	739.5	89.8	379.5	41.9	84.3	65.1	16.6
	规模化畜禽养殖场	17433.3	506.7	83.2	60.7	0.0	0.0	0.0	0.0	−100.0	−100.0	−100.0	−100.0
非点源		2707.1	369.9	29.24	364.1	2703.4	369.0	29.2	363.7	−0.1	−0.3	−0.13	−0.1
总量		27292.4	1495.5	170.5	987.1	11557.6	1326.1	122.6	980.0	−57.7	−11.3	−28.1	−0.7

从表 6-71 中可以看出，污水处理厂新建和提标改质后，规划状态下的污水排放入河量，将大于现实条件下实测值。如果按照规划条件运行，整体上污水处理厂入河量增加，TP 将增加 65.1%，NH_3-N 增加 16.6%。按照规划方案，涉及非点源收集处理的乡镇，整体非点源入河量减少不到 1%。加上规模化畜禽养殖场的零排放，项目实施后全流域污染源入河总量呈现出 COD 减少 57.7%，TN 减少 11.3%，TP 减少 28.1%以及 NH_3-N 减少 0.7%的趋势。

6.7.3.2　项目实施对重点断面水质污染物浓度的影响

（1）COD 浓度变化

由于新宁桥、湾子桥和西岗桥的水质超标较大，对其进行影响分析，规划前后 COD 浓度变化如图 6-26 所示。

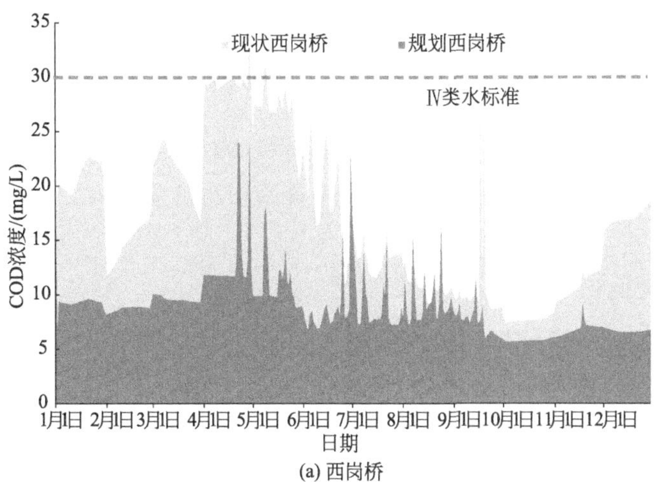

(a) 西岗桥

(b) 湾子桥

图 6-26

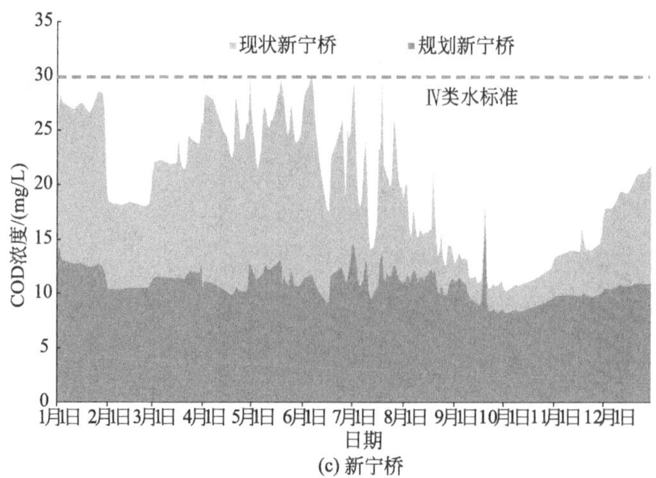

(c) 新宁桥

图 6-26　规划前后 COD 浓度变化

从图 6-26 可以看出，三个断面的 COD 浓度除现状部分天数都在Ⅳ类水以下，在规划后能保证 COD 浓度都在Ⅳ类水以下，说明规划项目的实施对 COD 有着较好的改善效益。

(2) TP 浓度变化

根据水质评价进一步分析，规划实施前后流域 TP 浓度变化，选用湾子桥、小峡桥、西岗桥和新宁桥等断面，结果如图 6-27 所示。

从图 6-27 中可以看出，新宁桥和西岗桥在现状条件下不存在 TP 超标的问题，但湾子桥和小峡桥 TP 存在一定的超标现象。模拟结果表明，通过规划项目实施，能有效地降低超标断面的 TP 浓度，使其达标。

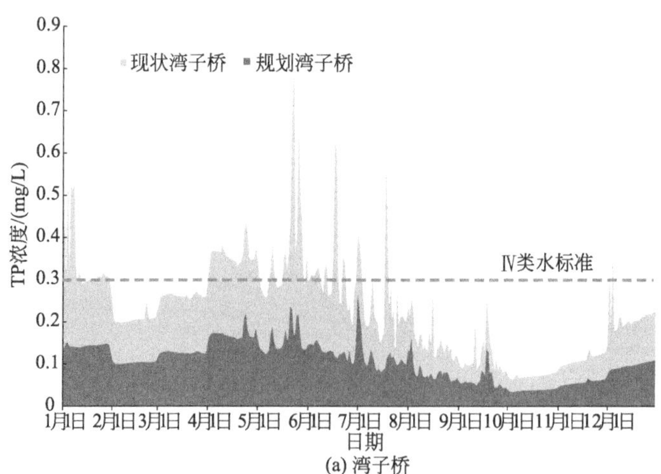

(a) 湾子桥

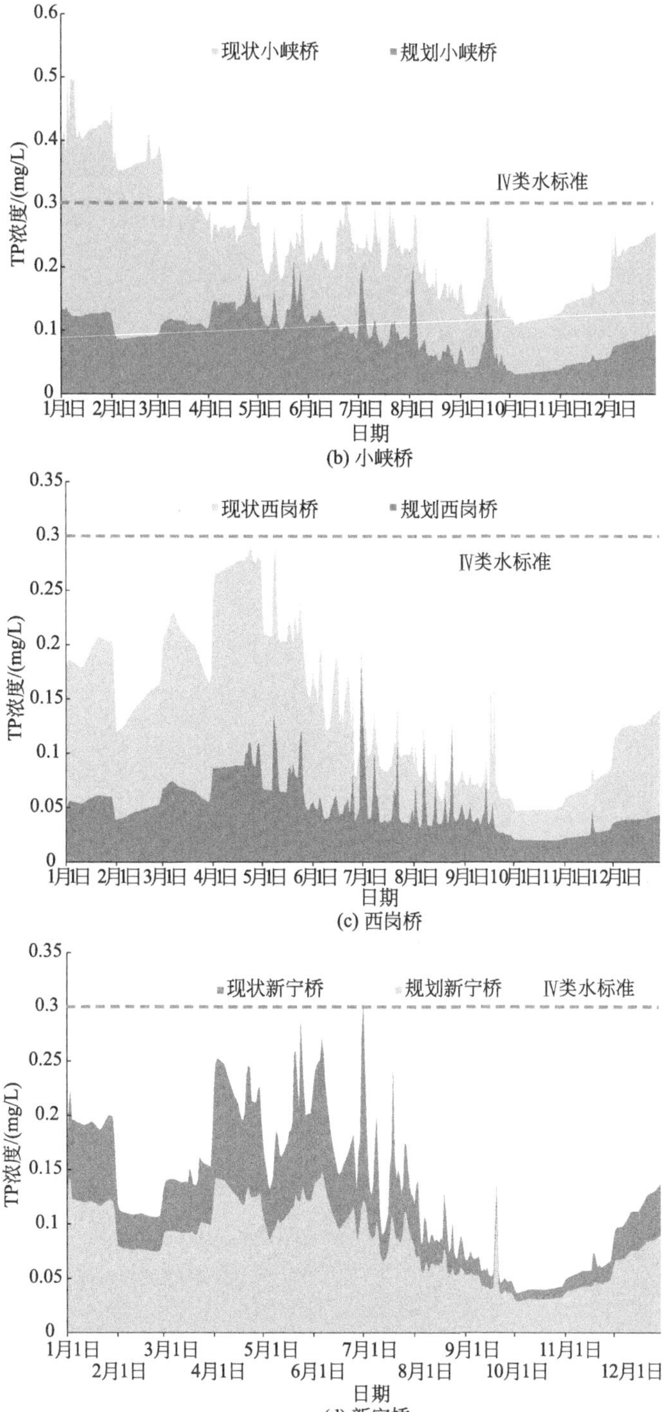

(b) 小峡桥

(c) 西岗桥

(d) 新宁桥

图 6-27　规划实施前后 TP 浓度变化

(3) NH_3-N 浓度变化

对于湟水控制断面来说，NH_3-N 浓度超标较为严重，新宁桥、西岗桥和湾子桥等断面均存在超标问题。通过模拟得到规划前后超标问题的改善情况，结果如图 6-28

所示。

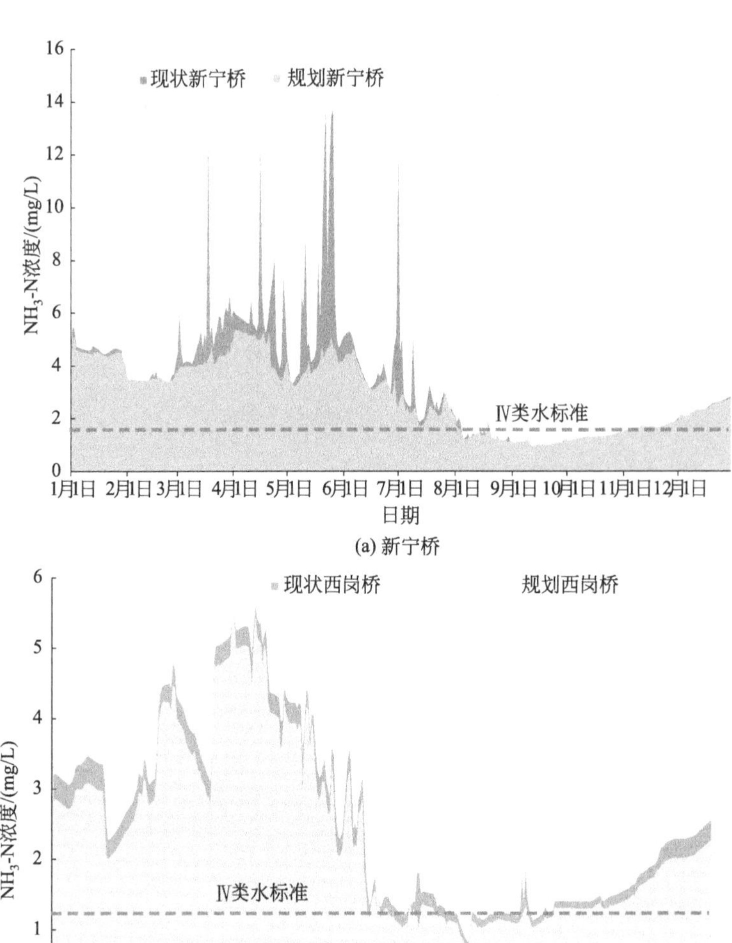

(a) 新宁桥

(b) 西岗桥

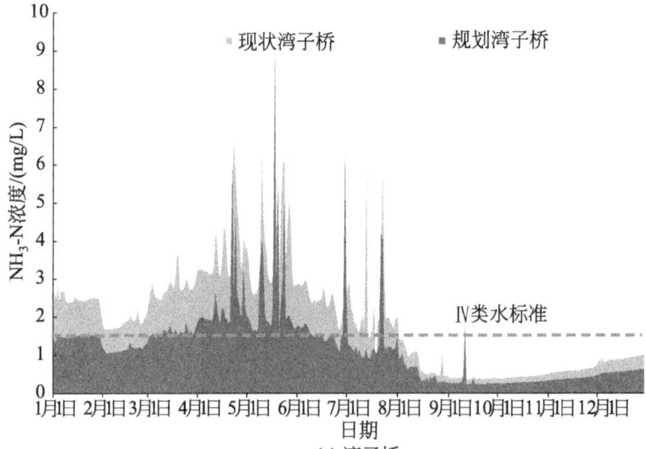

(c) 湾子桥

图 6-28 规划实施前后 NH_3-N 浓度变化

从图 6-28 中可以看出，规划方案实施后，湾子桥 1～3 月的 NH_3-N 超标问题可以得到改善，但新宁桥和西岗桥，由于超标基数较大，其 NH_3-N 超标问题没有得到改善。说明，由于规划项目，整体对 NH_3-N 的消减量不大，因此，规划后 NH_3-N 的改善效果不明显。

6.8 湟水河流域污染源防控对策与建议

基于研究成果，综合考虑流域水质目标精细化管理要求，提出以下建议。

（1）流域水环境治理建议

湟水河流域部分区域的 COD 污染防控，需重点关注规模化畜禽养殖场和城市生活源，大通县和湟中区是 COD 减排的首要地区；NH_3-N 污染需重点关注污水处理厂和城市生活源，城东区和城北区是 NH_3-N 减排的首要地区；TN 污染需重点关注规模化畜禽养殖场、污水处理厂和农村生活源，湟中区和大通县是 TN 减排的重要地区；TP 污染需重点关注规模化畜禽养殖场和农业种植，大通县和湟中区是 TP 减排的重要地区。

（2）污水处理厂防治与管理建议

作为区域点源污染排放水污染治理的重点、纳四方污水，优化污水处理厂的工艺运行及操作管理方式能够提高污水处理厂污水处理效益。目前，部分污水处理厂存在以下问题：

① 部分污水处理厂排放浓度过低，远低于一级 A 甚至是地表水Ⅳ类水标准；部分污水处理厂则存在污染物排放浓度过高等问题。

② 这次污染源普查的相关数据，年度间差异较大，这表明台账记录不规范不完善，有关数据记录不完整，数据缺失较为严重，不利于后期相关部门统计污染源数据。

针对这些现象，提出以下建议：

① 对于污水处理厂出水浓度较低的厂房，要提高污水收集率，进行雨污分流，增加进水浓度；对于污水处理厂浓度过高的厂房，要淘汰落后污水处理设施，进提标改质，按照一级 A 排放标准，严格控制，尤其是干流上游的污水处理厂，还要设置一定的回水设施或者尾水处理生态湿地等，使入河浓度达到地表水Ⅳ类标准。项目效益分析表明，这些提标措施具有很大的效果。

② 规范污水处理厂台账记录制度，提高记录数据的准确性和有效性。严格管理污水处理厂的进出口监控设备，做到设备并网联网，并且能实时检测设备的运行状态。同时，对于污水处理厂等自动监控设备，要进行数据质量控制管理，严防数据错误、数据作假等问题的出现；建立污水处理厂和相关部门之间及时、有效的信息共享制度。

（3）NH_3-N污染超标治理建议

“十四五”污染调控效益表明，当前的规划方案中NH_3-N的调控效果不明显。根据本项目分析成果，对NH_3-N入河量贡献率最大是污水处理厂、城市未收集生活源和工业污染源（占比均超过20%），要进一步加强污水处理厂的改建措施，建立污水处理厂尾水治理设施和工程，进一步降低污水处理厂入河污染物浓度；另一方面，针对工业点源，要有明确的消减方案和策略。可以根据本项目提出的点源责任体，进行工业企业源的污染消减。

第7章 典型案例分析：沱江流域水质精细化分析与管理

7.1 沱江流域特征

沱江是长江一级支流，为四川省腹部地区的重要河流之一。近年来，随着工业化、城镇化快速发展，沱江流域水环境质量总体有下降趋势，水环境形势仍然严峻。沱江干、支流的 NH_3-N、TP 污染问题严重，结构与布局性污染突出，沱江流域的水环境问题在长江流域具有代表性，表现在以下几个方面：

① 沱江是长江经济带的主要流域，直接汇入长江，是影响长江水量水质的重要支流。沱江流域的典型特征，在长江流域具有极强的代表性，沱江流域的研究成果能在长江其他重要的支流进行应用。

② 沱江流域存在一定的水质污染问题，近年来水质在Ⅲ～Ⅳ类水之间波动，在水环境问题上具有代表性。

③ 沱江流域水环境既受点源污染影响，更受非点源污染的影响；同时受磷石膏等重磷污染源的影响，其磷的污染问题具有典型性。沱江流域的水质超标风险问题十分复杂，是我国多因素影响下水环境复合型污染的典型代表。

④ 沱江流域近年来为改善水环境，实施了诸多的项目，这些项目是在我国的水环境管理中具有典型性。

7.1.1 自然环境特征

沱江是长江上游重要的支流，干流全长 627.4km，水资源总量 $99.0\times10^8m^3$，流域面积 $2.79\times10^4km^2$[56]。沱江也是四川省腹部地区的重要河流，位于长江左岸。地理坐标范围为东经 103°41′～105°55′、北纬 28°50′～31°41′，西北部紧接龙门山脉的九顶山，西靠岷江，东临涪江，南抵长江。沱江发源于海拔 4984m 的川西北九顶山南麓绵竹市断岩头大黑湾，流经德阳市、成都市、资阳市、内江市、自贡市、泸州市，在泸州市城区注入长江。四川省沱江流域涉及 9 个地级行政区划单位、35 个县级行政区划单位、575 个乡级行政区划单位，最小的乡镇面积 $0.58km^2$，最大的乡镇面积 $371km^2$。

7.1.2 地形特征

沱江流域地形主要包括山地、平原、低山丘陵、中山丘陵，地势自西北向东南逐渐降低。流域西北部为沱江发源地九顶山，海拔超过 4900m；上游为山区，海拔 700～1500m，区域植被覆盖良好，以森林为主；中游为成都平原和川中丘陵区，海拔 440～730m；下游为盆地丘陵区，海拔 250～500m。沱江流域这种高低悬殊的地形特征为降雨径流侵蚀、重力侵蚀创造了良好的条件。

7.1.3 土壤特征

沱江流域土壤中以紫色土、山地草甸土、黄壤和红壤所占的比重较大，这些均是耕地的主要土壤类型。因流域土壤层次结构、含水量、渗透系数、有机物含量等参数对降水下渗、有机物化学生物反应、矿化作用等具有重要的影响，对沱江流域土壤容重、含

水量、饱和渗透系数、有机碳含量进行分析，发现沱江流域土壤的容重、有效含水量、饱和渗透系数和有机碳含量空间分布差异大。整个流域的土壤容重在 1.3g/cm^3 以上，其中流域中游绛溪河、资水河、九曲河、球溪河沿线区域相对较高。一般而言，土壤容重越小，土壤溶质随径流迁移的量越大，表明流域上游、下游区域土壤更有利于磷污染物析出。

土壤有机含碳量在沱江上游和资阳以下区域相对较大。综合来看，沱江上游区域（不包括西北部沱江源头）的土壤性质有利于土壤污染物的析出并随地表径流迁移，下游区域的土壤性质更有利于磷污染物的截留。

7.1.4 水文气候特征

沱江流域属中亚热带温湿季风气候区，降水充沛，冬暖夏热，流域多年平均降水深 1000mm 左右，有明显干湿季之分，其中 12 月、1～4 月为枯水期；6～9 月为汛期，约占全年降水量的 60%。

沱江流域内降雨空间分布极不均匀，西北部山区最高、中部最低，支流沿线区域总体高于干流沿线区域，变化在 800～1500mm 之间。流域多年平均径流量 $149.3\times10^8m^3$，其年内分配、年际变化及空间分布与降水基本相同，6～9 月径流比重高达 75%～85%。从上游山区至中下游地区，年径流深由 1000mm 以上降至 400mm 以下，年径流量变差系数明显上升，由低于 0.3 增至 0.6 以上，即下游区域年径流的年际变化剧烈。

7.1.5 水质变化特征

沱江河源分三支，东源为绵远河，中源为石亭江，西源为湔江，其中绵远河为沱江的正源，另外两条为旁系支流。沱江河流全长 627.4km，河道总落差 4756.7m，平均比降 0.758%。自绵竹市断岩头大黑湾至金堂县赵镇为上游，即绵远河，赵镇至内江市为中游，内江至河口为下游，赵镇至河口段称沱江。沱江水系有大小支流 60 余条，上游支流主要包括绵远河、石亭江、湔江、青白江、毗河，呈扇状分布；中下游支流主要支流包括绛溪河、阳化河、九曲河、球溪河、濛溪河、釜溪河、濑溪河等，与干流呈对称的树枝状分布。

目前，沱江流域设 36 个手工监测断面，以断面总磷监测浓度判断水质类别（下同），得到 2016～2018 年断面水质状况统计如表 7-1 所列。

2016 年，沱江流域监测断面水质为Ⅰ、Ⅱ、Ⅲ、Ⅳ、Ⅴ、劣Ⅴ类的比例分别为 2.8%、0、8.3%、50.0%、16.7%、22.2%。依据《地表水环境质量评价办法（试行）》（环办〔2011〕22 号），沱江流域水体呈现中度污染状态，其中，沱江干流水质轻度污染，无Ⅲ类及以上水质断面。15 条支流中，达到Ⅲ类及以上标准的断面占 18.2%；3 条河水质优良，占比 20%，分别为绵远河、青白江、绛溪河；5 条河轻度污染，占比 33.3%，分别为北河、阳化河、旭水河、釜溪河、濑溪河；2 条河中度污染，占比 13.3%，分别为石亭江、鸭子河；5 条河重度污染，占比 33.3%，分别为中河、毗河、九曲河、球溪河、威远河。

表 7-1　2016～2018 年沱江流域水质监测结果统计表

序号	河流	断面名称	断面类型	2016 年		2017 年		2018 年	
				水质类别	水质状况	水质类别	水质状况	水质类别	水质状况
1	沱江	三皇庙	其他断面	Ⅴ	轻度污染	Ⅴ	轻度污染	Ⅳ	良好
2		宏缘	国控断面	Ⅴ		Ⅳ		Ⅳ	
3		临江寺	其他断面	Ⅳ		Ⅳ		Ⅲ	
4		拱城铺渡口	国控断面	Ⅴ		Ⅴ		Ⅲ	
5		幸福村(河东元坝)	国控断面	Ⅳ		Ⅳ		Ⅲ	
6		顺河场	其他断面	Ⅳ		Ⅳ		Ⅲ	
7		银山镇	其他断面	Ⅳ		Ⅳ		Ⅲ	
8		高寺渡口	其他断面	Ⅳ		Ⅳ		Ⅲ	
9		脚仙村(老母滩)	国控断面	Ⅳ		Ⅳ		Ⅲ	
10		釜沱口前	其他断面	Ⅳ		Ⅳ		Ⅲ	
11		李家湾	国控断面	Ⅳ		Ⅳ		Ⅲ	
12		怀德渡口	其他断面	Ⅳ		Ⅳ		Ⅲ	
13		大磨子	国控断面	Ⅳ		Ⅳ		Ⅲ	
14		沱江大桥	国控断面	Ⅳ		Ⅳ		Ⅲ	
15	绵远河	清平铁索桥	其他断面	Ⅰ	优	Ⅱ	优	Ⅰ	优
16		八角	国控断面	Ⅲ		Ⅲ		Ⅲ	
17	石亭江	双江桥	国控断面	Ⅴ	中度污染	Ⅳ	轻度污染	Ⅳ	轻度污染
18	鸭子河	三川	国控断面	Ⅴ	中度污染	Ⅳ	轻度污染	Ⅳ	轻度污染
19	北河	梓桐村	国控断面	Ⅳ	轻度污染	Ⅲ	良好	Ⅲ	良好
20	青白江	三邑大桥	国控断面	Ⅲ	良好	Ⅲ	良好	Ⅱ	优
21	中河	清江桥	其他断面	劣Ⅴ	重度污染	Ⅳ	轻度污染	Ⅳ	轻度污染
22		清江大桥	省控断面	劣Ⅴ		Ⅳ		Ⅳ	
23	毗河	毗河二桥	省控断面	劣Ⅴ	重度污染	劣Ⅴ	重度污染	Ⅳ	轻度污染
24	绛溪河	爱民桥	省控断面	Ⅲ	良好	Ⅳ	轻度污染	Ⅳ	轻度污染
25	阳化河	巷子口	省控断面	Ⅳ	轻度污染	Ⅳ	轻度污染	Ⅳ	轻度污染
26	九曲河	九曲河大桥	省控断面	劣Ⅴ	重度污染	劣Ⅴ	重度污染	劣Ⅴ	重度污染
27	球溪河	北斗	其他断面	Ⅴ	重度污染	劣Ⅴ	重度污染	Ⅴ	中度污染
28		发轮河口	省控断面	劣Ⅴ		劣Ⅴ		劣Ⅴ	
29		球溪河口	国控断面	劣Ⅴ		劣Ⅴ		Ⅳ	
30	威远河	廖家堰	国控断面	劣Ⅴ	重度污染	Ⅳ	轻度污染	Ⅳ	轻度污染
31	旭水河	雷公滩	省控断面	Ⅳ	轻度污染	Ⅴ	中度污染	Ⅳ	轻度污染
32	釜溪河	双河口	其他断面	Ⅳ	轻度污染	Ⅳ	中度污染	Ⅳ	轻度污染
33		碳研所	国控断面	劣Ⅴ		劣Ⅴ		Ⅳ	
34		双关(入沱把口)	省控断面	Ⅳ		Ⅳ		Ⅴ	
35	濑溪河	高洞电站（天竺寺大桥）	国控断面	Ⅳ	轻度污染	Ⅲ	轻度污染	Ⅳ	轻度污染
36		胡市大桥	国控断面	Ⅳ		Ⅳ		Ⅲ	

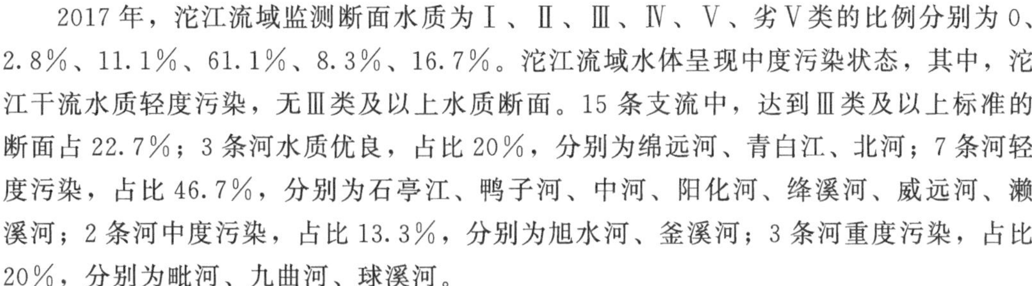

2017 年，沱江流域监测断面水质为Ⅰ、Ⅱ、Ⅲ、Ⅳ、Ⅴ、劣Ⅴ类的比例分别为 0、2.8%、11.1%、61.1%、8.3%、16.7%。沱江流域水体呈现中度污染状态，其中，沱江干流水质轻度污染，无Ⅲ类及以上水质断面。15 条支流中，达到Ⅲ类及以上标准的断面占 22.7%；3 条河水质优良，占比 20%，分别为绵远河、青白江、北河；7 条河轻度污染，占比 46.7%，分别为石亭江、鸭子河、中河、阳化河、绛溪河、威远河、濑溪河；2 条河中度污染，占比 13.3%，分别为旭水河、釜溪河；3 条河重度污染，占比 20%，分别为毗河、九曲河、球溪河。

2018 年，沱江流域监测断面水质为Ⅰ、Ⅱ、Ⅲ、Ⅳ、Ⅴ、劣Ⅴ类的比例分别为 2.8%、2.8%、41.7%、44.4%、2.8%、5.6%。沱江流域水体呈轻度污染状态，其中，沱江干流水质良好，优良断面占 85.7%。15 条支流中，达到Ⅲ类及以上标准的断面占 22.7%；3 条河水质优良，占比 20%，分别为绵远河、北河、青白江；10 条河轻度污染，占比 66.7%，分别为石亭江、鸭子河、中河、毗河、阳化河、绛溪河、旭水河、威远河、釜溪河、濑溪河；球溪河中度污染；九曲河重度污染。

从水质监测结果来看，与 2016 年、2017 年相比，2018 年沱江流域水质出现明显好转。总体来看，沱江下游水质优于上游、干流水质优于支流。

7.2　沱江流域污染源调查

沱江流域是长江经济带的重要区域，伴随着高强度的生产生活、农药化肥过度使用、畜禽粪便治理不当、生活污水和工业废水大量排放以及水土流失等问题，面临着越来越严重的水环境问题。影响沱江流域的污染源类型庞大，包括非点源和点源，其中点源有工业源、污水处理厂排放源、规模化畜禽养殖场排放等，而非点源则包括有农村生活、农业生产、畜禽散养、水产养殖、地表径流等。污染源调查需要按照各个污染源分类，统计得到沱江流域各污染物排放量。本案例基于 2018 年的环境统计数据，对沱江流域的污染源进行解析。

沱江流域主要污染物为 COD、NH_3-N、TN 以及 TP。总的来说，导致沱江流域水环境恶化的主要污染源为城镇生活污水和农村生活、农业种植，因而，为控制和改善沱江流域水质环境，环保部门应加强对居民生活污水和农业种植污水的收集与处理。

7.3　沱江流域污染源产排量解析与时空分布

7.3.1　全流域污染源排放总量分析

根据非点源和点源计算与分析，按照农村生活、畜禽散养、水产养殖、农业种植和工业企业等分类，统计得到沱江流域各污染物排放量（表 7-2），以及污染物排放占比（图 7-1）。

表 7-2　沱江流域废水排放量

类型	污染物排放量/(万吨/年)			
	COD	TN	TP	NH_3-N
农村生活	13.67	3.64	0.26	1.82
农业种植	10.06	2.01	1.68	1.47
水产养殖	0.19	0.01	0.0001	0.01
畜禽散养	9.76	0.86	0.17	0.14
城镇生活点源	19.84	3.93	0.35	2.57
工业企业	0.948719	0.148788	0.010426	0.078841
规模化畜禽养殖场	0.031270	0.001849	0.000529	0.000389
合计	54.50	10.60	2.48	6.09

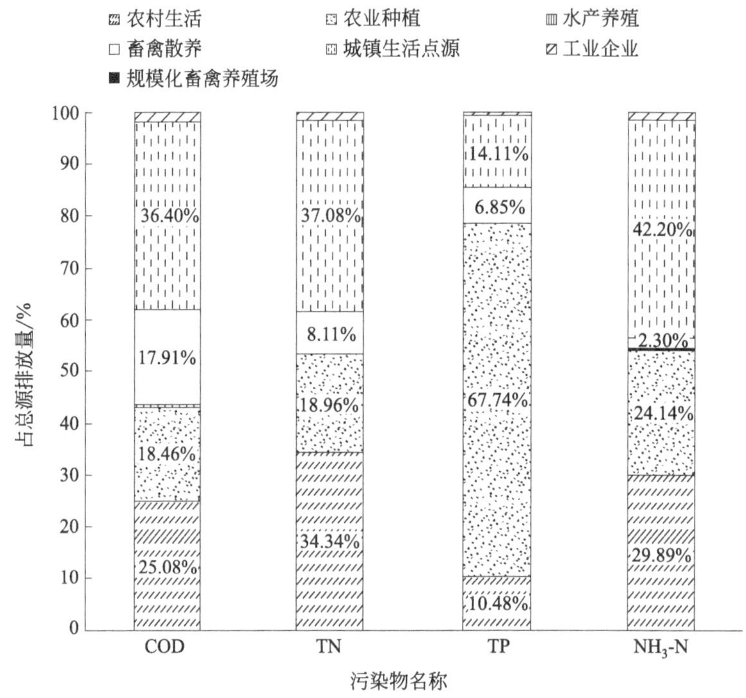

图 7-1　沱江流域不同污染源污染物排放占比

由表 7-2 可知，沱江流域主要污染物负荷：COD 为 54.5 万吨/年、NH_3-N 为 6.09 万吨/年、TN 为 10.60 万吨/年、TP 为 2.48 万吨/年。由图 7-1 知，沱江流域城镇生活点源对 COD（36.40%）、TN（37.08%）、NH_3-N（42.20%）污染的占比在所有污染源中占首位，农业种植源对 TP（67.74%）污染贡献占据首位，说明沱江流域城镇生活点源和农业种植污水入汇是导致流域主要污染物超标的主要原因。

7.3.2　非点源排放量占比分析

7.3.2.1　流域内不同非点源污染源占比

沱江流域内不同非点源污染源污染物占比如表 7-3、图 7-2 所列。COD、TN、NH_3-N 占比最大的是农村生活源，占比分别为 40.58%、55.87%、52.98%，TP 占比

最大的是农业种植源，占比为 79.48%。

表 7-3 沱江流域内不同非点源污染源污染物占比

污染源	污染物排放量占比/%			
	COD	TN	TP	NH_3-N
农村生活源	40.58	55.87	12.47	52.98
农业种植源	29.88	30.85	79.48	42.65
水产养殖源	28.98	13.13	7.95	4.15
畜禽散养源	0.56	0.14	0.10	0.21
合计	100	100	100	100

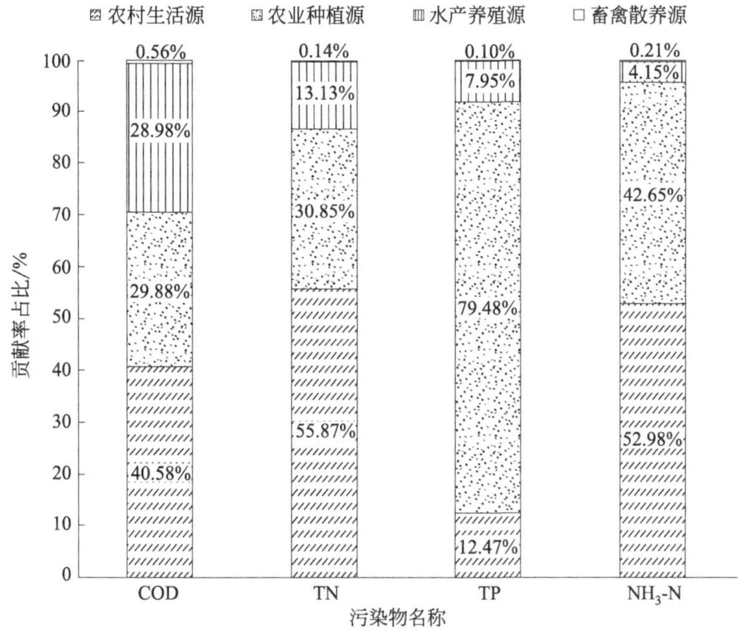

图 7-2 沱江流域不同非点源污染物排放占比

7.3.2.2 不同城市占比

沱江流域不同城市非点源排放量占比如表 7-4、图 7-3 所列。COD 占比最大的是内江市，占比为 24.46%；其次是成都市，占比为 16.60%。TN 占比最大的是内江市，占比为 22.07%；其次是德阳市，占比为 17.33%。TP 占比最大的是德阳市，占比为 16.88%，成都市也相对较大（16.87%）；其次是内江市，占比为 15.45%。NH_3-N 占比最大的是内江市，占比为 19.36%；其次是德阳市，占比为 18.00%。

表 7-4 沱江流域不同城市非点源排放量占比

城市	污染物排放量占比/%			
	COD	TN	TP	NH_3-N
成都市	16.60	15.24	16.87	14.98
德阳市	15.75	17.33	16.88	18.00
乐山市	2.77	2.85	7.22	3.91
泸州市	5.49	5.96	8.79	6.85

续表

城市	污染物排放量占比/%			
	COD	TN	TP	NH_3-N
眉山市	9.56	9.59	12.19	10.21
内江市	24.46	22.07	15.45	19.36
宜宾市	2.78	2.83	6.26	3.66
资阳市	11.33	12.84	6.82	12.17
自贡市	11.28	11.28	9.52	10.87
合计	100	100	100	100

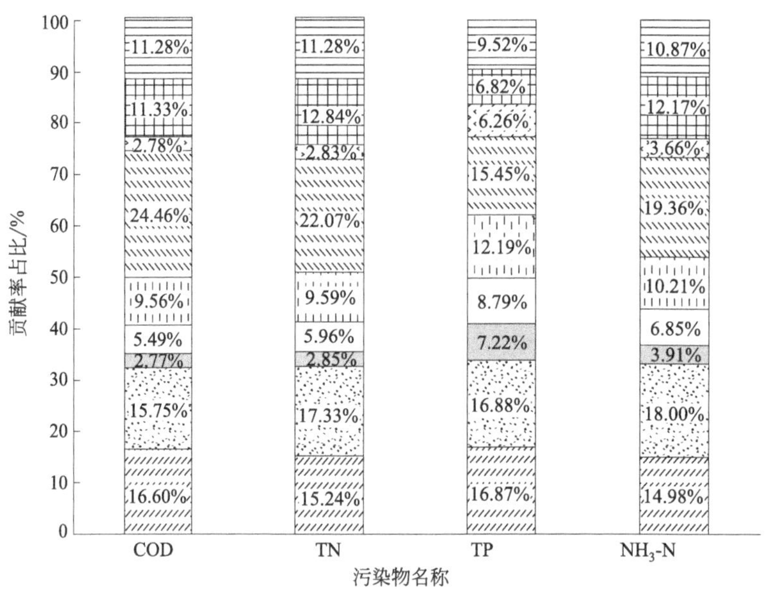

图 7-3 沱江流域不同城市非点源污染物排放占比

7.3.2.3 不同乡镇非点源占比

整个沱江流域乡镇中，COD、TN、TP、NH_3-N 占比集中于成都市、德阳市、乐山市、宜宾市、泸州市、内江市乡镇。中游资阳市乡镇占比较少。乡镇非点源占比中，COD 较高占比集中在 0.415%～1.842%之间；TN 较高占比集中在 0.457%～1.9%之间；TP 较高占比集中在 1.259%～4.834%之间；NH_3-N 较高占比集中在 0.494%～2.61%之间。

7.3.2.4 不同控制单元污染排放占比

41 个省级控制单元中，3 个控制单元 COD 占比偏高，1 个控制单元 TN、TP 占比偏高，6 个控制单元 NH_3-N 占比偏高。控制单元非点源占比中，COD 较高占比集中在 4.95%～12.12%之间；TN 较高占比集中在 7.21%～12.26%之间；TP 较高占比集中在 6.53%～19.15%之间；NH_3-N 较高占比集中在 3.27%～13.92%之间。

7.3.3 点源排放量占比分析

7.3.3.1 流域内不同点源排放占比

根据上述点源解析结果，基于环境统计数据（2018 年），得到 2018 年流域内工业企业、城镇生活点源和规模化畜禽养殖场污染负荷占比见表 7-5 和图 7-4。

表 7-5 沱江流域点源排放占比

污染源	污染物排放量占比/%			
	COD	TN	TP	NH_3-N
城镇生活点源	95.29	96.31	96.97	97.01
工业企业	4.56	3.65	2.89	2.98
规模化畜禽养殖场	0.15	0.05	0.15	0.01
合计	100	100	100	100

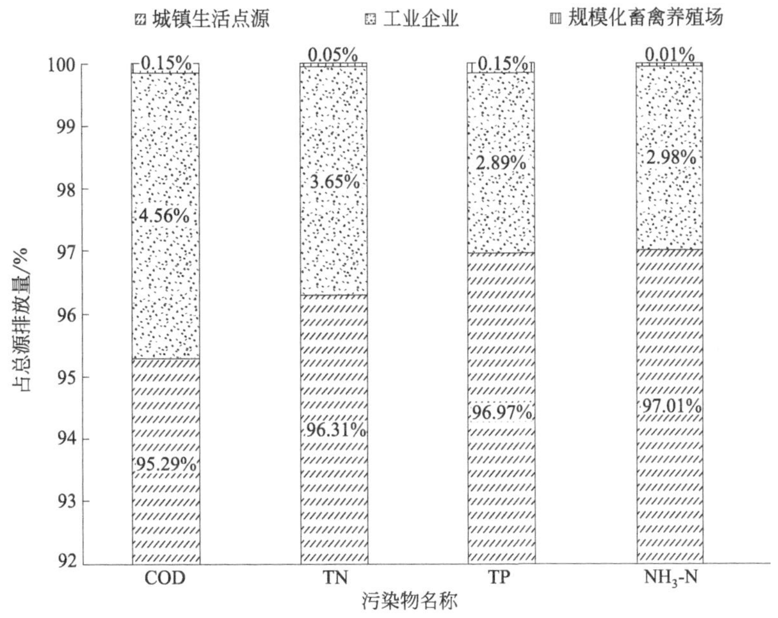

图 7-4 沱江流域各城市点源污染负荷占比

由表 7-5 可知，沱江流域点源主要污染物负荷：城镇生活点源对 COD（95.29%）、TN（96.31%）、TP（96.97%）、NH_3-N（97.01%）污染的占比最大，占据流域点源全年负荷的比例都在 90%以上。

7.3.3.2 不同控制单元点源排放量占比

基于环境统计数据及控制单元，将流域内点源排放量划分到每个控制单元，得到 41 个控制单元工业污染源、城镇生活点源和规模化畜禽养殖场各污染物占比。各项污染中，7 个控制单元各项污染物占比较其余单元大，控制单元点源占比中，COD 较高占比集中在 3.88%～7.61%之间；TN 较高占比集中在 2.81%～6.51%之间；TP 较高占比集中在 3.78%～6.99%之间；NH_3-N 较高占比集中在 2.80%～6.32%之间。

7.3.3.3 不同乡镇点源排放量占比

基于环境统计数据及乡镇资料，得到沱江流域四川省内567个乡镇的工业污染源、城镇生活点源和规模化畜禽养殖场污染物排放量占比，各项污染物集中在成都市乡镇、德阳市乡镇、泸州市乡镇、自贡市中部乡镇、宜宾市部分乡镇。乡镇点源占比中，COD较高占比集中在0.7%～2.74%之间；TN较高占比集中在0.69%～2.34%之间；TP较高占比集中在0.64%～2.54%之间；NH_3-N较高占比集中在0.72%～2.31%之间。

7.4 沱江流域污染源入河量解析与时空分布

7.4.1 全流域不同污染源入河分析

将沱江流域的非点源和点源污染物入河量进行统计，得到流域内各污染源的年污染物入河量（表7-6）和其相应占比（表7-7）。由表7-6可知，沱江流域内以COD污染为主，年内污染入河量为24.25万吨，TN为3.12万吨/年、TP为0.74万吨/年、NH_3-N为2.72万吨/年。农村生活源对COD（53.85%）、TN（67.80%）、NH_3-N（72.48%）的污染占比最高，农业种植源是TP的主要污染来源，相应占比为58.40%。总体来说，畜禽散养源对各污染物的入河占比相对较小。

表7-6 流域污染源的年污染物入河量

类型	污染物入河量/(t/a)			
	COD	TN	TP	NH_3-N
农村生活	130567.85	21174.69	1905.18	19719.27
农业种植	36435.73	3365.55	4316.68	2341.25
畜禽散养	688.67	37.58	6.31	18.79
水产养殖	51153.69	4868.50	822.85	685.71
城镇生活点源	19010.25	1241.97	297.85	3895.25
工业点源	4626.34	544.89	42.26	544.89
规模化畜禽养殖场	0	0	0	0
磷石膏堆场	0	0	0	0
合计	24.25×10^4	3.12×10^4	0.74×10^4	2.72×10^4

表7-7 流域污染源的年污染物入河占比

类型	污染物入河占比/%			
	COD	TN	TP	NH_3-N
农村生活	53.85	67.80	25.78	72.48
农业种植	15.03	10.78	58.40	8.61
畜禽散养	0.284	0.120	0.085	0.069
水产养殖	21.10	15.59	11.13	2.52
城镇生活点源	7.840	3.976	4.030	14.318
工业点源	1.908	1.745	0.572	2.003
规模化畜禽养殖场	0	0	0	0
磷石膏堆场	0	0	0	0
合计	100	100	100	100

7.4.2 全流域不同控制单元入河分析

7.4.2.1 年 COD 污染占比

将所有污染源产生的 COD 污染入河量汇总到沱江流域内 41 个控制单元上，得到 41 个控制单元上 COD 污染入河量空间分布情况和污染贡献率。整体上看，各控制单元的 COD 污染负荷空间分布不均匀。在 41 个控制单元中，2 个控制单元的 COD 污染入河量相对较高，集中在 13412.81～28340.28t，对应的污染贡献率集中在 5.13%～10.82%之间。4 个控制单元的 COD 污染入河量位居其次，其相应贡献率主要集中在 3.59%～5.12%之间。其余控制单元对 COD 污染负荷贡献强度处于较低水平。

7.4.2.2 年 TN 污染占比

在 41 个控制单元中，COD 污染入河量最高的 2 个控制单元，其 TN 污染入河量也最高，集中在 1919.69～4145.13t，对应的污染贡献率集中在 4.63%～9.97%之间。8 个控制单元的 TN 入河量位居其次，在 1315.26～1919.68t 之间，对应的贡献率集中在 3.17%～4.62%之间。其余控制单元对 TN 污染负荷贡献较小。

7.4.2.3 年 TP 污染占比

在 41 个控制单元中，3 个控制单元的 TP 污染入河量相对最高，集中在 325.89～699.40t，对应的污染贡献率集中在 4.24%～9.07%之间。此外，7 个控制单元内的 TP 入河量处于中等水平，集中在 227.34～325.88t 之间，对应的贡献率集中在 2.96%～4.23%之间。其余控制单元对 TP 污染负荷贡献较小。

7.4.2.4 年 NH_3-N 污染占比

在 41 个控制单元中，COD 和 TN 污染入河量最高的 2 个控制单元，其 NH_3-N 污染入河量也最高，集中在 1363.87～3017.04t 之间，对应的污染贡献率集中在 4.80%～10.59%之间。此外，7 个控制单元内的 NH_3-N 入河量位居第二梯队，年内入河量在 930.25～1363.86t 之间，对应的贡献率集中在 3.28%～4.79%之间。其余控制单元对 NH_3-N 污染负荷贡献较小。

7.4.2.5 月 COD 污染占比

沱江流域各控制单元 1～12 月 COD 污染排放占比数值相差较大，贡献率最大和最小的控制单元相差 10%。不同月份的 COD 污染占比的空间分布情况相似，流域中部（内江市）地区 COD 污染贡献率最大，且各月占比数值变化不明显。在所有控制单元中，沱江资中县控制单元每个月对整个沱江流域的 COD 污染排放最大，每个月的贡献率均高于 12.13%。沱江东兴区-市中区控制单元对整个流域 COD 排放的贡献率其次，各月排放占比在 9.7%～12.13%之间。球溪河仁寿县控制单元每个月对流域 COD 排放的贡献率均为第三，占比在 7.4%～9.7%之间。其余编号的控制单元污染占比处于较

低水平。

7.4.2.6 月 TN 污染占比

沱江流域各控制单元1～12月TN污染占比的空间分布情况相似，流域中部（内江市）控制单元污染排放最重，中西部、西北部、南部TN污染贡献率较大。在41个控制单元中，1～11月，沱江资中县控制单元和沱江东兴区-市中区控制单元为对整个沱江流域的TN污染排放最大的两个控制单元，贡献率均大于10%，12月为石亭江绵竹市-什邡市控制单元污染占比最大。威远河威远县控制单元、球溪河仁寿县控制单元等控制单元不同月份的TN排放占比在第二梯队7.5%～10%。此外，有4个控制单元的TN月贡献率在5.0%～7.5%，占比大小较为稳定。其余控制单元污染占比处于较低水平。

7.4.2.7 月 TP 污染占比

沱江流域各控制单元1～12月TP污染占比的空间分布情况相似，流域中部（内江市）控制单元污染排放最重，西部、北部和南部TP污染贡献率也较大。在41个控制单元中，沱江资中县控制单元和球溪河仁寿县控制单元为每个月对整个沱江流域的TP污染排放最大的两个控制单元，贡献率均大于7.5%。沱江东兴区-市中区控制单元不同月份的TP排放占比在第二梯队，为6.1%～7.5%。此外，有5个控制单元每月贡献率占3.2%～6.1%。其余控制单元污染占比处于较低水平。

7.4.2.8 月 NH_3-N 污染占比

沱江流域各控制单元1～12月NH_3-N污染排放占比的空间分布情况相似，流域中部（内江市）控制单元污染排放最重，流域中西部、北部石亭江和南部地区的污染贡献率也较大。在41个控制单元中，沱江资中县控制单元和沱江东兴区-市中区控制单元为每个月对整个沱江流域的NH_3-N污染排放最大的两个控制单元，贡献率均大于7.2%。居第二梯队的控制单元有5个，其NH_3-N排放占比为5.5%～7.2%。

7.4.2.9 水期 COD 污染占比

总体上看，各水期的沱江流域内COD在不同水期（丰水期、平水期、枯水期）的污染占比的空间分布情况相似，并且占比变化不明显。在41个控制单元中，有2个控制单元在三个水期的污染占比最高，均大于9%。此外还有2个控制单元的不同水期COD污染占比在5%左右，其余控制单元污染占比则处于较低水平。

7.4.2.10 水期 TN 污染占比

对于TN的不同水期污染占比，COD污染占比最高的2个控制单元，其在不同水期的TN污染占比也居于相对较高水平，超过8.4%，其次，各水期TN污染占比处于中等水平的控制单元有5个，占比位于3.8%～5.1%，其余控制单元的水期TN污染占比低于3.8%。

7.4.2.11　水期 TP 污染占比

沱江流域内 41 个控制单元在三个水期的 TP 污染占比变化不明显。2 个控制单元在三个水期的 TP 污染占比均处于较高水平，占比超过 7.6%，属于第一梯队。1 个控制单元的水期 TP 污染占比在 6.1%～7.6%之间，属于第二梯队。在三个水期 TP 污染占比位于 3.2%～4.7%之间的控制单元有 2 个，属于第三梯队。

7.4.2.12　水期 NH_3-N 污染占比

沱江流域内 41 个控制单元在不同水期的 NH_3-N 污染占比情况与 COD 相似，各水期的污染占比接近。在 41 个控制单元中，不同水期占比大于 9%的控制单元有 1 个，占比接近 9%的控制单元也有 1 个，处于中等水平、占比在 3.7%～5.5%之间的控制单元有 4 个，其余控制单元污染占比处于较低水平。

7.4.3　全流域不同乡镇入河分析

7.4.3.1　年 COD 污染占比

经过数据统计得到沱江流域内不同乡镇的年内 COD 污染贡献情况。整体上，沱江流域内大部分乡镇对 COD 污染负荷强度处于较低水平，表现为年内 COD 入河量低于 584.59t，污染贡献率小于 0.24%。COD 污染贡献率相对高一点的乡镇主要集中在上游的德阳市的石亭江、鸭子河和成都市的毗河附近，中下游的内江市的濛溪河、釜溪河和旭水河附近，对这些乡镇而言，其中少部分乡镇的 COD 入河量达到较高值(1688.79～2612.44t 之间)，对应贡献率介于 0.68%～1.05%之间，主要代表乡镇为严陵镇、龙江镇、旭阳镇，其他大部分乡镇的污染贡献率都集中在 0.41%～0.68%之间。

7.4.3.2　年 TN 污染占比

根据沱江流域内的乡镇对 TN 的污染贡献强度可以划分成三个部分，分别表现为：沱江上游贡献率较高的乡镇密集分布，中游的大部分乡镇的贡献率偏低，中下游大部分乡镇的贡献率较高。中上游地区 TN 污染贡献率相对较高的乡镇主要集中在上游的德阳市的石亭江、鸭子河、绵远河和成都市的青白江附近，代表乡镇有天彭镇、新市镇。中下游集中在内江市部分河流附近（濛溪河、釜溪河等）和自贡市部分地区，代表乡镇有旭阳镇、连界镇、龙江镇、严陵镇等，这些乡镇中贡献率较高的乡镇内 TN 的年内污染入河量介于 214.47～419.46t 之间，对应贡献率为 0.61%～1.19%。中游的资阳市内绝大部分乡镇的 TN 入河量低于 70.61t，对应贡献率小于 0.20%。

7.4.3.3　年 TP 污染占比

对 TP 贡献强度较高的乡镇主要集中在中上游德阳市和成都市的大部分地区，还有中下游内江市和自贡市大部分地区。对于中上游地区来说，TP 污染贡献率相对较高的乡镇主要集中在德阳市的石亭江、鸭子河、绵远河和成都市的青白江附近，代表乡镇有天元镇、新都街道、新繁镇、富新镇等。中下游集中在内江市部分河流附近（濛溪河、釜溪河等）和自贡市的镇溪河附近，代表乡镇有孟塘镇、龙江镇、连界镇、旭阳镇、严陵镇等，这些乡镇中贡献率较高的乡镇内 TP 的年内污染入河量介于 29.77～59.84t 之间，对应贡献率为 0.40%～0.80%。中游的资阳市内绝大部分乡镇的 TP 入河量低于 7.29t，对应贡献率小于 0.10%。

7.4.3.4 年 NH_3-N 污染占比

整体上，沱江流域内大部分乡镇对 NH_3-N 污染负荷强度处于较低水平，表现为年内氨氮入河量低于 57.84t，污染贡献率小于 0.21%。NH_3-N 污染贡献率相对高一点的乡镇主要集中在上游的德阳市的石亭江、鸭子河和成都市的青白江、毗河附近，中下游的内江市的濛溪河、釜溪河和旭水河附近。对这些乡镇而言，其中少部分乡镇的 NH_3-N 入河量达到较高值（227.49～349.34t 之间），对应贡献率介于 0.83%～1.27%之间，主要代表乡镇为严陵镇、龙江镇、旭阳镇，其他大部分乡镇的污染贡献率都集中在 0.41%～0.83%之间。

7.4.3.5 月 COD 污染占比

沱江流域绝大多数的乡镇的 COD 排放占比小于 0.46%，只有极个别乡镇，如 12 月德阳的新市镇、眉山市的梅林镇，当月的 COD 污染贡献率分别达 2.81%、1.81%以上。总体上看，不同乡镇各月的 COD 污染排放占比的空间分布情况较为相似，无大变化，内江市的乡镇污染相对较重。

7.4.3.6 月 TN 污染占比

沱江流域各乡镇的 TN 污染排放差距较大，绝大多数的乡镇月 TN 贡献率均小于 0.3%，但流域中西部为污染较重地区，最大贡献率大于 1.51%。总体上看，不同乡镇各月的 TN 污染排放占比的空间分布情况较为相似，无大变化，内江市的乡镇污染相对较重。资阳市、泸州市、宜宾市、乐山市的 TN 排放占比较小，绝大多数乡镇的月 TN 污染排放占比小于 0.3%；内江市和自贡市的部分乡镇 TN 污染贡献率较大，高于 1.51%。

7.4.3.7 月 TP 污染占比

沱江流域各乡镇的 TP 排放贡献率差距没有 COD、TN 和 NH_3-N 大，乡镇排放相对均衡。但从总体上，流域中部地区资阳市的排放占比最小，绝大多数乡镇的月 TP 污染排放占比小于 0.14%；北部的德阳市和成都市，中西部的眉山市，南部的内江市、自贡市、泸州市 TP 污染排放占比较大。总体上看，不同乡镇各月的 TP 污染排放占比的空间分布情况较为相似，无大变化，内江市的乡镇污染相对较重。贡献率最大的乡镇主要位于内江市的严陵镇、银山镇、龙江镇，自贡市的旭阳镇和德阳市的黄许镇，月贡

献率通常大于0.67%。

7.4.3.8 月 NH_3-N 污染占比

沱江流域绝大多数的乡镇的 NH_3-N 排放占比小于0.56%，只有极个别乡镇，如1月德阳的新市镇、12月内江的银山镇，当月的 NH_3-N 污染贡献率达2.81%以上。总体上看，不同乡镇各月的 NH_3-N 污染排放占比的空间分布情况较为相似，无大变化。贡献率最大的乡镇主要位于内江市的严陵镇、银山镇、龙江镇，自贡市的旭阳镇和德阳市的黄许镇，月贡献率通常位于1.13%～1.69%。

7.4.3.9 水期 COD 污染占比

经过数据统计得到不同水期乡镇对COD的污染占比情况。对比三个水期，各乡镇对COD的污染占比的空间分布和大小都相似，没有发生明显变化。COD污染占比相对高一点的乡镇主要集中在上游的德阳市的石亭江、鸭子河和成都市的毗河附近，中下游的内江市的小濛溪河和釜溪河附近，还有眉山市的球溪河附近，这些乡镇中对COD的污染物占比最大的位于0.73%～0.91%之间，主要代表乡镇为严陵镇、龙江镇、旭阳镇，但是大部分污染占比都集中在0.37%～0.55%之间。整个沱江流域内大部分乡镇在不同水期中的COD占比均处于较低水平（<0.18%）。

7.4.3.10 水期 TN 污染占比

整体上，不同水期的TN的乡镇占比空间分布情况趋于一致。沱江流域内绝大部分乡镇对TN的污染占比都处于较低水平（<0.30%），TN污染占比相对较高的乡镇主要集中在上游的德阳市的石亭江和鸭子河附近，中下游的内江市部分河流附近（小濛溪河、濛溪河、釜溪河等），还有眉山市的球溪河附近，其中占比较高的乡镇以新市镇、严陵镇、龙江镇、旭阳镇等为代表，占比>1.51%，其余乡镇占比集中在0.30%～0.60%之间。

7.4.3.11 水期 TP 污染占比

三个水期中，各乡镇对TP的污染占比的空间分布和大小都相似，没有发生明显变化，整个流域内各乡镇的污染占比空间分布不均匀。德阳市和成都市大部分乡镇对TN污染占比相对较高，并且沿河零碎分布，其中黄许镇贡献率达到0.67%以上，其余大部分乡镇占比在0.27%～0.67%之间。资阳市内各乡镇对TP的污染占比均处于较低水平（<0.14%）。中下游以内江市、眉山市内的部分乡镇的污染占比相对高一点，其中具有代表性的乡镇为龙江镇、旭阳镇、严陵镇。整个自贡市的各乡镇对TP的污染占比集中在0.14%～0.40%之间。

7.4.3.12 水期 NH_3-N 污染占比

沱江流域内大部分乡镇在三个水期中对 NH_3-N 的污染占比均处于较低水平（<0.22%），污染占比稍微高一点的乡镇主要集中在上游的德阳市的石亭江和鸭子河附

近（以新市镇为代表），中下游的内江市部分河流附近（小濛溪河、濛溪河、釜溪河等），还有眉山市的球溪河附近，其中占比较高的乡镇为严陵镇、龙江镇、旭阳镇，占比＞1.10%，其余乡镇占比集中在0.22%～0.44%之间。

7.5 沱江流域水质断面污染贡献率动态分析

7.5.1 全流域水质控制断面的污染贡献

7.5.1.1 年COD污染源管理清单

对沱江流域内35个控制断面的不同污染源的年内COD入河量进行统计分析，得到结果如表7-8所列。由数据可得，在35个控制断面中，年内COD入河量较大的控制断面主要有沱江大桥、大磨子、李家湾和怀德渡口，清平的COD入河量在所有控制断面中最低。对于不同水质控制断面处COD的污染贡献率而言（表7-9），可以明显地看出，所有控制断面的COD污染主要来自农村生活源，贡献率主要集中在32.38%～58.85%之间，其中九曲河大桥的农村生活源贡献率最大（58.85%）。畜禽散养源对所有控制断面的COD污染负荷强度最小，贡献率集中在0.15%～1.60%之间。城镇生活源、工业企业对各控制断面的COD污染贡献率相差不大，对于农业种植源，所有控制断面中，贡献率较大的主要是发轮河口（37.22%）和北斗（37.25%），此外，35个控制断面中，污水处理厂的COD污染贡献率以毗河二桥最大（22.23%），其余控制断面相差不大且相对较低。

表7-8 水质控制断面的不同污染源的COD污染入河量

水质断面名称	COD污染源入河量/10^4t						
	城镇生活源	农村生活源	农业种植源	畜禽散养源	水产散养源	工业点源	污水处理厂
三皇庙	1.15	4.01	1.40	0.02	1.00	0.17	0.54
沱江大桥	2.87	13.06	3.64	0.07	5.11	0.46	0.97
大磨子	2.77	12.42	3.51	0.07	4.88	0.44	0.93
顺河场	1.67	6.55	2.43	0.04	1.94	0.26	0.65
高寺渡口	1.99	8.68	2.67	0.05	2.96	0.36	0.73
银山镇	1.91	8.16	2.64	0.04	2.79	0.36	0.68
拱城铺渡口	1.51	5.56	1.91	0.03	1.47	0.22	0.62
幸福村	1.52	5.63	1.92	0.03	1.48	0.22	0.62
宏缘	1.24	4.24	1.60	0.02	1.12	0.18	0.55
临江寺	1.36	4.87	1.73	0.03	1.26	0.18	0.57
脚仙村	2.14	9.69	2.86	0.05	3.69	0.37	0.74
釜沱口前	2.30	10.33	2.98	0.06	3.90	0.40	0.77
李家湾	2.69	12.10	3.35	0.07	4.78	0.44	0.92
怀德渡口	2.76	12.37	3.46	0.07	4.86	0.44	0.92
清平	0.005	0.030	0.014	0.002	0.068	0	0.002
八角	0.16	0.90	0.27	0.005	0.17	0.005	0.11
201医院	0.59	2.94	0.91	0.01	0.61	0.10	0.21
毗河二桥	0.35	0.65	0.25	0.003	0.21	0.02	0.20
三邑大桥	0.16	0.30	0.15	0.002	0.14	0.03	0.04
胡市大桥	0.20	1.13	0.26	0.005	0.48	0.04	0.05

续表

水质断面名称	COD污染源入河量/10^4t						
	城镇生活源	农村生活源	农业种植源	畜禽散养源	水产散养源	工业点源	污水处理厂
清江桥	0.32	0.89	0.29	0.00	0.22	0.06	0.09
双江桥	0.27	1.45	0.43	0.009	0.36	0.06	0.14
三川	0.50	2.44	0.73	0.01	0.54	0.10	0.21
发轮河口	0.12	0.65	0.51	0.00	0.22	0.03	0.03
球溪河口	0.18	1.10	0.59	0.01	0.52	0.03	0.03
北斗	0.10	0.56	0.49	0.002	0.18	0.03	0.03
巷子口	0.17	0.63	0.26	0.005	0.24	0.02	0.01
九曲河大桥	0.03	0.18	0.05	0.001	0.06	0.02	0.03
爱民桥	0.09	0.43	0.11	0.002	0.12	0.01	0.002
双河口	0.15	0.99	0.16	0.01	0.77	0.01	0.02
碳研所	0.40	2.06	0.36	0.01	1.20	0.13	0.14
邓关	0.48	2.36	0.39	0.01	1.27	0.14	0.15
雷公滩	0.15	0.57	0.15	0.003	0.26	0.02	0.03
廖家堰	0.11	0.72	0.12	0.006	0.60	0.004	0.02
清江大桥	0.37	1.00	0.31	0.004	0.24	0.07	0.17

表7-9 水质控制断面的不同污染源对COD污染贡献率

控制断面	不同污染源贡献率/%						
	城镇生活	农村生活	农业种植	畜禽散养	水产养殖	工业企业	污水处理厂
三皇庙	13.42	46.96	16.78	0.24	11.43	2.16	9.00
沱江大桥	10.15	48.96	13.01	0.26	21.54	1.67	4.40
大磨子	10.30	48.62	12.87	0.27	21.68	1.71	4.55
顺河场	11.76	46.94	18.92	0.26	14.30	1.94	5.86
高寺渡口	10.56	49.15	14.81	0.26	18.03	2.33	4.86
银山镇	10.87	49.22	15.75	0.27	17.87	1.46	4.55
拱城铺渡口	12.93	47.66	17.08	0.28	13.09	2.04	6.92
幸福村	12.88	47.81	16.90	0.28	13.10	2.03	7.02
宏缘	13.37	45.76	18.14	0.25	12.19	1.99	8.30
临江寺	13.17	47.25	17.42	0.26	12.50	1.85	7.55
脚仙村	9.95	49.20	13.58	0.28	21.03	1.98	3.98
釜沱口前	10.09	49.32	13.39	0.27	20.85	2.03	4.04
李家湾	10.14	48.72	12.30	0.27	21.96	1.78	4.82
怀德渡口	10.27	48.72	12.56	0.27	21.83	1.73	4.62
清平	4.75	26.10	11.66	1.60	55.90	0.00	0.00
八角	10.60	58.28	19.16	0.32	11.16	0.42	0.06
201医院	10.44	53.57	18.13	0.29	11.48	1.67	4.43
毗河二桥	19.14	35.50	11.77	0.16	10.14	1.07	22.23
三邑大桥	17.46	32.38	18.25	0.26	16.61	2.67	12.37
胡市大桥	8.99	52.20	12.77	0.22	21.36	1.25	3.22
清江桥	15.63	41.13	16.35	0.20	11.51	4.57	10.62
双江桥	10.03	55.11	16.91	0.30	10.56	3.31	3.78
三川	10.82	54.09	17.91	0.29	12.06	2.26	2.56
发轮河口	6.90	38.50	37.22	0.16	13.00	2.23	2.00
球溪河口	7.26	43.31	27.34	0.21	19.02	1.64	1.22
北斗	6.93	38.56	37.25	0.15	12.61	2.35	2.13
巷子口	12.31	48.70	18.53	0.37	17.62	1.85	0.62
九曲河大桥	11.16	58.85	10.97	0.45	18.17	0.37	0.03

续表

控制断面	不同污染源贡献率/%						
	城镇生活	农村生活	农业种植	畜禽散养	水产养殖	工业企业	污水处理厂
爱民桥	11.22	52.85	16.26	0.37	18.30	1.00	0.01
双河口	6.97	46.33	7.31	0.34	37.24	0.58	1.22
碳研所	9.49	47.85	8.76	0.28	27.82	1.22	4.58
邓关	9.64	46.65	8.47	0.27	26.00	1.07	7.90
雷公滩	13.49	50.62	13.98	0.24	17.90	0.13	3.65
廖家堰	6.69	45.64	7.05	0.35	38.44	0.08	1.75
清江大桥	15.66	42.63	16.20	0.19	11.23	4.24	9.84

7.5.1.2 年 TN 污染源管理清单

沱江流域内 35 个控制断面的不同污染源的年内 TN 污染入河量结果如表 7-10 所列。由表 7-10 可得，在 35 个控制断面中，年内 TN 入河量较大的控制断面主要有沱江大桥、大磨子、李家湾和怀德渡口，清平的 TN 入河量在所有控制断面中最低。对于不同水质控制断面处的 TN 的污染贡献率而言（表 7-11），可以明显地看出，农村生活源是所有控制断面处 TN 的主要污染来源，贡献率主要集中在 21.33%（毗河二桥）～63.92%（九曲河大桥）之间。畜禽散养源对所有控制断面的 TN 污染负荷强度最小，贡献率集中在 0.04%～0.74%之间。城镇生活源对各控制断面的 TN 污染贡献率变化幅度不是很大，所有控制断面中，发轮河口和北斗断面处的农业种植产生的 TN 负荷相对较大，表现为贡献率为 25.50%和 25.48%。同时，35 个控制断面中，污水处理厂的 TN 污染贡献率变化较明显，其中贡献率较大的控制单元主要有毗河二桥（52.30%）和三邑大桥（35.80%）。

表 7-10　水质控制断面的不同污染源的 TN 污染入河量

水质断面名称	TN 污染源入河量/10^4t						
	城镇生活源	农村生活源	农业种植源	畜禽散养源	水产散养源	工业点源	污水处理厂
三皇庙	0.23	0.60	0.13	0.001	0.10	0.03	0.31
沱江大桥	0.64	2.12	0.34	0.004	0.49	0.05	0.52
大磨子	0.62	2.01	0.32	0.004	0.46	0.05	0.50
顺河场	0.35	1.01	0.22	0.002	0.19	0.04	0.36
高寺渡口	0.43	1.37	0.25	0.002	0.28	0.04	0.41
银山镇	0.41	1.28	0.24	0.002	0.27	0.04	0.38
拱城铺渡口	0.31	0.85	0.18	0.002	0.14	0.03	0.36
幸福村	0.31	0.86	0.18	0.002	0.14	0.03	0.36
宏缘	0.25	0.64	0.15	0.001	0.11	0.03	0.31
临江寺	0.28	0.74	0.16	0.001	0.12	0.03	0.33
脚仙村	0.46	1.54	0.26	0.003	0.35	0.04	0.41
釜沱口前	0.50	1.65	0.28	0.003	0.37	0.05	0.42
李家湾	0.60	1.96	0.31	0.004	0.45	0.05	0.50
怀德渡口	0.61	2.00	0.32	0.004	0.46	0.05	0.50
清平	0.001	0.005	0.0013	0.0001	0.006	0	0.001
八角	0.04	0.14	0.02	0.0003	0.02	0.0006	0.08
201 医院	0.129	0.459	0.084	0.001	0.058	0.021	0.124
毗河二桥	0.066	0.086	0.023	0.0002	0.020	0.003	0.107

续表

水质断面名称	TN 污染源入河量/10^4t						
	城镇生活源	农村生活源	农业种植源	畜禽散养源	水产散养源	工业点源	污水处理厂
三邑大桥	0.030	0.039	0.014	0.0001	0.014	0.002	0.022
胡市大桥	0.047	0.190	0.024	0.0003	0.045	0.003	0.019
清江桥	0.062	0.130	0.026	0.0002	0.021	0.005	0.042
双江桥	0.060	0.228	0.040	0.0005	0.034	0.017	0.095
三川	0.109	0.381	0.068	0.001	0.051	0.021	0.124
发轮河口	0.028	0.112	0.047	0.0002	0.021	0.003	0.004
球溪河口	0.044	0.188	0.054	0.0003	0.050	0.003	0.004
北斗	0.025	0.097	0.045	0	0.017	0.003	0.004
巷子口	0.035	0.097	0.024	0.0003	0.023	0.002	0.003
九曲河大桥	0.008	0.030	0.005	0	0.005	0.003	0.018
爱民桥	0.020	0.069	0.010	0	0.011	0.001	0.002
双河口	0.037	0.167	0.015	0	0.073	0.002	0.009
碳研所	0.10	0.35	0.03	0	0.11	0.01	0.07
邓关	0.117	0.405	0.036	0.001	0.121	0.011	0.074
雷公滩	0.037	0.101	0.014	0.0002	0.024	0.002	0.014
廖家堰	0.026	0.121	0.011	0.0003	0.058	0.001	0.009
清江大桥	0.072	0.145	0.029	0.0002	0.023	0.007	0.090

表 7-11 水质控制断面的不同污染源对 TN 污染贡献率

控制断面	不同污染源贡献率/%						
	城镇生活	农村生活	农业种植	畜禽散养	水产养殖	工业企业	污水处理厂
三皇庙	15.43	39.88	8.89	0.08	6.29	1.97	27.46
沱江大桥	14.56	49.88	7.69	0.09	12.60	1.13	14.06
大磨子	14.65	49.24	7.61	0.09	12.56	1.11	14.74
顺河场	15.22	44.31	10.77	0.09	8.29	1.65	19.68
高寺渡口	14.34	47.95	8.77	0.09	10.41	1.49	16.95
银山镇	14.76	48.16	9.33	0.09	10.38	1.30	15.97
拱城铺渡口	15.77	42.61	9.47	0.09	7.43	1.78	22.84
幸福村	15.69	42.65	9.35	0.09	7.41	1.75	23.07
宏缘	15.69	39.72	9.80	0.08	6.83	1.86	26.03
临江寺	15.74	41.55	9.52	0.08	7.05	1.69	24.37
脚仙村	14.03	49.51	8.26	0.10	12.31	1.31	14.48
釜沱口前	14.29	49.88	8.15	0.09	12.24	1.30	14.05
李家湾	14.34	49.00	7.31	0.09	12.66	1.16	15.44
怀德渡口	14.58	49.23	7.45	0.09	12.62	1.12	14.90
清平	9.08	35.26	9.24	0.74	45.67	0.00	0.00
八角	16.22	62.95	12.47	0.12	7.60	0.32	0.31
201 医院	13.64	49.86	10.14	0.10	6.71	2.45	17.10
毗河二桥	16.30	21.33	4.96	0.04	4.40	0.67	52.30
三邑大桥	18.92	24.76	9.82	0.08	9.24	1.38	35.80
胡市大桥	13.65	56.33	7.57	0.08	13.32	1.28	7.79
清江桥	18.85	36.24	9.39	0.07	6.85	2.39	26.21
双江桥	13.46	52.22	9.51	0.10	6.27	6.30	12.14
三川	15.08	53.86	10.74	0.10	7.56	3.65	9.01
发轮河口	12.46	49.07	25.50	0.06	9.08	1.52	2.30
球溪河口	12.67	53.17	18.62	0.08	12.93	1.12	1.41
北斗	12.50	49.10	25.48	0.06	8.81	1.60	2.45

续表

控制断面	不同污染源贡献率/%						
	城镇生活	农村生活	农业种植	畜禽散养	水产养殖	工业企业	污水处理厂
巷子口	18.65	53.74	12.39	0.15	12.06	1.14	1.87
九曲河大桥	17.18	63.92	6.90	0.17	11.76	0.06	0.00
爱民桥	17.34	58.50	10.89	0.15	12.49	0.58	0.07
双河口	11.48	53.83	4.72	0.13	24.83	0.85	4.15
碳研所	14.05	49.73	4.97	0.09	16.26	0.88	14.02
邓关	13.33	45.36	4.49	0.08	14.21	0.72	21.80
雷公滩	19.44	51.48	7.57	0.08	9.97	0.10	11.36
廖家堰	10.91	52.45	4.53	0.13	25.42	0.72	5.84
清江大桥	19.10	38.00	9.36	0.07	6.73	2.24	24.50

7.5.1.3 年 TP 污染源管理清单

沱江流域内 35 个控制断面的不同污染源的年内 TP 污染入河量结果如表 7-12 所列。由表 7-12 可得，在 35 个控制断面中，年内 TP 入河量较大的控制断面主要有沱江大桥、大磨子、李家湾和怀德渡口，清平的 TP 入河量在所有控制断面中最低。对于不同水质控制断面处的 TP 的污染贡献率而言（表 7-13），可以明显地看出，农业种植源是所有控制断面处 TP 的主要污染来源，贡献率主要集中在 35.99%（廖家堰）～81.45%（北斗）之间，农村生活源对 35 个控制断面的 TP 污染贡献率位居其次，且在所有断面中相差不大（11.62%～33.43%之间）。畜禽散养源在所有控制断面中 TP 污染负荷强度最小，贡献率集中在 0.03%～0.16%之间。城镇生活源对各控制断面的 TN 污染贡献率变化幅度不是很大。

表 7-12 水质控制断面的不同污染源的 TP 污染入河量

水质断面名称	TP 污染源入河量/t						
	城镇生活源	农村生活源	农业种植源	畜禽散养源	水产散养源	工业点源	污水处理厂
三皇庙	170.3	545.8	1654.0	1.9	161.4	14.6	102.1
沱江大桥	455.9	1905.1	4316.6	6.3	822.8	42.1	158.0
大磨子	1812.3	4154.7	6.1	784.6	39.5	152.9	1812.3
顺河场	255.3	927.5	2881.6	3.2	312.7	21.9	121.4
高寺渡口	307.2	1242.7	3168.1	4.2	475.6	29.1	131.0
银山镇	294.9	1165.1	3127.5	4.0	448.2	29.0	124.5
拱城铺渡口	227.8	776.2	2266.7	2.8	235.7	18.7	119.4
幸福村	229.8	785.6	2277.4	2.8	237.9	18.7	119.4
宏缘	183.1	577.5	1900.8	2.1	180.8	14.7	102.8
临江寺	203.5	672.8	2047.1	2.4	202.5	15.6	107.4
脚仙村	331.9	1391.3	3388.5	4.9	593.7	32.7	131.3
釜沱口前	358.5	1491.2	3534.6	5.1	627.3	34.0	134.6
李家湾	425.0	1763.3	3964.8	6.0	768.8	38.8	152.1
怀德渡口	437.0	1804.6	4095.9	6.1	782.5	39.3	152.8
清平	0.8	4.1	16.9	0.2	11.0	0.0	0.4
八角	24.8	123.6	318.1	0.4	27.0	0.4	38.9
201 医院	89.7	405.0	1081.9	1.3	98.9	7.2	60.1
毗河二桥	50.8	85.5	291.9	0.3	34.3	5.6	19.4
三邑大桥	23.3	39.2	180.3	0.2	23.2	1.5	8.6

续表

水质断面名称	TP 污染源入河量/t						
	城镇生活源	农村生活源	农业种植源	畜禽散养源	水产散养源	工业点源	污水处理厂
胡市大桥	32.3	167.4	311.1	0.5	76.6	3.9	6.6
清江桥	46.6	120.4	338.2	0.3	34.9	3.0	20.4
双江桥	40.9	199.8	514.1	0.8	57.3	3.2	43.2
三川	75.4	336.2	867.3	1.1	86.4	6.6	60.0
发轮河口	19.8	100.5	607.6	0.3	35.4	3.1	2.0
球溪河口	30.9	168.2	694.7	0.5	84.3	3.2	2.0
北斗	17.4	87.5	582.8	0.2	28.6	2.9	2.0
巷子口	26.4	92.5	310.7	0.5	38.2	1.8	0.8
九曲河大桥	5.8	27.9	58.7	0.1	8.9	1.7	8.8
爱民桥	14.7	65.4	132.9	0.2	19.0	1.0	0.5
双河口	25.2	147.0	190.2	0.7	123.5	3.1	2.2
碳研所	66.9	311.6	422.6	1.1	193.2	11.4	15.8
邓关	80.7	358.7	459.2	1.2	204.2	12.1	16.5
雷公滩	25.5	89.9	173.6	0.3	41.2	0.4	2.9
廖家堰	17.5	106.4	144.8	0.5	97.3	3.0	1.8
清江大桥	53.6	134.7	370.3	0.4	38.4	3.5	30.6

表 7-13　水质控制断面的不同污染源对 TP 污染贡献率

控制断面	不同污染源贡献率/%							
	城镇生活	农村生活	农业种植	畜禽散养	水产养殖	工业企业	污水处理厂	磷石膏堆场
三皇庙	6.21	19.90	60.34	0.07	5.89	0.57	5.63	1.40
沱江大桥	5.75	24.34	55.00	0.08	11.09	0.55	2.79	0.40
大磨子	5.81	24.17	55.05	0.08	11.04	0.53	2.89	0.43
顺河场	5.40	19.38	63.68	0.07	6.57	0.48	3.65	0.76
高寺渡口	5.52	22.19	59.11	0.08	8.59	0.57	3.30	0.64
银山镇	5.50	21.68	60.12	0.08	8.32	0.42	3.23	0.66
拱城铺渡口	6.03	20.24	61.25	0.08	6.46	0.52	4.45	0.97
幸福村	6.04	20.39	61.02	0.08	6.49	0.52	4.51	0.96
宏缘	5.96	18.73	62.50	0.07	5.98	0.51	5.01	1.24
临江寺	6.05	19.85	61.56	0.07	6.20	0.49	4.67	1.11
脚仙村	5.46	23.05	57.23	0.08	10.05	0.58	2.96	0.57
釜沱口前	5.55	23.31	56.93	0.08	10.10	0.56	2.90	0.55
李家湾	5.80	24.36	54.56	0.09	11.20	0.55	3.00	0.45
怀德渡口	5.83	24.31	54.75	0.09	11.14	0.53	2.92	0.44
清平	2.65	13.22	50.66	0.50	32.98	0.00	0.00	0
八角	4.81	24.01	64.02	0.08	5.39	0.10	0.09	1.49
201 医院	4.64	21.58	61.06	0.08	5.72	0.37	4.25	2.29
毗河二桥	10.95	18.42	53.59	0.06	6.34	1.49	9.16	0
三邑大桥	7.55	12.71	63.65	0.07	8.03	0.64	7.34	0
胡市大桥	5.20	27.77	51.88	0.07	12.57	0.87	1.65	0
清江桥	7.31	17.20	60.91	0.06	5.97	0.70	7.85	0
双江桥	4.58	22.83	59.05	0.08	5.43	0.56	1.66	5.81
三川	4.88	22.04	61.68	0.08	6.22	0.51	1.77	2.82
发轮河口	2.29	11.62	81.37	0.03	3.91	0.43	0.34	0
球溪河口	2.84	15.24	74.46	0.04	6.80	0.36	0.27	0
北斗	2.30	11.62	81.45	0.03	3.79	0.46	0.36	0
巷子口	5.65	20.60	64.66	0.10	8.21	0.49	0.28	0

续表

控制断面	不同污染源贡献率/%							
	城镇生活	农村生活	农业种植	畜禽散养	水产养殖	工业企业	污水处理厂	磷石膏堆场
九曲河大桥	6.98	33.43	48.47	0.16	10.94	0.00	0.03	0
爱民桥	5.86	25.38	59.24	0.11	9.22	0.18	0.00	0
双河口	4.96	29.93	37.14	0.14	26.11	1.03	0.69	0
碳研所	6.59	29.99	42.27	0.11	18.46	0.44	2.14	0
邓关	6.78	29.74	41.33	0.10	17.55	0.49	4.00	0
雷公滩	7.88	26.87	54.35	0.07	9.56	0.08	1.19	0
廖家堰	4.77	29.57	35.99	0.14	27.10	1.46	0.97	0
清江大桥	7.38	17.97	60.71	0.06	5.86	0.65	7.36	0

7.5.1.4 年 NH_3-N 污染源管理清单

沱江流域内35个控制断面的不同污染源的年内 NH_3-N 污染入河量结果如表7-14所列。由表7-14可得，在35个控制断面中，年内 NH_3-N 入河量较大的控制断面主要有沱江大桥、大磨子、李家湾和怀德渡口，清平的 NH_3-N 入河量在所有控制断面中最低。对于不同水质控制断面处的 NH_3-N 的污染贡献率而言（表7-15），可以明显地看出，农村生活源是所有控制断面处 NH_3-N 的主要污染来源，贡献率主要集中在44.73%（三邑大桥）～75.91%（九曲河大桥）之间，其次，各控制断面的城镇生活源对 NH_3-N 贡献率集中在11.64%～26.05%之间。畜禽散养源在所有控制断面中对 NH_3-N 污染负荷强度最小，贡献率集中在0.05%～0.71%之间。所有控制断面中，发轮河口和北斗断面处的农业种植产生的 NH_3-N 负荷相对较大，表现为贡献率为23.21%和23.15%。同时，35个控制断面中，污水处理厂的 NH_3-N 污染贡献率变化较明显，其中贡献率较大的控制单元主要有毗河二桥（13.05%）和三邑大桥（10.06%）。

表7-14 水质控制断面的不同污染源的 NH_3-N 污染入河量

水质断面名称	NH_3-N 污染源入河量/t						
	城镇生活源	农村生活源	农业种植源	畜禽散养源	水产散养源	工业点源	污水处理厂
三皇庙	1625.1	5520.2	897.1	5.7	134.5	284.3	344.6
沱江大桥	4534.3	19718.8	2341.2	18.8	685.7	543.3	639.2
大磨子	4362.5	18732.7	2253.4	18.2	653.9	513.0	609.2
顺河场	2450.8	9358.5	1562.9	9.7	260.6	370.7	437.4
高寺渡口	2985.1	12678.8	1718.3	12.5	396.3	430.7	488.8
银山镇	2856.8	11853.1	1696.3	12.1	373.5	429.9	462.7
拱城铺渡口	2166.3	7757.0	1229.4	8.4	196.4	338.9	419.4
幸福村	2185.1	7848.9	1235.2	8.5	198.2	338.9	419.4
宏缘	1742.6	5828.5	1030.9	6.3	150.7	284.6	347.8
临江寺	1937.2	6756.0	1110.3	7.1	168.7	293.0	379.6
脚仙村	3240.2	14244.7	1837.8	14.5	494.7	440.6	493.8
釜沱口前	3517.6	15309.8	1917.1	15.1	522.8	466.0	505.5
李家湾	4213.1	18211.5	2150.4	17.8	640.7	510.2	605.8
怀德渡口	4338.5	18650.5	2221.5	18.1	652.1	512.1	608.2
清平	8.6	43.7	9.2	0.5	9.2	0.0	10.8
八角	255.8	1302.4	172.5	1.3	22.5	6.2	77.7
201医院	907.9	4234.4	586.8	4.0	82.4	212.5	143.1
毗河二桥	450.6	773.7	158.3	0.9	28.6	25.0	102.4

续表

水质断面名称	NH_3-N 污染源入河量/t						
	城镇生活源	农村生活源	农业种植源	畜禽散养源	水产散养源	工业点源	污水处理厂
三邑大桥	206.8	355.2	97.8	0.6	19.3	20.4	37.4
胡市大桥	335.1	1775.2	168.7	1.3	63.9	34.9	31.8
清江桥	431.6	1184.0	183.4	1.0	29.1	52.0	85.1
双江桥	420.2	2102.0	278.8	2.4	47.7	175.0	92.4
三川	761.4	3511.7	470.4	3.4	72.0	209.4	143.0
发轮河口	203.4	1056.2	329.5	0.8	29.5	31.4	18.0
球溪河口	318.5	1770.3	376.8	1.6	70.2	31.9	18.0
北斗	179.6	922.8	316.1	0.6	23.8	26.7	18.0
巷子口	244.1	886.1	168.5	1.3	31.8	16.0	4.2
九曲河大桥	55.5	271.8	31.8	0.4	7.4	30.0	19.5
爱民桥	139.4	636.4	72.1	0.7	15.9	8.0	0.3
双河口	263.0	1564.9	103.1	1.9	102.9	22.1	13.0
碳研所	699.4	3320.8	229.2	3.3	161.0	98.1	98.2
邓关	843.6	3823.6	249.0	3.5	170.1	111.2	101.5
雷公滩	266.3	958.6	94.2	0.9	34.3	16.7	35.4
廖家堰	182.9	1133.3	78.6	1.5	81.1	11.7	11.7
清江大桥	494.9	1319.4	200.8	1.1	32.0	68.4	145.1

表 7-15 水质控制断面的不同污染源对 NH_3-N 污染贡献率

控制断面	不同污染源贡献率/%						
	城镇生活	农村生活	农业种植	畜禽散养	水产养殖	工业企业	污水处理厂
三皇庙	17.98	61.24	10.45	0.07	1.50	3.28	5.49
沱江大桥	15.37	70.07	7.79	0.07	2.73	1.59	2.38
大磨子	15.64	69.81	7.72	0.07	2.76	1.57	2.44
顺河场	16.37	63.74	11.74	0.07	1.86	2.51	3.72
高寺渡口	15.02	68.46	8.98	0.07	2.33	2.20	2.94
银山镇	15.35	67.99	9.57	0.07	2.31	1.84	2.88
拱城铺渡口	17.57	62.90	10.60	0.07	1.70	2.85	4.31
幸福村	17.48	63.05	10.45	0.07	1.70	2.79	4.47
宏缘	18.16	60.49	11.50	0.07	1.62	3.05	5.12
临江寺	17.82	62.14	10.88	0.07	1.64	2.69	4.77
脚仙村	14.51	70.06	8.29	0.07	2.77	1.88	2.42
釜沱口前	14.81	70.15	8.10	0.07	2.71	1.84	2.31
李家湾	15.36	70.10	7.38	0.07	2.82	1.67	2.60
怀德渡口	15.59	69.98	7.51	0.07	2.78	1.59	2.47
清平	12.25	62.37	12.33	0.71	12.34	0.00	0.00
八角	14.29	72.78	11.06	0.08	1.36	0.40	0.03
201 医院	14.17	68.07	10.57	0.07	1.42	3.60	2.11
毗河二桥	27.66	47.49	8.56	0.05	1.54	1.66	13.05
三邑大桥	26.05	44.73	13.71	0.08	2.60	2.77	10.06
胡市大桥	13.46	72.80	7.40	0.05	2.60	1.77	1.92
清江桥	21.07	53.80	10.59	0.05	1.56	3.89	9.04
双江桥	13.02	66.27	9.15	0.07	1.27	8.62	1.59
三川	14.40	67.65	10.29	0.07	1.47	4.92	1.20
发轮河口	11.64	60.19	23.21	0.04	1.67	1.93	1.32
球溪河口	12.01	66.29	16.96	0.05	2.45	1.43	0.81
北斗	11.65	60.09	23.15	0.04	1.62	2.04	1.41

续表

控制断面	不同污染源贡献率/%						
	城镇生活	农村生活	农业种植	畜禽散养	水产养殖	工业企业	污水处理厂
巷子口	17.46	66.71	11.50	0.10	2.29	1.54	0.40
九曲河大桥	15.55	75.91	6.21	0.11	2.14	0.08	0.00
爱民桥	15.95	70.56	10.25	0.10	2.37	0.76	0.01
双河口	12.23	75.19	5.00	0.10	5.29	1.26	0.93
碳研所	15.38	71.27	5.29	0.07	3.52	1.35	3.12
邓关	15.87	70.48	5.17	0.07	3.32	1.20	3.90
雷公滩	19.20	66.71	7.22	0.05	1.93	0.14	4.75
廖家堰	11.89	75.06	4.93	0.10	5.56	1.10	1.35
清江大桥	20.96	55.34	10.35	0.05	1.50	3.55	8.26

7.5.1.5 水期 COD 污染源管理清单

沱江流域内 35 个控制断面的不同污染源在三个水期的 COD 贡献率情况如表 7-16～表 7-18 所列。整体上看，在三个水期中，农村生活源是所有控制断面处 COD 的主要污染来源，但是通过对比可以发现，各控制断面处的该污染类型的 COD 贡献率遵循以下顺序：丰水期＞平水期＞枯水期。对于城镇生活源和农业种植源来说，大部分控制断面的 COD 贡献率也遵从上述规律，表现为丰水期贡献率最大，枯水期相对有稍微减少，但变化不是很明显。此外，对于工业企业和污水处理厂来说，各控制断面的 COD 污染贡献率表现为：枯水期＞平水期＞丰水期。

表 7-16 水质控制断面的不同污染源在丰水期的 COD 污染贡献率

控制断面	不同污染源贡献率/%						
	城镇生活	农村生活	农业种植	畜禽散养	水产养殖	工业企业	污水处理厂
三皇庙	14.10	49.36	17.64	0.26	12.02	1.29	5.36
沱江大桥	10.43	50.30	13.37	0.27	22.13	0.97	2.56
大磨子	10.59	50.00	13.23	0.28	22.29	1.00	2.65
顺河场	12.18	48.59	19.59	0.27	14.81	1.14	3.44
高寺渡口	10.90	50.74	15.29	0.27	18.61	1.36	2.84
银山镇	11.16	50.55	16.17	0.28	18.36	0.85	2.65
拱城铺渡口	13.46	49.60	17.78	0.29	13.62	1.20	4.08
幸福村	13.40	49.77	17.59	0.29	13.63	1.19	4.14
宏缘	14.00	47.90	18.99	0.27	12.76	1.18	4.92
临江寺	13.73	49.27	18.16	0.27	13.03	1.09	4.46
脚仙村	10.22	50.52	13.95	0.28	21.59	1.15	2.31
釜沱口前	10.37	50.67	13.76	0.28	21.41	1.18	2.35
李家湾	10.44	50.17	12.67	0.28	22.62	1.04	2.81
怀德渡口	10.57	50.11	12.92	0.28	22.46	1.01	2.69
清平	4.75	26.10	11.66	1.60	55.90	0.00	0.00
八角	10.62	58.41	19.20	0.32	11.18	0.24	0.04
201 医院	10.72	55.03	18.62	0.30	11.79	0.97	2.57
毗河二桥	21.29	39.48	13.09	0.17	11.28	0.67	14.00
三邑大桥	18.68	34.64	19.52	0.27	17.77	1.62	7.49
胡市大桥	9.16	53.23	13.02	0.22	21.78	0.72	1.86
清江桥	16.73	44.03	17.50	0.21	12.32	2.77	6.44
双江桥	10.35	56.86	17.45	0.31	10.89	1.94	2.21

续表

控制断面	不同污染源贡献率/%						
	城镇生活	农村生活	农业种植	畜禽散养	水产养殖	工业企业	污水处理厂
三川	11.05	55.25	18.30	0.29	12.32	1.31	1.48
发轮河口	7.03	39.22	37.91	0.16	13.24	1.29	1.15
球溪河口	7.35	43.85	27.68	0.21	19.26	0.94	0.70
北斗	7.07	39.33	37.99	0.16	12.86	1.36	1.23
巷子口	12.45	49.22	18.73	0.38	17.81	1.06	0.35
九曲河大桥	11.18	58.95	10.99	0.45	18.20	0.21	0.01
爱民桥	11.26	53.08	16.33	0.37	18.38	0.57	0.01
双河口	7.03	46.70	7.36	0.34	37.54	0.33	0.70
碳研所	9.73	49.09	8.99	0.29	28.54	0.71	2.66
邓关	10.03	48.54	8.81	0.28	27.06	0.63	4.65
雷公滩	13.71	51.46	14.21	0.24	18.19	0.07	2.10
廖家堰	6.75	46.01	7.11	0.35	38.74	0.04	1.00
清江大桥	16.68	45.41	17.25	0.21	11.96	2.56	5.94

表 7-17　水质控制断面的不同污染源在平水期的 COD 污染贡献率

控制断面	不同污染源贡献率/%						
	城镇生活	农村生活	农业种植	畜禽散养	水产养殖	工业企业	污水处理厂
三皇庙	13.38	46.82	16.73	0.24	11.40	2.21	9.21
沱江大桥	10.14	48.89	12.99	0.26	21.51	1.72	4.51
大磨子	10.29	48.56	12.85	0.27	21.64	1.76	4.67
顺河场	11.74	46.85	18.88	0.26	14.28	1.99	6.01
高寺渡口	10.54	49.06	14.79	0.26	18.00	2.38	4.98
银山镇	10.85	49.15	15.73	0.27	17.85	1.50	4.66
拱城铺渡口	12.90	47.55	17.04	0.28	13.06	2.09	7.08
幸福村	12.85	47.70	16.86	0.28	13.07	2.07	7.19
宏缘	13.34	45.64	18.09	0.25	12.16	2.04	8.50
临江寺	13.14	47.14	17.37	0.26	12.47	1.89	7.73
脚仙村	9.94	49.13	13.56	0.28	21.00	2.03	4.08
釜沱口前	10.08	49.25	13.37	0.27	20.82	2.08	4.14
李家湾	10.13	48.64	12.29	0.27	21.93	1.83	4.94
怀德渡口	10.26	48.65	12.54	0.27	21.80	1.77	4.73
清平	4.75	26.10	11.66	1.60	55.90	0.00	0.00
八角	10.60	58.27	19.15	0.32	11.16	0.43	0.07
201 医院	10.42	53.48	18.10	0.29	11.46	1.72	4.54
毗河二桥	19.02	35.28	11.70	0.16	10.08	1.09	22.68
三邑大桥	17.39	32.25	18.17	0.26	16.54	2.73	12.65
胡市大桥	8.98	52.13	12.75	0.22	21.33	1.28	3.31
清江桥	15.57	40.96	16.28	0.19	11.46	4.68	10.85
双江桥	10.01	55.00	16.88	0.30	10.54	3.40	3.88
三川	10.81	54.02	17.89	0.29	12.05	2.32	2.63
发轮河口	6.89	38.45	37.17	0.16	12.98	2.29	2.05
球溪河口	7.26	43.28	27.32	0.21	19.00	1.68	1.26
北斗	6.92	38.52	37.21	0.15	12.60	2.41	2.19
巷子口	12.31	48.67	18.52	0.37	17.61	1.90	0.63
九曲河大桥	11.16	58.84	10.97	0.45	18.17	0.38	0.03
爱民桥	11.21	52.83	16.26	0.37	18.29	1.02	0.01
双河口	6.97	46.31	7.30	0.34	37.23	0.60	1.25

续表

控制断面	不同污染源贡献率/%						
	城镇生活	农村生活	农业种植	畜禽散养	水产养殖	工业企业	污水处理厂
碳研所	9.47	47.78	8.75	0.28	27.78	1.25	4.69
邓关	9.62	46.54	8.45	0.27	25.94	1.10	8.09
雷公滩	13.47	50.57	13.97	0.24	17.88	0.13	3.74
廖家堰	6.69	45.62	7.05	0.35	38.42	0.08	1.79
清江大桥	15.61	42.48	16.13	0.19	11.19	4.33	10.07

表 7-18 水质控制断面的不同污染源在枯水期的 COD 污染贡献率

控制断面	不同污染源贡献率/%						
	城镇生活	农村生活	农业种植	畜禽散养	水产养殖	工业企业	污水处理厂
三皇庙	11.47	40.16	14.35	0.21	9.78	4.65	19.38
沱江大桥	9.30	44.84	11.91	0.24	19.73	3.86	10.15
大磨子	9.41	44.41	11.75	0.25	19.80	3.94	10.47
顺河场	10.52	41.97	16.92	0.24	12.79	4.38	13.20
高寺渡口	9.52	44.32	13.36	0.24	16.26	5.28	11.04
银山镇	9.96	45.12	14.44	0.25	16.38	3.37	10.50
拱城铺渡口	11.38	41.96	15.04	0.24	11.52	4.52	15.33
幸福村	11.32	42.04	14.86	0.24	11.52	4.48	15.54
宏缘	11.57	39.58	15.69	0.22	10.54	4.33	18.07
临江寺	11.53	41.36	15.24	0.23	10.94	4.07	16.63
脚仙村	9.13	45.13	12.46	0.25	19.29	4.57	9.19
釜沱口前	9.24	45.17	12.26	0.25	19.09	4.69	9.31
李家湾	9.22	44.29	11.19	0.25	19.97	4.09	11.04
怀德渡口	9.37	44.45	11.46	0.25	19.92	3.98	10.61
清平	4.75	26.10	11.66	1.60	55.90	0.00	0.00
八角	10.52	57.85	19.02	0.32	11.08	1.06	0.16
201 医院	9.55	49.03	16.59	0.26	10.50	3.86	10.20
毗河二桥	14.14	26.22	8.69	0.12	7.49	1.99	41.34
三邑大桥	14.22	26.36	14.85	0.21	13.52	5.48	25.35
胡市大桥	8.41	48.88	11.96	0.20	20.00	2.95	7.60
清江桥	12.70	33.42	13.28	0.16	9.35	9.36	21.72
双江桥	9.05	49.75	15.27	0.27	9.53	7.53	8.60
三川	10.08	50.40	16.69	0.27	11.24	5.31	6.01
发轮河口	6.48	36.17	34.97	0.15	12.21	5.28	4.73
球溪河口	6.96	41.51	26.20	0.20	18.22	3.96	2.95
北斗	6.49	36.10	34.88	0.14	11.81	5.55	5.03
巷子口	11.87	46.94	17.86	0.36	16.99	4.49	1.49
九曲河大桥	11.10	58.50	10.91	0.45	18.06	0.92	0.07
爱民桥	11.05	52.05	16.02	0.37	18.02	2.47	0.02
双河口	6.79	45.10	7.11	0.33	36.25	1.43	2.99
碳研所	8.72	43.98	8.05	0.26	25.57	2.83	10.59
邓关	8.49	41.06	7.45	0.24	22.89	2.38	17.50
雷公滩	12.76	47.87	13.22	0.23	16.93	0.31	8.68
廖家堰	6.51	44.41	6.86	0.34	37.40	0.19	4.29
清江大桥	12.91	35.13	13.34	0.16	9.25	8.79	20.42

7.5.1.6 水期 TN 污染源管理清单

沱江流域内 35 个控制断面的不同污染源在三个水期间的 TN 贡献率情况如表 7-19～表 7-21 所列。整体上看，与 COD 相似，在三个水期中农村生活源是所有控制断面处 TN 的主要污染来源，通过对比可以发现各控制断面处的该污染类型的 TN 贡献率遵循以下顺序：丰水期＞平水期＞枯水期。畜禽散养在不同水期对各控制断面的 TN 负荷强度最小。对于城镇生活源和农业种植源来说，大部分控制断面的 TN 贡献率也遵从上述规律，表现为丰水期贡献率最大，枯水期相对有稍微减少，但变化不是很明显。此外，对于工业企业和污水处理厂来说，各控制断面的 TN 污染贡献率表现为：枯水期＞平水期＞丰水期。

表 7-19 水质控制断面的不同污染源在丰水期的 TN 污染贡献率

控制断面	不同污染源贡献率/%						
	城镇生活	农村生活	农业种植	畜禽散养	水产养殖	工业企业	污水处理厂
三皇庙	17.69	45.72	10.19	0.09	7.21	1.28	17.83
沱江大桥	15.59	53.41	8.24	0.10	13.49	0.68	8.53
大磨子	15.73	52.89	8.18	0.10	13.50	0.68	8.97
顺河场	16.77	48.83	11.87	0.10	9.14	1.03	12.28
高寺渡口	15.59	52.13	9.53	0.10	11.31	0.92	10.44
银山镇	15.96	52.07	10.08	0.10	11.23	0.80	9.78
拱城铺渡口	17.66	47.71	10.60	0.10	8.32	1.13	14.48
幸福村	17.58	47.80	10.48	0.10	8.31	1.11	14.64
宏缘	17.85	45.19	11.15	0.09	7.77	1.20	16.77
临江寺	17.75	46.85	10.73	0.10	7.95	1.08	15.56
脚仙村	15.06	53.16	8.87	0.10	13.22	0.80	8.80
釜沱口前	15.32	53.44	8.73	0.10	13.11	0.79	8.52
李家湾	15.45	52.82	7.88	0.10	13.65	0.71	9.43
怀德渡口	15.68	52.92	8.01	0.10	13.57	0.68	9.07
清平	9.08	35.26	9.24	0.74	45.67	0.00	0.00
八角	16.27	63.12	12.50	0.12	7.62	0.18	0.18
201 医院	14.91	54.48	11.08	0.10	7.33	1.52	10.58
毗河二桥	21.16	27.69	6.44	0.05	5.71	0.49	38.45
三邑大桥	22.56	29.52	11.70	0.10	11.01	0.93	24.17
胡市大桥	14.21	58.63	7.88	0.08	13.86	0.75	4.59
清江桥	21.52	41.38	10.72	0.08	7.82	1.55	16.94
双江桥	14.63	56.76	10.33	0.11	6.81	3.88	7.47
三川	15.96	56.99	11.36	0.11	8.00	2.19	5.40
发轮河口	12.67	49.90	25.93	0.06	9.24	0.87	1.33
球溪河口	12.81	53.76	18.83	0.08	13.07	0.64	0.81
北斗	12.72	49.98	25.94	0.06	8.97	0.92	1.41
巷子口	18.90	54.45	12.55	0.15	12.22	0.65	1.07
九曲河大桥	17.19	63.94	6.91	0.17	11.76	0.03	0.00
爱民桥	17.38	58.66	10.92	0.15	12.52	0.33	0.04

续表

控制断面	不同污染源贡献率/%						
	城镇生活	农村生活	农业种植	畜禽散养	水产养殖	工业企业	污水处理厂
双河口	11.74	55.03	4.83	0.13	25.38	0.49	2.40
碳研所	15.02	53.16	5.32	0.10	17.39	0.53	8.49
邓关	14.78	50.27	4.97	0.09	15.75	0.46	13.69
雷公滩	20.46	54.17	7.97	0.08	10.49	0.06	6.77
廖家堰	11.22	53.99	4.66	0.14	26.17	0.42	3.41
清江大桥	21.61	42.99	10.59	0.08	7.62	1.43	15.70

表 7-20　水质控制断面的不同污染源在平水期的 TN 污染贡献率

控制断面	不同污染源贡献率/%						
	城镇生活	农村生活	农业种植	畜禽散养	水产养殖	工业企业	污水处理厂
三皇庙	15.31	39.57	8.82	0.08	6.24	2.01	27.97
沱江大桥	14.50	49.69	7.66	0.09	12.55	1.15	14.38
大磨子	14.59	49.04	7.58	0.09	12.51	1.14	15.07
顺河场	15.13	44.06	10.71	0.09	8.25	1.68	20.09
高寺渡口	14.27	47.73	8.73	0.09	10.36	1.52	17.32
银山镇	14.70	47.95	9.29	0.09	10.34	1.33	16.32
拱城铺渡口	15.67	42.34	9.41	0.09	7.39	1.82	23.29
幸福村	15.58	42.37	9.29	0.09	7.37	1.78	23.53
宏缘	15.57	39.43	9.73	0.08	6.78	1.89	26.53
临江寺	15.64	41.27	9.46	0.08	7.00	1.72	24.84
脚仙村	13.97	49.31	8.23	0.10	12.26	1.34	14.80
釜沱口前	14.24	49.68	8.12	0.09	12.19	1.33	14.36
李家湾	14.28	48.80	7.28	0.09	12.61	1.19	15.78
怀德渡口	14.52	49.03	7.42	0.09	12.57	1.15	15.24
清平	9.08	35.26	9.24	0.74	45.67	0.00	0.00
八角	16.22	62.94	12.47	0.12	7.60	0.33	0.32
201 医院	13.57	49.60	10.09	0.10	6.67	2.51	17.46
毗河二桥	16.08	21.04	4.89	0.04	4.34	0.68	52.94
三邑大桥	18.74	24.52	9.72	0.08	9.15	1.40	36.39
胡市大桥	13.62	56.19	7.55	0.08	13.28	1.31	7.98
清江桥	18.71	35.97	9.32	0.07	6.80	2.44	26.70
双江桥	13.40	51.96	9.46	0.10	6.24	6.44	12.40
三川	15.03	53.68	10.70	0.10	7.53	3.73	9.22
发轮河口	12.45	49.02	25.47	0.06	9.08	1.55	2.36
球溪河口	12.66	53.13	18.61	0.08	12.92	1.15	1.45
北斗	12.48	49.04	25.45	0.06	8.80	1.64	2.51
巷子口	18.64	53.70	12.38	0.15	12.05	1.17	1.92
九曲河大桥	17.18	63.92	6.90	0.17	11.76	0.06	0.00
爱民桥	17.33	58.49	10.88	0.15	12.49	0.59	0.07
双河口	11.47	53.76	4.72	0.13	24.80	0.87	4.25
碳研所	13.99	49.53	4.95	0.09	16.20	0.90	14.33
邓关	13.26	45.09	4.46	0.08	14.13	0.74	22.25
雷公滩	19.38	51.32	7.55	0.08	9.94	0.11	11.63
廖家堰	10.89	52.36	4.52	0.13	25.38	0.74	5.99
清江大桥	18.97	37.74	9.29	0.07	6.69	2.28	24.97

表 7-21 水质控制断面的不同污染源在枯水期的 TN 污染贡献率

控制断面	不同污染源贡献率/%						
	城镇生活	农村生活	农业种植	畜禽散养	水产养殖	工业企业	污水处理厂
三皇庙	10.67	27.57	6.14	0.05	4.35	3.44	47.79
沱江大桥	11.83	40.54	6.25	0.07	10.24	2.31	28.78
大磨子	11.81	39.70	6.14	0.07	10.13	2.26	29.92
顺河场	11.50	33.48	8.14	0.07	6.26	3.13	37.43
高寺渡口	11.20	37.47	6.85	0.07	8.13	2.93	33.36
银山镇	11.70	38.16	7.39	0.07	8.23	2.60	31.86
拱城铺渡口	11.48	31.03	6.89	0.07	5.41	3.27	41.86
幸福村	11.40	30.98	6.79	0.07	5.39	3.20	42.20
宏缘	11.02	27.91	6.88	0.06	4.80	3.28	46.05
临江寺	11.28	29.78	6.82	0.06	5.05	3.04	43.97
脚仙村	11.32	39.94	6.67	0.08	9.93	2.67	29.41
釜沱口前	11.60	40.46	6.61	0.08	9.93	2.65	28.69
李家湾	11.45	39.15	5.84	0.07	10.11	2.33	31.06
怀德渡口	11.73	39.60	5.99	0.07	10.16	2.28	30.19
清平	9.08	35.26	9.24	0.74	45.67	0.00	0.00
八角	16.07	62.35	12.35	0.12	7.53	0.80	0.78
201 医院	10.52	38.45	7.82	0.07	5.17	4.76	33.20
毗河二桥	9.04	11.83	2.75	0.02	2.44	0.94	72.99
三邑大桥	12.10	15.83	6.28	0.05	5.91	2.22	57.62
胡市大桥	12.00	49.51	6.65	0.07	11.71	2.82	17.24
清江桥	13.14	25.27	6.55	0.05	4.78	4.20	46.01
双江桥	10.52	40.80	7.43	0.08	4.90	12.40	23.88
三川	12.65	45.18	9.01	0.09	6.34	7.71	19.03
发轮河口	11.78	46.38	24.10	0.06	8.59	3.61	5.48
球溪河口	12.20	51.20	17.93	0.08	12.45	2.71	3.43
北斗	11.77	46.25	24.01	0.06	8.30	3.80	5.80
巷子口	17.84	51.39	11.85	0.14	11.54	2.74	4.50
九曲河大桥	17.17	63.86	6.90	0.17	11.75	0.15	0.01
爱民桥	17.17	57.93	10.78	0.14	12.37	1.44	0.17
双河口	10.67	50.04	4.39	0.12	23.08	1.99	9.71
碳研所	11.46	40.56	4.06	0.08	13.27	1.80	28.79
邓关	9.94	33.80	3.34	0.06	10.59	1.36	40.91
雷公滩	16.56	43.85	6.45	0.07	8.49	0.22	24.37
廖家堰	9.92	47.70	4.12	0.12	23.12	1.65	13.38
清江大桥	13.59	27.03	6.66	0.05	4.79	4.01	43.88

7.5.1.7 水期 TP 污染源管理清单

沱江流域内 35 个控制断面的不同污染源在三个水期的 TP 贡献率情况如表 7-22～表 7-24 所列。整体上看，在三个水期中，农业种植源是所有控制断面处 TP 的主要污染来源，其次是农村生活源，畜禽散养源的 TP 污染贡献率最低，通过对比可以发现，各控制断面处的农业种植源和农村生活源这两种污染类型的 TP 贡献率均遵循以下顺序：丰水期>平水期>枯水期。对于城镇生活源来说，大部分控制断面的 TP 贡献率也遵从上述规律，表现为丰水期贡献率最大，枯水期相对有稍微减少，但变化不是很明显。此外，对于工业企业、污水处理厂和磷石膏堆场来说，各控制断面的 TP 污染贡献

率表现为：枯水期＞平水期＞丰水期。

表 7-22　水质控制断面的不同污染源在丰水期的 TP 污染贡献率

控制断面	不同污染源贡献率/%							
	城镇生活	农村生活	农业种植	畜禽散养	水产养殖	工业企业	污水处理厂	磷石膏堆场
三皇庙	6.42	20.58	62.39	0.07	6.10	0.33	3.30	0.82
沱江大桥	5.84	24.74	55.92	0.08	11.27	0.32	1.60	0.23
大磨子	5.91	24.59	55.99	0.09	11.23	0.30	1.66	0.25
顺河场	5.52	19.80	65.07	0.07	6.71	0.28	2.11	0.44
高寺渡口	5.63	22.64	60.30	0.08	8.77	0.33	1.91	0.37
银山镇	5.60	22.09	61.27	0.08	8.48	0.24	1.87	0.38
拱城铺渡口	6.19	20.78	62.88	0.08	6.63	0.30	2.59	0.56
幸福村	6.20	20.94	62.65	0.08	6.66	0.30	2.62	0.56
宏缘	6.14	19.30	64.39	0.07	6.16	0.30	2.92	0.72
临江寺	6.22	20.40	63.28	0.07	6.38	0.29	2.72	0.65
脚仙村	5.56	23.47	58.28	0.08	10.24	0.34	1.71	0.33
釜沱口前	5.65	23.73	57.95	0.08	10.29	0.32	1.67	0.32
李家湾	5.90	24.79	55.53	0.09	11.40	0.32	1.73	0.26
怀德渡口	5.93	24.73	55.70	0.09	11.33	0.31	1.68	0.25
清平	2.65	13.22	50.66	0.50	32.98	0.00	0.00	0
八角	4.84	24.18	64.49	0.08	5.43	0.06	0.05	0.85
201 医院	4.78	22.25	62.95	0.08	5.90	0.22	2.48	1.34
毗河二桥	11.48	19.32	56.18	0.06	6.64	0.88	5.44	0
三邑大桥	7.82	13.17	65.93	0.08	8.31	0.38	4.31	0
胡市大桥	5.25	28.07	52.46	0.07	12.71	0.50	0.94	0
清江桥	7.59	17.87	63.26	0.06	6.20	0.41	4.62	0
双江桥	4.74	23.65	61.18	0.08	5.62	0.33	0.98	3.41
三川	4.99	22.54	63.08	0.08	6.36	0.30	1.02	1.63
发轮河口	2.30	11.66	81.65	0.03	3.92	0.25	0.19	0
球溪河口	2.85	15.28	74.66	0.04	6.82	0.21	0.15	0
北斗	2.31	11.66	81.74	0.03	3.80	0.26	0.21	0
巷子口	5.67	20.67	64.88	0.10	8.24	0.28	0.16	0
九曲河大桥	6.99	33.43	48.47	0.16	10.94	0.00	0.02	0
爱民桥	5.86	25.40	59.29	0.11	9.22	0.10	0.00	0
双河口	5.00	30.15	37.42	0.14	26.31	0.59	0.39	0
碳研所	6.67	30.33	42.75	0.11	18.67	0.25	1.23	0
邓关	6.92	30.33	42.15	0.11	17.90	0.28	2.31	0
雷公滩	7.92	27.02	54.65	0.07	9.61	0.04	0.68	0
廖家堰	4.82	29.88	36.37	0.14	27.39	0.83	0.56	0
清江大桥	7.65	18.62	62.90	0.06	6.07	0.38	4.32	0

表 7-23　水质控制断面的不同污染源在平水期的 TP 污染贡献率

控制断面	不同污染源贡献率/%							
	城镇生活	农村生活	农业种植	畜禽散养	水产养殖	工业企业	污水处理厂	磷石膏堆场
三皇庙	6.20	19.86	60.22	0.07	5.88	0.58	5.76	1.43
沱江大桥	5.74	24.32	54.96	0.08	11.08	0.56	2.86	0.41
大磨子	5.80	24.15	55.00	0.08	11.03	0.54	2.96	0.44
顺河场	5.39	19.35	63.60	0.07	6.56	0.50	3.74	0.78
高寺渡口	5.51	22.17	59.04	0.08	8.58	0.58	3.39	0.66
银山镇	5.49	21.65	60.05	0.08	8.31	0.43	3.31	0.68

续表

控制断面	不同污染源贡献率/%							
	城镇生活	农村生活	农业种植	畜禽散养	水产养殖	工业企业	污水处理厂	磷石膏堆场
拱城铺渡口	6.02	20.21	61.16	0.08	6.45	0.53	4.57	0.99
幸福村	6.03	20.36	60.93	0.08	6.48	0.53	4.62	0.98
宏缘	5.95	18.70	62.39	0.07	5.97	0.52	5.14	1.27
临江寺	6.04	19.81	61.46	0.07	6.19	0.50	4.79	1.14
脚仙村	5.46	23.03	57.17	0.08	10.04	0.60	3.04	0.59
釜沱口前	5.54	23.29	56.88	0.08	10.09	0.58	2.97	0.57
李家湾	5.79	24.33	54.51	0.09	11.19	0.56	3.08	0.46
怀德渡口	5.82	24.29	54.70	0.08	11.13	0.54	3.00	0.45
清平	2.65	13.22	50.66	0.50	32.98	0.00	0.00	0
八角	4.81	24.00	63.99	0.08	5.39	0.11	0.09	1.53
201 医院	4.63	21.54	60.95	0.08	5.71	0.38	4.36	2.35
毗河二桥	10.92	18.37	53.44	0.06	6.32	1.52	9.38	0
三邑大桥	7.54	12.69	63.51	0.07	8.01	0.66	7.52	0
胡市大桥	5.19	27.75	51.85	0.07	12.56	0.89	1.69	0
清江桥	7.29	17.16	60.77	0.06	5.95	0.71	8.04	0
双江桥	4.57	22.78	58.92	0.08	5.42	0.57	1.70	5.96
三川	4.87	22.01	61.60	0.08	6.22	0.52	1.81	2.89
发轮河口	2.29	11.62	81.36	0.03	3.91	0.45	0.35	0
球溪河口	2.84	15.24	74.44	0.04	6.80	0.37	0.27	0
北斗	2.30	11.62	81.43	0.03	3.79	0.47	0.37	0
巷子口	5.65	20.59	64.64	0.10	8.21	0.51	0.29	0
九曲河大桥	6.98	33.43	48.47	0.16	10.93	0.00	0.03	0
爱民桥	5.86	25.38	59.24	0.11	9.22	0.19	0.00	0
双河口	4.96	29.92	37.13	0.14	26.10	1.06	0.70	0
碳研所	6.59	29.97	42.24	0.11	18.45	0.45	2.20	0
邓关	6.78	29.71	41.28	0.10	17.53	0.50	4.10	0
雷公滩	7.88	26.86	54.33	0.07	9.56	0.08	1.22	0
廖家堰	4.77	29.55	35.97	0.14	27.08	1.49	1.00	0
清江大桥	7.37	17.94	60.58	0.06	5.84	0.67	7.54	0

表 7-24 水质控制断面的不同污染源在枯水期的 TP 污染贡献率

控制断面	不同污染源贡献率/%							
	城镇生活	农村生活	农业种植	畜禽散养	水产养殖	工业企业	污水处理厂	磷石膏堆场
三皇庙	5.57	17.84	54.11	0.06	5.29	1.28	12.70	3.15
沱江大桥	5.44	23.04	52.06	0.08	10.50	1.31	6.64	0.95
大磨子	5.49	22.84	52.02	0.08	10.43	1.25	6.86	1.03
顺河场	5.02	18.04	59.28	0.07	6.11	1.13	8.56	1.79
高寺渡口	5.16	20.77	55.33	0.07	8.04	1.33	7.78	1.51
银山镇	5.16	20.34	56.42	0.07	7.81	1.00	7.64	1.56
拱城铺渡口	5.53	18.57	56.19	0.07	5.93	1.20	10.29	2.24
幸福村	5.54	18.70	55.95	0.07	5.95	1.19	10.40	2.21
宏缘	5.40	16.99	56.69	0.06	5.43	1.16	11.45	2.82
临江寺	5.52	18.12	56.21	0.07	5.66	1.13	10.74	2.55
脚仙村	5.14	21.70	53.87	0.08	9.46	1.38	7.02	1.36
釜沱口前	5.23	21.98	53.67	0.08	9.52	1.34	6.88	1.31
李家湾	5.47	22.97	51.44	0.08	10.56	1.30	7.13	1.07
怀德渡口	5.50	22.96	51.71	0.08	10.52	1.26	6.95	1.04

续表

控制断面	不同污染源贡献率/%							
	城镇生活	农村生活	农业种植	畜禽散养	水产养殖	工业企业	污水处理厂	磷石膏堆场
清平	2.65	13.22	50.66	0.50	32.98	0.00	0.00	0
八角	4.69	23.41	62.42	0.08	5.26	0.26	0.23	3.67
201医院	4.20	19.53	55.25	0.07	5.18	0.85	9.69	5.23
毗河二桥	9.42	15.86	46.13	0.05	5.45	3.23	19.85	0
三邑大桥	6.74	11.34	56.76	0.07	7.16	1.45	16.49	0
胡市大桥	5.00	26.75	49.98	0.07	12.11	2.11	3.99	0
清江桥	6.47	15.23	53.91	0.05	5.28	1.56	17.50	0
双江桥	4.08	20.35	52.63	0.07	4.84	1.26	3.73	13.05
三川	4.53	20.46	57.25	0.07	5.78	1.19	4.13	6.59
发轮河口	2.27	11.49	80.43	0.03	3.86	1.08	0.85	0
球溪河口	2.81	15.09	73.75	0.04	6.74	0.90	0.66	0
北斗	2.27	11.48	80.45	0.03	3.74	1.13	0.90	0
巷子口	5.59	20.36	63.90	0.10	8.12	1.23	0.71	0
九曲河大桥	6.98	33.41	48.45	0.16	10.93	0.00	0.07	0
爱民桥	5.84	25.31	59.08	0.11	9.19	0.46	0.01	0
双河口	4.84	29.17	36.20	0.13	25.45	2.53	1.69	0
碳研所	6.34	28.86	40.68	0.10	17.77	1.05	5.19	0
邓关	6.35	27.85	38.70	0.10	16.43	1.15	9.43	0
雷公滩	7.73	26.36	53.33	0.07	9.38	0.19	2.95	0
廖家堰	4.60	28.52	34.71	0.14	26.14	3.54	2.36	0
清江大桥	6.58	16.02	54.13	0.05	5.22	1.47	16.53	0

7.5.1.8 水期 NH_3-N 污染源管理清单

沱江流域内35个控制断面的不同污染源在三个水期间的 NH_3-N 贡献率情况如表7-25～表7-27所列。整体上看，农村生活源是三个水期中所有控制断面处 NH_3-N 的主要污染来源，其次是城镇生活源，畜禽散养源对 NH_3-N 的污染负荷贡献强度最小。通过对比可以发现，各控制断面处的城镇生活源、农业种植源和农村生活源这几种污染类型的 NH_3-N 污染贡献率均遵循以下顺序：丰水期＞平水期＞枯水期，但是变化幅度不是很明显。此外，对于工业企业和污水处理厂来说，其在三个水期中对 NH_3-N 的贡献占相对较低，各控制断面的 NH_3-N 污染贡献率表现为：枯水期＞平水期＞丰水期。

表7-25 水质控制断面的不同污染源在丰水期的 NH_3-N 污染贡献率

控制断面	不同污染源贡献率/%						
	城镇生活	农村生活	农业种植	畜禽散养	水产养殖	工业企业	污水处理厂
三皇庙	18.69	63.66	10.87	0.07	1.56	1.93	3.23
沱江大桥	15.65	71.33	7.93	0.07	2.78	0.92	1.37
大磨子	15.92	71.07	7.86	0.07	2.81	0.91	1.40
顺河场	16.83	65.51	12.07	0.07	1.91	1.46	2.17
高寺渡口	15.37	70.03	9.18	0.07	2.38	1.28	1.70
银山镇	15.67	69.42	9.77	0.07	2.36	1.06	1.67
拱城铺渡口	18.13	64.93	10.94	0.08	1.76	1.66	2.52
幸福村	18.05	65.10	10.79	0.08	1.75	1.63	2.61

续表

控制断面	不同污染源贡献率/%						
	城镇生活	农村生活	农业种植	畜禽散养	水产养殖	工业企业	污水处理厂
宏缘	18.82	62.71	11.92	0.07	1.68	1.79	3.00
临江寺	18.42	64.22	11.24	0.07	1.69	1.57	2.79
脚仙村	14.79	71.41	8.45	0.07	2.82	1.08	1.39
釜沱口前	15.09	71.46	8.25	0.07	2.76	1.06	1.34
李家湾	15.65	71.45	7.52	0.07	2.88	0.96	1.50
怀德渡口	15.88	71.26	7.65	0.07	2.84	0.92	1.42
清平	12.25	62.37	12.33	0.71	12.34	0.00	0.00
八角	14.32	72.92	11.08	0.08	1.36	0.22	0.02
201医院	14.53	69.80	10.83	0.07	1.45	2.09	1.23
毗河二桥	29.54	50.72	9.15	0.05	1.64	1.00	7.89
三邑大桥	27.59	47.37	14.52	0.09	2.75	1.66	6.03
胡市大桥	13.68	73.99	7.52	0.05	2.65	1.02	1.10
清江桥	22.32	57.00	11.22	0.06	1.65	2.33	5.42
双江桥	13.63	69.34	9.58	0.08	1.33	5.11	0.94
三川	14.79	69.50	10.57	0.07	1.51	2.86	0.70
发轮河口	11.81	61.05	23.54	0.04	1.70	1.11	0.76
球溪河口	12.13	66.94	17.13	0.05	2.47	0.82	0.46
北斗	11.83	61.00	23.51	0.04	1.64	1.17	0.81
巷子口	17.61	67.28	11.60	0.10	2.31	0.88	0.23
九曲河大桥	15.55	75.94	6.21	0.11	2.14	0.04	0.00
爱民桥	16.00	70.80	10.28	0.10	2.38	0.43	0.01
双河口	12.34	75.91	5.05	0.10	5.34	0.72	0.53
碳研所	15.69	72.68	5.39	0.07	3.59	0.78	1.80
邓关	16.23	72.07	5.28	0.07	3.40	0.69	2.26
雷公滩	19.61	68.16	7.37	0.05	1.97	0.08	2.75
廖家堰	12.02	75.87	4.98	0.10	5.62	0.63	0.77
清江大桥	22.09	58.33	10.90	0.06	1.58	2.12	4.93

表7-26 水质控制断面的不同污染源在平水期的NH_3-N污染贡献率

控制断面	不同污染源贡献率/%						
	城镇生活	农村生活	农业种植	畜禽散养	水产养殖	工业企业	污水处理厂
三皇庙	17.94	61.10	10.43	0.07	1.49	3.36	5.62
沱江大桥	15.36	70.01	7.78	0.07	2.73	1.64	2.44
大磨子	15.62	69.75	7.71	0.07	2.76	1.61	2.50
顺河场	16.34	63.64	11.73	0.07	1.85	2.57	3.81
高寺渡口	15.00	68.37	8.97	0.07	2.33	2.26	3.01
银山镇	15.33	67.91	9.56	0.07	2.30	1.88	2.96
拱城铺渡口	17.53	62.79	10.58	0.07	1.70	2.92	4.42
幸福村	17.45	62.93	10.43	0.07	1.70	2.85	4.58
宏缘	18.12	60.36	11.47	0.07	1.62	3.13	5.24
临江寺	17.79	62.02	10.86	0.07	1.64	2.75	4.88

续表

控制断面	不同污染源贡献率/%						
	城镇生活	农村生活	农业种植	畜禽散养	水产养殖	工业企业	污水处理厂
脚仙村	14.50	69.99	8.28	0.07	2.76	1.93	2.48
釜沱口前	14.80	70.09	8.09	0.07	2.71	1.89	2.37
李家湾	15.35	70.04	7.37	0.07	2.82	1.71	2.67
怀德渡口	15.58	69.92	7.51	0.07	2.78	1.64	2.53
清平	12.25	62.37	12.33	0.71	12.34	0.00	0.00
八角	14.29	72.77	11.06	0.08	1.36	0.41	0.04
201 医院	14.15	67.96	10.55	0.07	1.41	3.69	2.17
毗河二桥	27.55	47.31	8.53	0.05	1.53	1.70	13.34
三邑大桥	25.96	44.58	13.66	0.08	2.59	2.83	10.29
胡市大桥	13.44	72.73	7.39	0.05	2.60	1.82	1.97
清江桥	21.00	53.62	10.55	0.05	1.55	3.98	9.25
双江桥	12.99	66.09	9.13	0.07	1.27	8.83	1.63
三川	14.38	67.54	10.27	0.07	1.47	5.05	1.23
发轮河口	11.63	60.13	23.19	0.04	1.67	1.98	1.36
球溪河口	12.00	66.25	16.95	0.05	2.44	1.47	0.83
北斗	11.64	60.04	23.13	0.04	1.61	2.09	1.44
巷子口	17.45	66.67	11.49	0.10	2.28	1.58	0.42
九曲河大桥	15.55	75.91	6.21	0.11	2.14	0.08	0.00
爱民桥	15.94	70.55	10.25	0.10	2.37	0.78	0.02
双河口	12.22	75.15	5.00	0.10	5.29	1.30	0.95
碳研所	15.36	71.19	5.28	0.07	3.51	1.38	3.20
邓关	15.85	70.38	5.16	0.07	3.32	1.23	3.99
雷公滩	19.17	66.63	7.21	0.05	1.93	0.15	4.87
廖家堰	11.88	75.01	4.93	0.10	5.56	1.13	1.39
清江大桥	20.89	55.17	10.31	0.05	1.49	3.64	8.45

表 7-27　水质控制断面的不同污染源在枯水期的 NH_3-N 污染贡献率

控制断面	不同污染源贡献率/%						
	城镇生活	农村生活	农业种植	畜禽散养	水产养殖	工业企业	污水处理厂
三皇庙	15.87	54.05	9.23	0.06	1.32	7.29	12.19
沱江大桥	14.50	66.10	7.35	0.06	2.57	3.79	5.65
大磨子	14.74	65.82	7.28	0.06	2.60	3.73	5.78
顺河场	14.96	58.24	10.73	0.06	1.70	5.76	8.56
高寺渡口	13.94	63.51	8.33	0.06	2.16	5.15	6.87
银山镇	14.32	63.45	8.93	0.07	2.15	4.32	6.77
拱城铺渡口	15.85	56.74	9.56	0.07	1.54	6.47	9.80
幸福村	15.75	56.80	9.41	0.07	1.53	6.32	10.14
宏缘	16.16	53.82	10.23	0.06	1.44	6.84	11.46
临江寺	16.01	55.83	9.77	0.06	1.47	6.07	10.78
脚仙村	13.63	65.78	7.79	0.07	2.60	4.44	5.71
釜沱口前	13.93	66.00	7.62	0.07	2.55	4.36	5.48
李家湾	14.43	65.85	6.93	0.07	2.65	3.95	6.15
怀德渡口	14.69	65.93	7.08	0.07	2.62	3.78	5.85

续表

控制断面	不同污染源贡献率/%						
	城镇生活	农村生活	农业种植	畜禽散养	水产养殖	工业企业	污水处理厂
清平	12.25	62.37	12.33	0.71	12.34	0.00	0.00
八角	14.20	72.31	10.99	0.08	1.35	0.99	0.09
201 医院	13.04	62.63	9.72	0.07	1.30	8.34	4.90
毗河二桥	22.61	38.82	7.00	0.04	1.26	3.41	26.86
三邑大桥	21.81	37.44	11.47	0.07	2.17	5.84	21.20
胡市大桥	12.74	68.94	7.00	0.05	2.47	4.22	4.57
清江桥	17.61	44.98	8.85	0.04	1.30	8.19	19.03
双江桥	11.28	57.37	7.92	0.06	1.10	18.79	3.47
三川	13.18	61.90	9.41	0.07	1.34	11.34	2.76
发轮河口	11.10	57.36	22.12	0.04	1.59	4.62	3.18
球溪河口	11.61	64.11	16.41	0.05	2.37	3.49	1.97
北斗	11.08	57.11	22.00	0.04	1.54	4.88	3.36
巷子口	16.96	64.79	11.17	0.10	2.22	3.77	0.99
九曲河大桥	15.53	75.82	6.20	0.11	2.14	0.19	0.01
爱民桥	15.76	69.74	10.13	0.10	2.34	1.89	0.04
双河口	11.83	72.77	4.84	0.10	5.12	3.08	2.26
碳研所	14.41	66.74	4.95	0.07	3.29	3.18	7.35
邓关	14.73	65.42	4.80	0.07	3.09	2.80	9.11
雷公滩	17.87	62.11	6.72	0.05	1.80	0.33	11.12
廖家堰	11.46	72.37	4.75	0.10	5.36	2.67	3.28
清江大桥	17.77	46.93	8.77	0.04	1.27	7.59	17.63

7.5.2 水质控制断面乡镇管控清单

7.5.2.1 年 COD 污染乡镇管控清单

沱江流域内 COD 污染乡镇管控清单如表 7-28 所列。不同乡镇对水质断面的 COD 污染贡献率有较大的差别，对水质断面污染贡献率最大的乡镇为绵远镇，对清平断面的污染贡献率为 97.64%，其次为旭阳镇，对雷公滩断面的污染贡献率为 29.90%。其中，对较多水质断面造成较大 COD 污染的乡镇是位于成都市的新都街道。

表 7-28 年 COD 污染乡镇管控清单

水质断面名称	首要污染乡镇名称	首要污染乡镇所在地级市	贡献率/%
三皇庙	新都街道	成都市	3.79
沱江大桥	卫坪镇	自贡市	1.39
大磨子	卫坪镇	自贡市	1.57
顺河场	新都街道	成都市	1.96
高寺渡口	银山镇	内江市	2.35
银山镇	龙江镇	内江市	2.22
拱城铺渡口	新都街道	成都市	2.50
幸福村	新都街道	成都市	2.45
宏缘	新都街道	成都市	3.46
临江寺	新都街道	成都市	2.97
脚仙村	银山镇	内江市	1.90
釜沱口前	银山镇	内江市	1.77
李家湾	卫坪镇	自贡市	1.67

续表

水质断面名称	首要污染乡镇名称	首要污染乡镇所在地级市	贡献率/%
怀德渡口	卫坪镇	自贡市	1.60
清平	绵远镇	德阳市	97.64
八角	黄许镇	德阳市	15.42
201医院	八角井街道	德阳市	4.56
毗河二桥	新都街道	成都市	24.51
三邑大桥	致和镇	成都市	29.35
胡市大桥	金鹅镇	内江市	8.94
清江桥	新丰镇	德阳市	16.61
双江桥	孝德镇	德阳市	11.06
三川	孝德镇	德阳市	5.35
发轮河口	文林镇	眉山市	12.62
球溪河口	文林镇	眉山市	7.72
北斗	文林镇	眉山市	13.46
巷子口	天池镇	资阳市	10.28
九曲河大桥	祥符镇	资阳市	20.81
爱民桥	贾家镇	资阳市	9.69
双河口	严陵镇	内江市	17.88
碳研所	旭阳镇	自贡市	6.81
邓关	卫坪镇	自贡市	6.86
雷公滩	旭阳镇	自贡市	29.90
廖家堰	严陵镇	内江市	24.41
清江大桥	新丰镇	德阳市	16.79

7.5.2.2 年 TN 污染乡镇管控清单

沱江流域内 TN 污染乡镇管控清单如表 7-29 所列。不同乡镇对水质断面的 TN 污染贡献率有较大的差别，对单一水质断面污染贡献率最大的乡镇为绵远镇，对清平断面的污染贡献率为 97.59%，其次为旭阳镇，对雷公滩断面的污染贡献率为 35.58%。其中，对较多水质断面造成较大 TN 污染的乡镇是位于德阳市的八角井街道。

表 7-29　年 TN 污染乡镇管控清单

水质断面名称	首要污染乡镇名称	首要污染乡镇所在地级市	贡献率/%
三皇庙	八角井街道	德阳市	6.96
沱江大桥	卫坪镇	自贡市	3.20
大磨子	卫坪镇	自贡市	3.54
顺河场	八角井街道	德阳市	4.06
高寺渡口	八角井街道	德阳市	2.90
银山镇	八角井街道	德阳市	3.14
拱城铺渡口	八角井街道	德阳市	4.93
幸福村	八角井街道	德阳市	4.82
宏缘	八角井街道	德阳市	6.53
临江寺	八角井街道	德阳市	5.71
脚仙村	八角井街道	德阳市	2.45
釜沱口前	八角井街道	德阳市	2.31
李家湾	卫坪镇	自贡市	3.72
怀德渡口	卫坪镇	自贡市	3.58
清平	绵远镇	德阳市	97.59

续表

水质断面名称	首要污染乡镇名称	首要污染乡镇所在地级市	贡献率/%
八角	黄许镇	德阳市	15.28
201医院	八角井街道	德阳市	12.82
毗河二桥	新都街道	成都市	31.09
三邑大桥	致和镇	成都市	46.87
胡市大桥	金鹅镇	内江市	12.57
清江桥	新丰镇	德阳市	21.59
双江桥	孝德镇	德阳市	14.11
三川	孝德镇	德阳市	7.26
发轮河口	文林镇	眉山市	14.65
球溪河口	文林镇	眉山市	8.99
北斗	文林镇	眉山市	15.56
巷子口	天池镇	资阳市	11.60
九曲河大桥	祥符镇	资阳市	20.51
爱民桥	贾家镇	资阳市	10.50
双河口	严陵镇	内江市	20.02
碳研所	旭阳镇	自贡市	8.61
邓关	卫坪镇	自贡市	15.25
雷公滩	旭阳镇	自贡市	35.58
廖家堰	严陵镇	内江市	26.99
清江大桥	新丰镇	德阳市	21.46

7.5.2.3　年TP污染乡镇管控清单

沱江流域内TP污染乡镇管控清单如表7-30所列。不同乡镇对水质断面的TP污染贡献率有较大的差别，对水质断面污染贡献率最大的乡镇为绵远镇，对清平断面的污染贡献率为97.73%，其次为旭阳镇，对雷公滩断面的污染贡献率为25.02%。其中，对较多水质断面造成较大TP污染的乡镇是位于德阳市的八角井街道。

表7-30　年TP污染乡镇管控清单

水质断面名称	首要污染乡镇名称	首要污染乡镇所在地级市	贡献率/%
三皇庙	八角井街道	德阳市	2.78
沱江大桥	旭阳镇	自贡市	0.85
大磨子	旭阳镇	自贡市	0.91
顺河场	八角井街道	德阳市	1.52
高寺渡口	八角井街道	德阳市	1.28
银山镇	八角井街道	德阳市	1.31
拱城铺渡口	八角井街道	德阳市	1.93
幸福村	八角井街道	德阳市	1.91
宏缘	八角井街道	德阳市	2.46
临江寺	八角井街道	德阳市	2.21
脚仙村	八角井街道	德阳市	1.14
釜沱口前	八角井街道	德阳市	1.10
李家湾	旭阳镇	自贡市	0.96
怀德渡口	旭阳镇	自贡市	0.93
清平	绵远镇	德阳市	97.73
八角	黄许镇	德阳市	16.37
201医院	八角井街道	德阳市	4.57

续表

水质断面名称	首要污染乡镇名称	首要污染乡镇所在地级市	贡献率/%
毗河二桥	新都街道	成都市	15.77
三邑大桥	丽春镇	成都市	22.55
胡市大桥	福集镇	泸州市	6.85
清江桥	新丰镇	德阳市	11.48
双江桥	孝德镇	德阳市	11.46
三川	孝德镇	德阳市	5.56
发轮河口	文林镇	眉山市	6.17
球溪河口	文林镇	眉山市	4.82
北斗	文林镇	眉山市	6.53
巷子口	竹篙镇	成都市	6.90
九曲河大桥	祥符镇	资阳市	21.82
爱民桥	万兴乡	成都市	12.52
双河口	严陵镇	内江市	15.43
碳研所	旭阳镇	自贡市	7.21
邓关	旭阳镇	自贡市	6.34
雷公滩	旭阳镇	自贡市	25.02
廖家堰	严陵镇	内江市	20.82
清江大桥	新丰镇	德阳市	11.87

7.5.2.4 年 NH_3-N 污染乡镇管控清单

沱江流域内 NH_3-N 污染乡镇管控清单如表 7-31 所列。不同乡镇对水质断面的 NH_3-N 污染贡献率有较大的差别，对水质断面污染贡献率最大的乡镇为绵远镇，对清平断面的污染贡献率为 97.39%，其次为严陵镇，对廖家堰断面的污染贡献率为 34.19%。其中，对较多水质断面造成较大 NH_3-N 污染的乡镇是位于德阳市的新丰镇。

表 7-31 年 NH_3-N 污染乡镇管控清单

水质断面名称	首要污染乡镇名称	首要污染乡镇所在地级市	贡献率/%
三皇庙	新丰镇	德阳市	4.07
沱江大桥	富世镇	自贡市	1.62
大磨子	富世镇	自贡市	1.85
顺河场	新丰镇	德阳市	2.06
高寺渡口	龙江镇	内江市	2.51
银山镇	龙江镇	内江市	2.73
拱城铺渡口	新丰镇	德阳市	2.66
幸福村	新丰镇	德阳市	2.59
宏缘	新丰镇	德阳市	3.78
临江寺	新丰镇	德阳市	3.18
脚仙村	龙江镇	内江市	2.03
釜沱口前	龙江镇	内江市	1.86
李家湾	富世镇	自贡市	1.99
怀德渡口	富世镇	自贡市	1.88
清平	绵远镇	德阳市	97.39
八角	黄许镇	德阳市	15.74
201 医院	新市镇	德阳市	4.79
毗河二桥	新都街道	成都市	25.90
三邑大桥	致和镇	成都市	28.01

续表

水质断面名称	首要污染乡镇名称	首要污染乡镇所在地级市	贡献率/%
胡市大桥	金鹅镇	内江市	9.21
清江桥	新丰镇	德阳市	20.01
双江桥	新市镇	德阳市	13.24
三川	新市镇	德阳市	6.71
发轮河口	文林镇	眉山市	15.06
球溪河口	文林镇	眉山市	9.18
北斗	文林镇	眉山市	16.00
巷子口	天池镇	资阳市	13.52
九曲河大桥	祥符镇	资阳市	20.13
爱民桥	贾家镇	资阳市	11.22
双河口	严陵镇	内江市	24.54
碳研所	旭阳镇	自贡市	8.91
邓关	旭阳镇	自贡市	7.65
雷公滩	旭阳镇	自贡市	33.54
廖家堰	严陵镇	内江市	34.19
清江大桥	新丰镇	德阳市	20.01

7.5.2.5 不同水期 COD 污染乡镇管控清单

沱江流域内不同水期 COD 污染乡镇管控清单如表 7-32 所列。各水质断面在不同水期 COD 的首要污染乡镇不尽相同，不同乡镇对水质断面的 COD 污染贡献率也有较大的差别。其中，首要污染乡镇发生变化的水质断面有沱江大桥、大磨子、高寺渡口、银山镇、脚仙村、釜沱口前、李家湾、怀德渡口、201 医院、邓关断面。

表 7-32 不同水期 COD 污染乡镇管控清单

水质断面名称	丰水期			枯水期			平水期		
	首要污染乡镇名称	首要污染乡镇所在地级市	贡献率/%	首要污染乡镇名称	首要污染乡镇所在地级市	贡献率/%	首要污染乡镇名称	首要污染乡镇所在地级市	贡献率/%
三皇庙	新都街道	成都市	3.31	新都街道	成都市	5.17	新都街道	成都市	3.82
沱江大桥	旭阳镇	自贡市	1.16	卫坪镇	自贡市	2.72	卫坪镇	自贡市	1.42
大磨子	旭阳镇	自贡市	1.32	卫坪镇	自贡市	3.06	卫坪镇	自贡市	1.60
顺河场	新都街道	成都市	1.69	新都街道	成都市	2.80	新都街道	成都市	1.98
高寺渡口	龙江镇	内江市	2.11	银山镇	内江市	3.45	银山镇	内江市	2.37
银山镇	龙江镇	内江市	2.28	新都街道	成都市	2.09	龙江镇	内江市	2.21
拱城铺渡口	新都街道	成都市	2.16	新都街道	成都市	3.51	新都街道	成都市	2.52
幸福村	新都街道	成都市	2.12	新都街道	成都市	3.43	新都街道	成都市	2.47
宏缘	新都街道	成都市	3.01	新都街道	成都市	4.77	新都街道	成都市	3.49
临江寺	新都街道	成都市	2.57	新都街道	成都市	4.15	新都街道	成都市	3.00
脚仙村	龙江镇	内江市	1.70	银山镇	内江市	2.84	银山镇	内江市	1.92
釜沱口前	龙江镇	内江市	1.58	银山镇	内江市	2.65	银山镇	内江市	1.79
李家湾	旭阳镇	自贡市	1.40	卫坪镇	自贡市	3.24	卫坪镇	自贡市	1.70
怀德渡口	旭阳镇	自贡市	1.34	卫坪镇	自贡市	3.11	卫坪镇	自贡市	1.62
清平	绵远镇	德阳市	97.64	绵远镇	德阳市	97.64	绵远镇	德阳市	97.64
八角	黄许镇	德阳市	15.45	黄许镇	德阳市	15.31	黄许镇	德阳市	15.42
201 医院	孝德镇	德阳市	3.68	八角井街道	德阳市	7.90	八角井街道	德阳市	4.63
毗河二桥	新都街道	成都市	22.33	新都街道	成都市	29.56	新都街道	成都市	24.62

续表

水质断面名称	丰水期			枯水期			平水期		
	首要污染乡镇名称	首要污染乡镇所在地级市	贡献率/%	首要污染乡镇名称	首要污染乡镇所在地级市	贡献率/%	首要污染乡镇名称	首要污染乡镇所在地级市	贡献率/%
三邑大桥	致和镇	成都市	24.98	致和镇	成都市	40.97	致和镇	成都市	29.60
胡市大桥	金鹅镇	内江市	8.22	金鹅镇	内江市	11.24	金鹅镇	内江市	8.98
清江桥	新丰镇	德阳市	15.05	新丰镇	德阳市	20.76	新丰镇	德阳市	16.70
双江桥	孝德镇	德阳市	10.71	孝德镇	德阳市	12.16	孝德镇	德阳市	11.09
三川	孝德镇	德阳市	5.12	孝德镇	德阳市	6.06	孝德镇	德阳市	5.36
发轮河口	文林镇	眉山市	11.26	文林镇	眉山市	17.01	文林镇	眉山市	12.70
球溪河口	文林镇	眉山市	6.85	文林镇	眉山市	10.61	文林镇	眉山市	7.77
北斗	文林镇	眉山市	12.02	文林镇	眉山市	18.07	文林镇	眉山市	13.54
巷子口	天池镇	资阳市	9.85	天池镇	资阳市	11.70	天池镇	资阳市	10.30
九曲河大桥	祥符镇	资阳市	20.84	祥符镇	资阳市	20.68	祥符镇	资阳市	20.80
爱民桥	贾家镇	成都市	9.67	贾家镇	成都市	9.78	贾家镇	成都市	9.70
双河口	严陵镇	内江市	18.00	严陵镇	内江市	17.46	严陵镇	内江市	17.87
碳研所	旭阳镇	自贡市	6.73	旭阳镇	自贡市	7.10	旭阳镇	自贡市	6.82
邓关	旭阳镇	自贡市	5.82	卫坪镇	自贡市	12.88	卫坪镇	自贡市	6.98
雷公滩	旭阳镇	自贡市	29.24	旭阳镇	自贡市	32.03	旭阳镇	自贡市	29.93
廖家堰	严陵镇	内江市	24.58	严陵镇	内江市	23.84	严陵镇	内江市	24.40
清江大桥	新丰镇	德阳市	15.36	新丰镇	德阳市	20.65	新丰镇	德阳市	16.87

7.5.2.6 不同水期 TN 污染乡镇管控清单

沱江流域内不同水期 TN 污染乡镇管控清单如表 7-33 所列。各水质断面在不同水期 TN 的首要污染乡镇不尽相同，不同乡镇对水质断面的 TN 污染贡献率也有较大的差别。其中，首要污染乡镇发生变化的水质断面有高寺渡口、银山镇、脚仙村、釜沱口前、碳研所断面。

表 7-33 不同水期 TN 污染乡镇管控清单

水质断面名称	丰水期			枯水期			平水期		
	首要污染乡镇名称	首要污染乡镇所在地级市	贡献率/%	首要污染乡镇名称	首要污染乡镇所在地级市	贡献率/%	首要污染乡镇名称	首要污染乡镇所在地级市	贡献率/%
三皇庙	八角井街道	德阳市	4.97	八角井街道	德阳市	11.17	八角井街道	德阳市	7.07
沱江大桥	卫坪镇	自贡市	2.09	卫坪镇	自贡市	6.13	卫坪镇	自贡市	3.26
大磨子	卫坪镇	自贡市	2.32	卫坪镇	自贡市	6.72	卫坪镇	自贡市	3.61
顺河场	八角井街道	德阳市	2.79	八角井街道	德阳市	7.12	八角井街道	德阳市	4.13
高寺渡口	龙江镇	内江市	1.96	八角井街道	德阳市	5.25	八角井街道	德阳市	2.95
银山镇	龙江镇	内江市	2.12	八角井街道	德阳市	5.77	八角井街道	德阳市	3.20
拱城铺渡口	八角井街道	德阳市	3.44	八角井街道	德阳市	8.32	八角井街道	德阳市	5.01
幸福村	八角井街道	德阳市	3.36	八角井街道	德阳市	8.12	八角井街道	德阳市	4.90
宏缘	八角井街道	德阳市	4.63	八角井街道	德阳市	10.65	八角井街道	德阳市	6.63
临江寺	八角井街道	德阳市	4.01	八角井街道	德阳市	9.49	八角井街道	德阳市	5.80
脚仙村	龙江镇	内江市	1.64	八角井街道	德阳市	4.59	八角井街道	德阳市	2.50
釜沱口前	龙江镇	内江市	1.54	八角井街道	德阳市	4.34	八角井街道	德阳市	2.35
李家湾	卫坪镇	自贡市	2.45	卫坪镇	自贡市	7.00	卫坪镇	自贡市	3.79
怀德渡口	卫坪镇	自贡市	2.36	卫坪镇	自贡市	6.80	卫坪镇	自贡市	3.65

续表

水质断面名称	丰水期			枯水期			平水期		
	首要污染乡镇名称	首要污染乡镇所在地级市	贡献率/%	首要污染乡镇名称	首要污染乡镇所在地级市	贡献率/%	首要污染乡镇名称	首要污染乡镇所在地级市	贡献率/%
清平	绵远镇	德阳市	97.59	绵远镇	德阳市	97.59	绵远镇	德阳市	97.59
八角	黄许镇	德阳市	15.33	黄许镇	德阳市	15.14	黄许镇	德阳市	15.28
201医院	八角井街道	德阳市	8.72	八角井街道	德阳市	22.94	八角井街道	德阳市	13.05
毗河二桥	新都街道	成都市	28.05	新都街道	成都市	35.63	新都街道	成都市	31.23
三邑大桥	致和镇	成都市	37.79	致和镇	成都市	63.91	致和镇	成都市	47.33
胡市大桥	金鹅镇	内江市	10.70	金鹅镇	内江市	18.07	金鹅镇	内江市	12.68
清江桥	新丰镇	德阳市	19.00	新丰镇	德阳市	27.13	新丰镇	德阳市	21.73
双江桥	孝德镇	德阳市	12.63	孝德镇	德阳市	17.81	孝德镇	德阳市	14.19
三川	孝德镇	德阳市	6.33	孝德镇	德阳市	9.84	孝德镇	德阳市	7.31
发轮河口	文林镇	眉山市	13.30	文林镇	眉山市	19.08	文林镇	眉山市	14.74
球溪河口	文林镇	眉山市	8.11	文林镇	眉山市	11.92	文林镇	眉山市	9.04
北斗	文林镇	眉山市	14.13	文林镇	眉山市	20.19	文林镇	眉山市	15.64
巷子口	天池镇	资阳市	11.35	天池镇	资阳市	12.45	天池镇	资阳市	11.62
九曲河大桥	祥符镇	资阳市	20.51	祥符镇	资阳市	20.49	祥符镇	资阳市	20.51
爱民桥	贾家镇	成都市	10.47	贾家镇	成都市	10.62	贾家镇	成都市	10.51
双河口	严陵镇	内江市	20.25	严陵镇	内江市	19.29	严陵镇	内江市	20.00
碳研所	旭阳镇	自贡市	8.26	和平乡	自贡市	9.60	旭阳镇	自贡市	8.63
邓关	卫坪镇	自贡市	10.34	卫坪镇	自贡市	26.80	卫坪镇	自贡市	15.52
雷公滩	旭阳镇	自贡市	33.60	旭阳镇	自贡市	41.17	旭阳镇	自贡市	35.69
廖家堰	严陵镇	内江市	27.47	严陵镇	内江市	25.48	严陵镇	内江市	26.96
清江大桥	新丰镇	德阳市	19.04	新丰镇	德阳市	26.76	新丰镇	德阳市	21.59

7.5.2.7 不同水期TP污染乡镇管控清单

沱江流域内不同水期TP污染乡镇管控清单如表7-34所列。各水质断面在不同水期TP的首要污染乡镇不尽相同，不同乡镇对水质断面的TP污染贡献率也有较大的差别。其中，首要污染乡镇发生变化的水质断面较多，有三皇庙、沱江大桥、大磨子、顺河场、高寺渡口、银山镇、拱城铺渡口、幸福村、宏缘、临江寺、脚仙村、釜沱口前、李家湾、怀德渡口、201医院、三邑大桥、胡市大桥、双江桥、三川、邓关断面。

表7-34 不同水期TP污染乡镇管控清单

水质断面名称	丰水期			枯水期			平水期		
	首要污染乡镇名称	首要污染乡镇所在地级市	贡献率/%	首要污染乡镇名称	首要污染乡镇所在地级市	贡献率/%	首要污染乡镇名称	首要污染乡镇所在地级市	贡献率/%
三皇庙	孝德镇	德阳市	2.33	八角井街道	德阳市	5.00	八角井街道	德阳市	2.82
沱江大桥	旭阳镇	自贡市	0.85	八角井街道	德阳市	1.51	旭阳镇	自贡市	0.85
大磨子	旭阳镇	自贡市	0.92	八角井街道	德阳市	1.63	旭阳镇	自贡市	0.91
顺河场	孝德镇	德阳市	1.26	八角井街道	德阳市	2.84	八角井街道	德阳市	1.55
高寺渡口	孝德镇	德阳市	1.05	八角井街道	德阳市	2.40	八角井街道	德阳市	1.30
银山镇	孝德镇	德阳市	1.09	八角井街道	德阳市	2.48	八角井街道	德阳市	1.34
拱城铺渡口	孝德镇	德阳市	1.60	八角井街道	德阳市	3.55	八角井街道	德阳市	1.96
幸福村	孝德镇	德阳市	1.59	八角井街道	德阳市	3.51	八角井街道	德阳市	1.94

续表

水质断面名称	丰水期			枯水期			平水期		
	首要污染乡镇名称	首要污染乡镇所在地级市	贡献率/%	首要污染乡镇名称	首要污染乡镇所在地级市	贡献率/%	首要污染乡镇名称	首要污染乡镇所在地级市	贡献率/%
宏缘	孝德镇	德阳市	2.05	八角井街道	德阳市	4.48	八角井街道	德阳市	2.50
临江寺	孝德镇	德阳市	1.84	八角井街道	德阳市	4.04	八角井街道	德阳市	2.24
脚仙村	孝德镇	德阳市	0.94	八角井街道	德阳市	2.15	八角井街道	德阳市	1.16
釜沱口前	孝德镇	德阳市	0.91	八角井街道	德阳市	2.08	八角井街道	德阳市	1.12
李家湾	旭阳镇	自贡市	0.96	八角井街道	德阳市	1.70	旭阳镇	自贡市	0.96
怀德渡口	旭阳镇	自贡市	0.93	八角井街道	德阳市	1.65	旭阳镇	自贡市	0.93
清平	绵远镇	德阳市	97.73	绵远镇	德阳市	97.73	绵远镇	德阳市	97.73
八角	黄许镇	德阳市	16.49	黄许镇	德阳市	15.96	黄许镇	德阳市	16.36
201医院	孝德镇	德阳市	3.81	八角井街道	德阳市	8.29	八角井街道	德阳市	4.64
毗河二桥	新都街道	成都市	14.66	新都街道	成都市	18.96	新都街道	成都市	15.84
三邑大桥	丽春镇	成都市	23.21	致和镇	成都市	29.60	丽春镇	成都市	22.51
胡市大桥	福集镇	泸州市	6.87	金鹅镇	内江市	6.92	福集镇	泸州市	6.85
清江桥	新丰镇	德阳市	10.20	新丰镇	德阳市	15.30	新丰镇	德阳市	11.55
双江桥	孝德镇	德阳市	11.28	新市镇	德阳市	13.63	孝德镇	德阳市	11.47
三川	孝德镇	德阳市	5.40	新市镇	德阳市	6.88	孝德镇	德阳市	5.57
发轮河口	文林镇	眉山市	5.91	文林镇	眉山市	7.07	文林镇	眉山市	6.19
球溪河口	文林镇	眉山市	4.61	文林镇	眉山市	5.53	文林镇	眉山市	4.83
北斗	文林镇	眉山市	6.26	文林镇	眉山市	7.49	文林镇	眉山市	6.55
巷子口	竹篙镇	成都市	6.84	竹篙镇	成都市	7.11	竹篙镇	成都市	6.90
九曲河大桥	祥符镇	资阳市	21.82	祥符镇	资阳市	21.81	祥符镇	资阳市	21.82
爱民桥	万兴乡	成都市	12.53	万兴乡	成都市	12.50	万兴乡	成都市	12.52
双河口	严陵镇	内江市	15.11	严陵镇	内江市	16.49	严陵镇	内江市	15.44
碳研所	旭阳镇	自贡市	7.20	旭阳镇	自贡市	7.25	旭阳镇	自贡市	7.21
邓关	旭阳镇	自贡市	6.38	卫坪镇	自贡市	7.67	旭阳镇	自贡市	6.33
雷公滩	旭阳镇	自贡市	24.83	旭阳镇	自贡市	25.64	旭阳镇	自贡市	25.03
廖家堰	严陵镇	内江市	20.43	严陵镇	内江市	22.11	严陵镇	内江市	20.84
清江大桥	新丰镇	德阳市	10.68	新丰镇	德阳市	15.43	新丰镇	德阳市	11.94

7.5.2.8 不同水期 NH_3-N 污染乡镇管控清单

沱江流域内不同水期 NH_3-N 污染乡镇管控清单如表 7-35 所列。各水质断面在不同水期 NH_3-N 的首要污染乡镇不尽相同，不同乡镇对水质断面的 NH_3-N 污染贡献率也有较大的差别。其中，首要污染乡镇发生变化的水质断面有三皇庙、沱江大桥、大磨子、顺河场、高寺渡口、拱城铺渡口、幸福村、宏缘、临江寺、脚仙村、釜沱口前、李家湾、怀德渡口断面。

表 7-35 不同水期 NH_3-N 污染乡镇管控清单

水质断面名称	丰水期			枯水期			平水期		
	首要污染乡镇名称	首要污染乡镇所在地级市	贡献率/%	首要污染乡镇名称	首要污染乡镇所在地级市	贡献率/%	首要污染乡镇名称	首要污染乡镇所在地级市	贡献率/%
三皇庙	新丰镇	德阳市	3.86	新市镇	德阳市	4.79	新丰镇	德阳市	4.08
沱江大桥	富世镇	自贡市	1.61	旭阳镇	自贡市	1.74	富世镇	自贡市	1.62
大磨子	富世镇	自贡市	1.84	旭阳镇	自贡市	1.98	富世镇	自贡市	1.85

续表

水质断面名称	丰水期			枯水期			平水期		
	首要污染乡镇名称	首要污染乡镇所在地级市	贡献率/%	首要污染乡镇名称	首要污染乡镇所在地级市	贡献率/%	首要污染乡镇名称	首要污染乡镇所在地级市	贡献率/%
顺河场	新丰镇	德阳市	1.93	新市镇	德阳市	2.51	新丰镇	德阳市	2.07
高寺渡口	龙江镇	内江市	2.56	银山镇	内江市	2.51	龙江镇	内江市	2.50
银山镇	龙江镇	内江市	2.79	龙江镇	内江市	2.55	龙江镇	内江市	2.73
拱城铺渡口	新丰镇	德阳市	2.50	新市镇	德阳市	3.19	新丰镇	德阳市	2.66
幸福村	新丰镇	德阳市	2.44	新市镇	德阳市	3.11	新丰镇	德阳市	2.60
宏缘	新丰镇	德阳市	3.57	新市镇	德阳市	4.48	新丰镇	德阳市	3.79
临江寺	新丰镇	德阳市	2.99	新市镇	德阳市	3.81	新丰镇	德阳市	3.19
脚仙村	龙江镇	内江市	2.06	银山镇	内江市	2.06	龙江镇	内江市	2.02
釜沱口前	龙江镇	内江市	1.89	银山镇	内江市	1.89	龙江镇	内江市	1.86
李家湾	富世镇	自贡市	1.98	旭阳镇	自贡市	2.12	富世镇	自贡市	1.99
怀德渡口	富世镇	自贡市	1.88	旭阳镇	自贡市	2.02	富世镇	自贡市	1.88
清平	绵远镇	德阳市	97.39	绵远镇	德阳市	97.39	绵远镇	德阳市	97.39
八角	黄许镇	德阳市	15.77	黄许镇	德阳市	15.64	黄许镇	德阳市	15.74
201 医院	新市镇	德阳市	3.72	新市镇	德阳市	8.15	新市镇	德阳市	4.86
毗河二桥	新都街道	成都市	23.80	新都街道	成都市	31.53	新都街道	成都市	26.02
三邑大桥	致和镇	成都市	24.87	致和镇	成都市	36.69	致和镇	成都市	28.19
胡市大桥	金鹅镇	内江市	8.96	金鹅镇	内江市	10.04	金鹅镇	内江市	9.22
清江桥	新丰镇	德阳市	18.60	新丰镇	德阳市	23.90	新丰镇	德阳市	20.09
双江桥	新市镇	德阳市	10.49	新市镇	德阳市	21.20	新市镇	德阳市	13.40
三川	新市镇	德阳市	5.22	新市镇	德阳市	11.36	新市镇	德阳市	6.80
发轮河口	文林镇	眉山市	13.95	文林镇	眉山市	18.73	文林镇	眉山市	15.13
球溪河口	文林镇	眉山市	8.46	文林镇	眉山市	11.58	文林镇	眉山市	9.22
北斗	文林镇	眉山市	14.83	文林镇	眉山市	19.84	文林镇	眉山市	16.07
巷子口	天池镇	资阳市	13.08	天池镇	资阳市	14.99	天池镇	资阳市	13.54
九曲河大桥	祥符镇	资阳市	20.14	祥符镇	资阳市	20.11	祥符镇	资阳市	20.13
爱民桥	贾家镇	成都市	11.18	贾家镇	成都市	11.38	贾家镇	成都市	11.23
双河口	严陵镇	内江市	24.46	严陵镇	内江市	24.81	严陵镇	内江市	24.54
碳研所	旭阳镇	自贡市	8.65	旭阳镇	自贡市	9.75	旭阳镇	自贡市	8.92
邓关	旭阳镇	自贡市	7.44	旭阳镇	自贡市	8.30	旭阳镇	自贡市	7.66
雷公滩	旭阳镇	自贡市	32.61	旭阳镇	自贡市	36.49	旭阳镇	自贡市	33.60
廖家堰	严陵镇	内江市	34.09	严陵镇	内江市	34.49	严陵镇	内江市	34.19
清江大桥	新丰镇	德阳市	18.73	新丰镇	德阳市	23.61	新丰镇	德阳市	20.08

7.5.3 重污染断面的污染贡献分析

基于研究区域水质控制断面的水质演变分析结果，以及沱江流域 2018 年水质监测数据，通过对比《地表水环境质量标准》(GB 3838—2002) 标准限值（表 7-36），可知宏缘、毗河二桥、发轮河口和九曲河大桥为重污染控制断面。

表 7-36 《地表水环境质量标准》(GB 3838—2002) 标准限值 单位：mg/L

污染物指标	Ⅰ	Ⅱ	Ⅲ	Ⅳ	Ⅴ
COD	≤15	≤15	≤20	≤30	≤40
TN	≤0.2	≤0.5	≤1.0	≤1.5	≤2.0
TP	≤0.02	≤0.1	≤0.2	≤0.3	≤0.4
氨氮	≤0.15	≤0.5	≤1.0	≤1.5	≤2.0

根据2018年沱江流域水质监测数据并对比《地表水环境质量标准》(GB 3838—2002)标准限值发现，引起宏缘控制断面水质变差和污染严重的主要是TN和TP，分别超标3.65倍和1.05倍（表7-37）。对该断面的TN和TP进行污染贡献分析。

表7-37 宏缘控制断面水质浓度及类别

污染物指标	COD	TN	TP	NH_3-N
污染物浓度/(mg/L)	13.17	3.65	0.21	0.46
水质类别	Ⅱ	Ⅴ	Ⅳ	Ⅱ
超标倍数	—	3.65倍	1.05倍	—

7.5.3.1 宏缘控制断面污染贡献分析

(1) 不同污染源贡献率

根据表7-38不同污染源对宏缘控制断面的TN、TP污染贡献率，其中农村生活源对TN的贡献率最大，为39.72%，磷石膏堆场对TN的贡献率最小，为0；农业种植源对TP的贡献率最大，为62.5%，畜禽散养源对TP的贡献率最小，为0.07%。

表7-38 不同污染源对宏缘控制断面的TN、TP污染贡献率

污染源类型	TN/%	TP/%
工业点源	1.86	0.51
污水处理厂	26.03	5.01
磷石膏堆场	0	1.24
城市生活源	15.69	5.96
农村生活源	39.72	18.73
农业种植源	9.8	62.5
畜禽散养源	0.08	0.07
水产养殖源	6.83	5.98
合计	100	100

(2) 不同乡镇污染贡献率

根据计算，共有151个乡镇对宏缘控制断面产生污染，其中德阳市八角井街道对TN、TP污染贡献率均为最高，对TN污染贡献率为6.53%，对TP污染贡献率为2.46%。

(3) 不同控制单元污染贡献率

1) 年TN污染贡献率

不同控制单元对宏缘控制断面的TN贡献率如图7-5所示。41个控制单元中仅有图7-5中16个控制单元对宏缘断面产生TN贡献率，其余控制单元的TN贡献率为0。控制单元中对宏缘断面TN贡献率最大的为2号控制单元，占比13.21%，其次是7号和8号，分别占比12.18%和11.17%。

2) 年TP污染贡献率

宏缘断面年TP污染贡献率如图7-6所示。41个控制单元中仅有图7-6中16个控制单元对宏缘断面产生TP贡献率，其余控制单元的TP贡献率为0。控制单元中对宏缘断面TP贡献率最大的为10号控制单元，占比11.62%；其次是30号和2号，分别占比11.11%和9.67%。

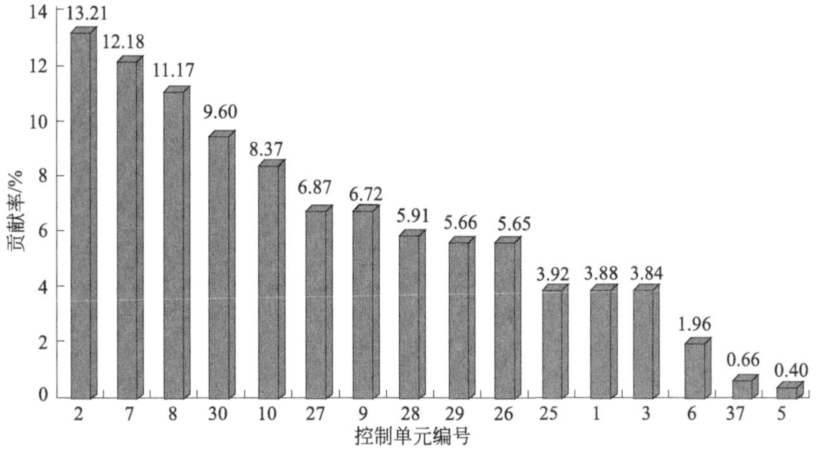

图 7-5　控制单元对宏缘断面年 TN 污染贡献率

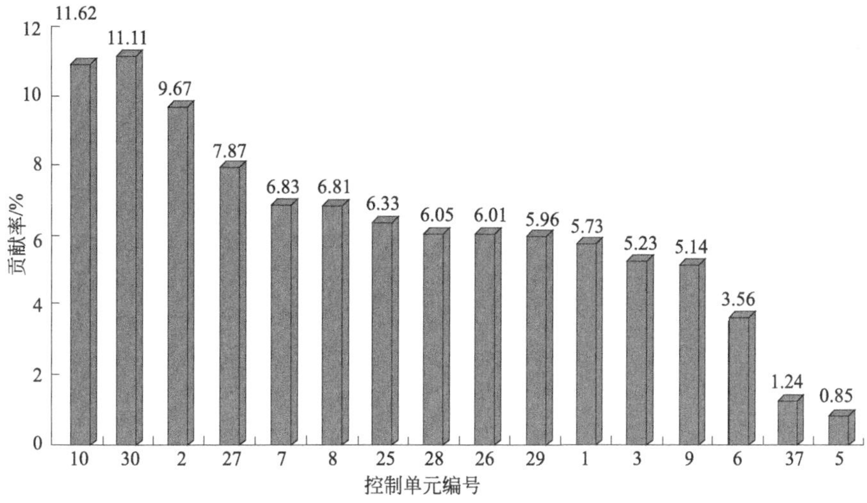

图 7-6　控制单元对宏缘断面年 TP 污染贡献率

7.5.3.2　毗河二桥控制断面污染贡献分析

根据 2018 年沱江流域水质监测数据并对比《地表水环境质量标准》(GB 3838—2002) 标准限值发现，引起毗河二桥控制断面水质变差和污染严重的主要是 COD、TN、TP、NH_3-N 4 种污染物的超标，分别超标 1.01 倍、4.53 倍、1.25 倍、1.41 倍 (表 7-39)。

表 7-39　毗河二桥控制断面水质浓度及类别

污染物指标	COD	TN	TP	NH_3-N
污染物浓度/(mg/L)	20.25	4.53	0.25	1.41
水质类别	Ⅳ	Ⅴ	Ⅳ	Ⅳ
超标倍数	1.01 倍	4.53 倍	1.25 倍	1.41 倍

(1) 不同污染源贡献率

根据表7-40所列，农村生活源对COD的贡献率最大，为35.5%，畜禽散养源对COD的贡献率最小，为0.16%；污水处理厂对TN的贡献率最大，为52.3%，畜禽散养源对TN的贡献率最小，为0.04%；农业种植源对TP的贡献率最大，为53.59%，畜禽养殖源对TP的贡献率最小，为0.06%；农村生活源对氨氮的贡献率最大，为47.49%，畜禽散养源对NH_3-N的贡献率最小，为0.05%。

表7-40 不同污染源对毗河二桥控制断面的贡献率

污染源类型	COD/%	TN/%	TP/%	NH_3-N/%
工业点源	1.07	0.67	1.49	1.66
污水处理厂	22.23	52.3	9.16	13.05
城市生活源	19.14	16.3	10.95	27.66
农村生活源	35.5	21.33	18.42	47.49
农业种植源	11.77	4.96	53.59	8.56
畜禽散养源	0.16	0.04	0.06	0.05
水产养殖源	10.14	4.4	6.34	1.54
合计	100	100	100	100

(2) 不同乡镇污染贡献率

根据表7-41所列，共有26个乡镇对毗河二桥控制断面产生污染，其中成都市新都街道对各污染物的贡献率均为最高，对COD污染贡献率为24.51%，对TN污染贡献率为31.09%，对TP污染贡献率为15.77%，对NH_3-N污染贡献率为25.90%。

表7-41 不同乡镇对毗河二桥控制断面的污染贡献率

乡镇名称	COD/%	TN/%	TP/%	NH_3-N/%	所在地级市
天回镇街道	10.26	13.25	6.76	8.35	成都市
龙潭街道	7.56	9.12	5.69	6.10	成都市
洛带镇	1.75	1.00	2.46	1.70	成都市
西河镇	6.94	10.33	7.90	6.18	成都市
洪安镇	1.50	1.11	2.23	1.35	成都市
茶店镇	0.32	0.18	0.46	0.27	成都市
黄土镇	2.94	1.69	4.47	2.93	成都市
山泉镇	0.52	0.28	0.66	0.43	成都市
万兴乡	0.003	0.002	0.004	0.003	成都市
大弯街道	0.009	0.006	0.007	0.011	成都市
龙王镇	2.57	1.48	4.10	2.54	成都市
城厢镇	0.32	0.18	0.44	0.33	成都市
祥福镇	4.73	3.00	6.37	4.93	成都市
姚渡镇	1.51	0.97	2.39	1.46	成都市
福洪乡	0.15	0.08	0.25	0.14	成都市
三河街道	3.88	2.41	3.94	4.43	成都市
新都街道	24.51	31.09	15.77	25.90	成都市
石板滩镇	4.08	2.44	5.19	4.38	成都市
新繁镇	6.14	3.69	8.28	6.47	成都市
泰兴镇	3.35	1.98	3.51	3.62	成都市
斑竹园镇	5.61	3.43	6.42	6.23	成都市
马家镇	1.50	1.03	1.86	1.64	成都市

续表

乡镇名称	COD/%	TN/%	TP/%	NH_3-N/%	所在地级市
龙桥镇	2.44	1.50	2.99	2.68	成都市
木兰镇	7.12	9.56	7.32	7.64	成都市
赵镇街道	0.06	0.04	0.09	0.06	成都市
丽春镇	0.23	0.14	0.43	0.23	成都市

(3) 不同控制单元污染贡献率

1) 年 COD 污染贡献率

不同控制单元对毗河二桥断面的 COD 污染贡献率如图 7-7 所示，41 个控制单元中仅有图 7-7 中 5 个控制单元对毗河二桥断面产生 COD 贡献率，其余控制单元的 COD 贡献率为 0。控制单元中对毗河二桥断面 COD 贡献率最大的为 8 号控制单元，占比 57.69%；其次是 7 号和 10 号，分别占比 36.27%和 4.97%。

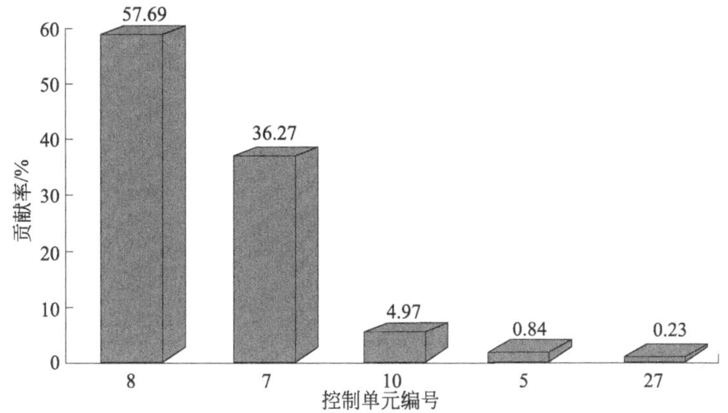

图 7-7　控制单元对毗河二桥断面 COD 污染贡献率

2) 年 TN 污染贡献率

不同控制单元对毗河二桥断面的 TN 污染贡献率如图 7-8 所示，41 个控制单元中仅

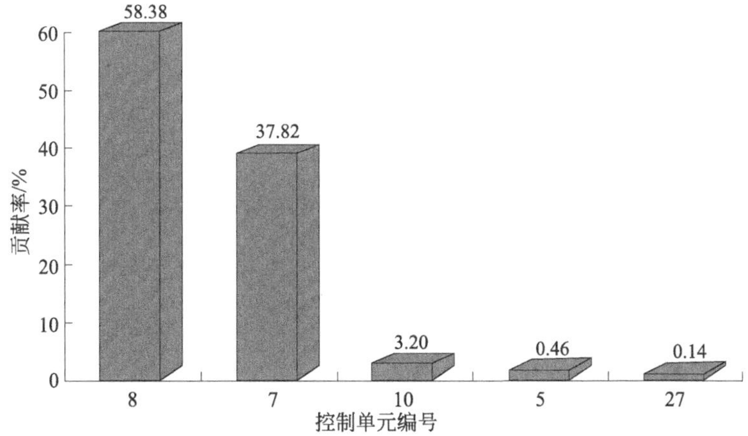

图 7-8　控制单元对毗河二桥断面 TN 污染贡献率

有图 7-8 中 5 个控制单元对毗河二桥断面产生 TN 贡献率，其余控制单元的 TN 贡献率为 0。控制单元中对毗河二桥断面 TN 贡献率最大的为 8 号控制单元，占比 58.38%；其次是 7 号和 10 号，分别占比 37.82%和 3.20%。

3）年 TP 污染贡献率

不同控制单元对毗河二桥断面的 TP 污染贡献率如图 7-9 所示，41 个控制单元中仅有图 7-9 中 5 个控制单元对毗河二桥断面产生 TP 贡献率，其余控制单元的 TP 贡献率为 0。控制单元中对毗河二桥断面 TP 贡献率最大的为 8 号控制单元，占比 49.53%；其次是 7 号和 10 号，分别占比 41.49%和 7.42%。

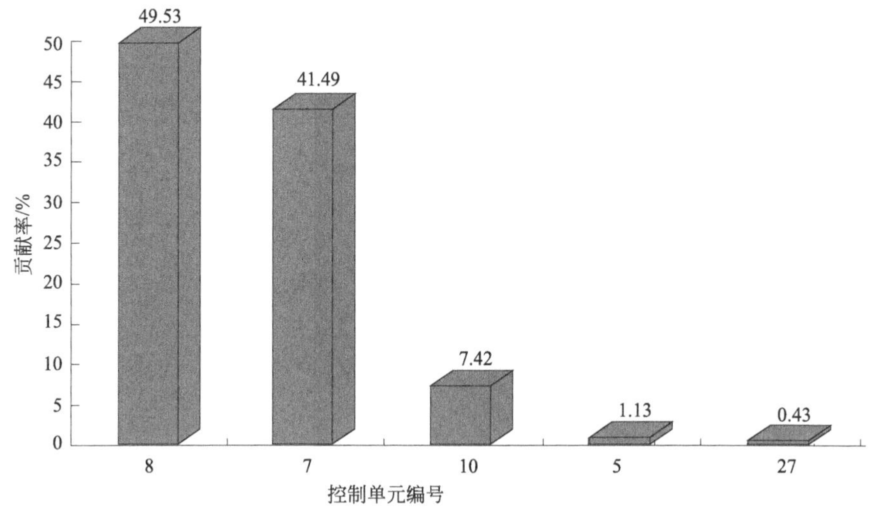

图 7-9　控制单元对毗河二桥断面 TP 污染贡献率

4）年 NH_3-N 污染贡献率

不同控制单元对毗河二桥断面的 NH_3-N 污染贡献率如图 7-10 所示，41 个控制单元中仅有图 7-10 中 5 个控制单元对毗河二桥断面产生 NH_3-N 贡献率，其余控制单元的

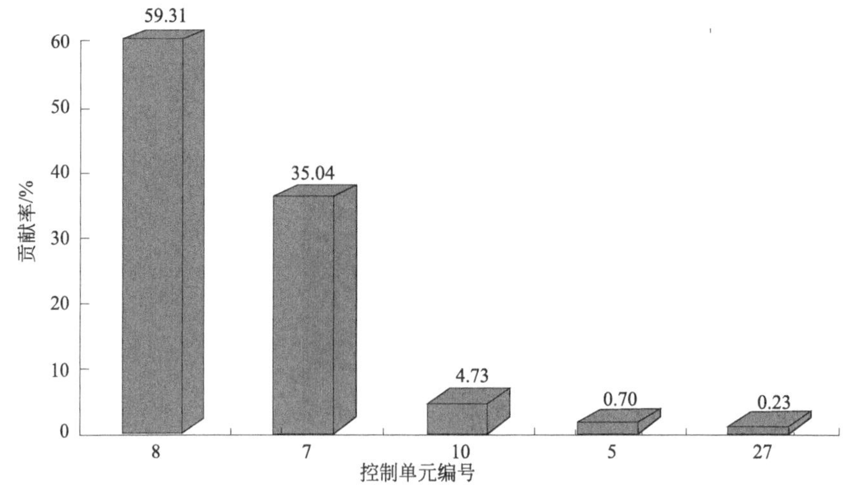

图 7-10　控制单元对毗河二桥断面 NH_3-N 污染贡献率

NH_3-N 贡献率为 0。控制单元中对毗河二桥断面 NH_3-N 贡献率最大的为 8 号控制单元，占比 59.31%；其次是 7 号和 10 号，分别占比 35.04%和 4.73%。

7.5.3.3 发轮河口控制断面污染贡献分析

根据 2018 年沱江流域水质监测数据并对比《地表水环境质量标准》（GB 3838—2002）标准限值发现，引起发轮河口控制断面水质变差和污染严重的主要是 TN、TP 的超标，分别超标 4.01 倍、1.85 倍（表 7-42）。

表 7-42 发轮河口控制断面水质浓度及类别

污染物指标	COD	TN	TP	NH_3-N
污染物浓度/(mg/L)	18.92	4.01	0.37	0.70
水质类别	Ⅲ	Ⅴ	Ⅴ	Ⅲ
超标倍数	—	4.01 倍	1.85 倍	—

（1）不同污染源贡献率

根据表 7-43 所列，农村生活源对 TN 的贡献率最大，为 49.07%，畜禽散养源对 TN 的贡献率最小，为 0.06%；农业种植源对 TP 的贡献率最大，为 81.37%，畜禽散养源对 TP 的贡献率最小，为 0.03%。

表 7-43 不同污染源对发轮河口控制断面的贡献率

污染源类型	TN/%	TP/%
工业点源	1.52	0.43
污水处理厂	2.3	0.34
城市生活源	12.46	2.29
农村生活源	49.07	11.62
农业种植源	25.5	81.37
水产养殖源	9.08	3.91
畜禽散养源	0.06	0.03
合计	100	100

（2）不同乡镇污染源贡献率

根据计算，共有 62 个乡镇对发轮河口控制断面产生污染，其中眉山市文林镇对各污染物的贡献率均为最高，对 TN 污染贡献率为 14.65%，对 TP 污染贡献率为 6.17%。

（3）不同控制单元污染贡献率

1）年 TN 污染贡献率

不同控制单元对发轮河口断面的 TN 污染贡献率如图 7-11 所示，41 个控制单元中仅有图 7-11 中 4 个控制单元对发轮河口断面产生 TN 贡献率，其余控制单元的 TN 贡献率为 0。控制单元中对发轮河口断面 TN 污染贡献率最大的为 23 号控制单元，占比 94.56%，其次是 5 号和 24 号，分别占比 4.11%和 1.04%。

2）年 TP 污染贡献率

不同控制单元对发轮河口断面的 TP 污染贡献率如图 7-12 所示，41 个控制单元中

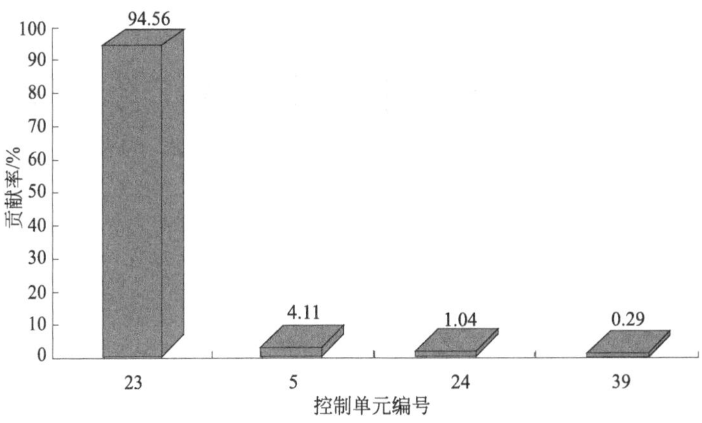

图 7-11　控制单元对发轮河口断面 TN 污染贡献率

仅有图 7-12 中 4 个控制单元对发轮河口断面产生 TP 贡献率，其余控制单元的 TP 贡献率为 0。控制单元中对发轮河口断面 TP 贡献率最大的为 23 号控制单元，占比 97.23%；其次是 5 号和 24 号，分别占比 2.11%和 0.47%。

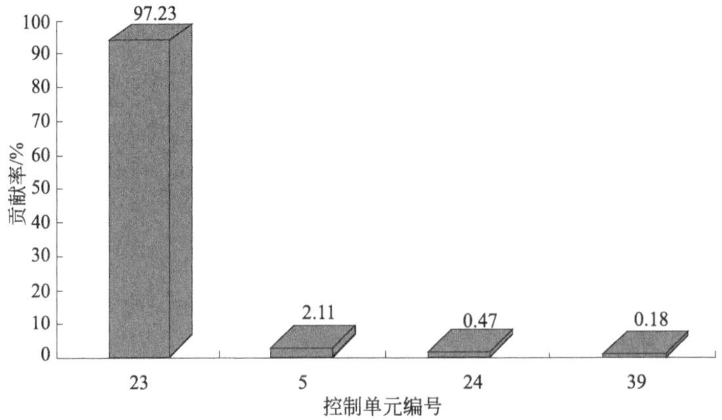

图 7-12　控制单元对发轮河口断面 TP 污染贡献率

7.5.3.4　九曲河大桥控制断面污染贡献分析

根据 2018 年沱江流域水质监测数据并对比《地表水环境质量标准》(GB 3838—2002) 标准限值发现，引起九曲河大桥控制断面水质变差和污染严重的主要是 4 种污染物 COD、TN、TP、NH_3-N 的超标，分别超标 1.0 倍、6.07 倍、1.65 倍、2.46 倍 (表 7-44)。

表 7-44　九曲河大桥控制断面水质浓度及类别

污染物指标	COD	TN	TP	NH_3-N
污染物浓度/(mg/L)	20.17	6.07	0.33	2.46
水质类别	Ⅳ	Ⅴ	Ⅴ	Ⅴ
超标倍数	1.0 倍	6.07 倍	1.65 倍	2.46 倍

(1) 不同污染源贡献率

根据表7-45，农村生活源对COD的贡献率最大，为58.85%，污水处理厂对COD的贡献率最小，为0.03%；农村生活源对TN的贡献率最大，为63.92%，污水处理厂对TN的贡献率最小，为0；农业种植源对TP的贡献率最大，为48.47%，工业点源对TP的贡献率最小，为0；农村生活源对NH_3-N的贡献率最大，为75.91%。

表7-45 不同污染源对九曲河大桥控制断面的贡献率

污染源类型	COD/%	TN/%	TP/%	NH_3-N/%
工业点源	0.37	0.06	0	0.08
污水处理厂	0.03	0	0.03	0
城市生活源	11.16	17.18	6.98	15.55
农村生活源	58.85	63.92	33.43	75.91
农业种植源	10.97	6.9	48.47	6.21
水产养殖源	18.17	11.76	10.94	2.14
畜禽散养源	0.45	0.17	0.16	0.11
合计	100	100	100	100

(2) 不同乡镇污染贡献率

根据表7-46，共有17个乡镇对九曲河大桥控制断面产生污染，其中资阳市祥符镇对各污染物的贡献率均为最高，对COD污染贡献率为20.81%，对TN污染贡献率为20.51%，对TP污染贡献率为21.82%，对NH_3-N污染贡献率为20.13%。

表7-46 不同乡镇对九曲河大桥控制断面的贡献率负荷表

乡镇名称	COD/%	TN/%	TP/%	NH_3-N/%	所在地级市
城堰乡	0.28	0.27	0.35	0.26	眉山市
龙桥乡	0.0041	0.0041	0.0043	0.0040	眉山市
莲花街道	1.84	1.89	1.44	1.99	资阳市
三贤祠街道	8.07	8.31	6.73	8.70	资阳市
松涛镇	1.80	1.89	1.37	2.03	资阳市
临江镇	14.86	14.32	14.72	14.26	资阳市
迎接镇	5.86	5.94	5.60	6.03	资阳市
祥符镇	20.81	20.51	21.82	20.13	资阳市
石板凳镇	0.0016	0.0016	0.0015	0.0016	资阳市
镇金镇	0.08	0.08	0.08	0.08	资阳市
江源镇	4.66	4.75	4.86	4.72	资阳市
芦葭镇	8.54	8.90	8.36	9.00	资阳市
望水乡	10.19	10.23	10.44	10.22	资阳市
清风乡	4.53	4.62	4.56	4.61	资阳市
老龙乡	3.37	3.34	3.67	3.26	资阳市
雷家乡	9.70	9.60	10.33	9.41	资阳市
永宁乡	5.42	5.34	5.65	5.28	资阳市

(3) 不同控制单元污染贡献率

1) 年COD污染贡献率

不同控制单元对九曲河大桥控制断面的COD污染贡献率如图7-13所示，41个控制单元中仅有图7-13中9个控制单元对九曲河大桥控制断面产生COD贡献率，其余控制单元的 COD 贡献率为 0。控制单元中对九曲河大桥控制断面 COD 贡献率最大的为 37 号控制单元，占比 31.18%；其次是 40 号和 41 号，分别占比 22.77%和 19.30%。

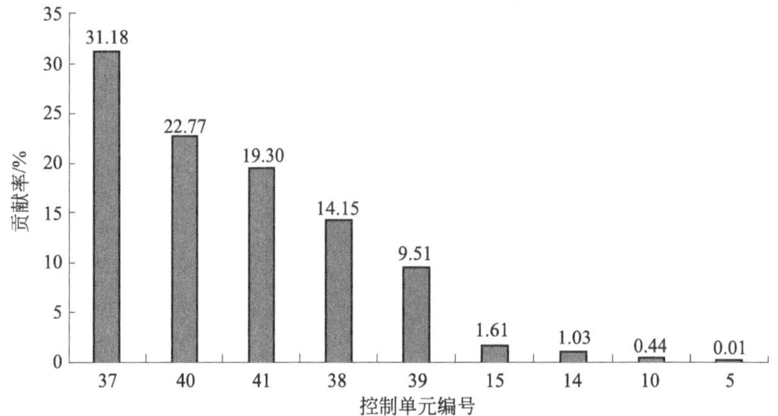

图 7-13　九曲河大桥控制断面 COD 污染贡献率

2）年 TN 污染贡献率

不同控制单元对九曲河大桥控制断面的 TN 污染贡献率如图 7-14 所示，41 个控制单元中仅有图 7-14 中 9 个控制单元对九曲河大桥控制断面产生 TN 贡献率，其余控制单元的 TN 贡献率为 0。控制单元中对九曲河大桥控制断面 TN 贡献率最大的为 37 号控制单元，占比 28.04%；其次是 40 号和 41 号，分别占比 24.58%和 19.53%。

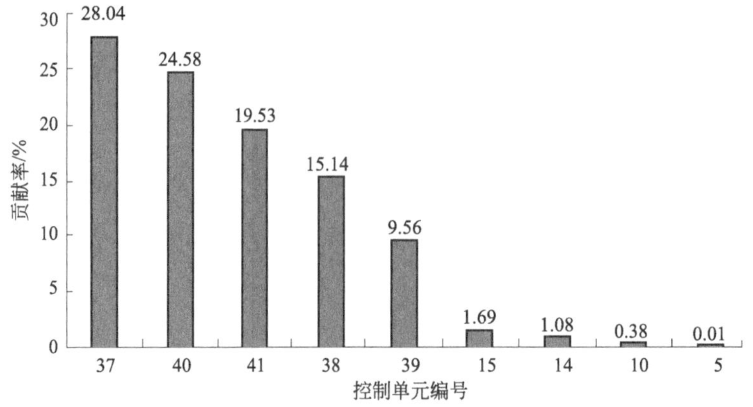

图 7-14　九曲河大桥控制断面 TN 污染贡献率

3）年 TP 污染贡献率

不同控制单元对九曲河大桥控制断面的 TP 污染贡献率如图 7-15 所示，41 个控制单元中仅有图 7-15 中 9 个控制单元对九曲河大桥控制断面产生 TP 贡献率，其余控制单元的 TP 贡献率为 0。控制单元中对九曲河大桥控制断面 TP 贡献率最大的为 37 号控制单元，占比 48.48%；其次是 41 号和 40 号，分别占比 17.09%和 14.27%。

4）年 NH_3-N 污染贡献率

不同控制单元对九曲河大桥控制断面的 NH_3-N 贡献率如图 7-16 所示，41 个控制

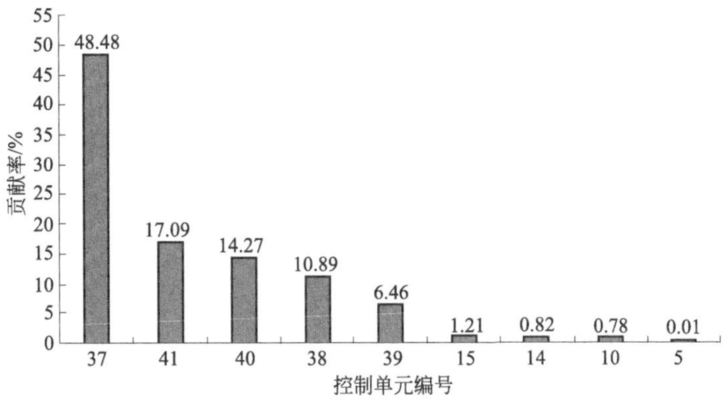

图 7-15 九曲河大桥控制断面 TP 污染贡献率

单元中仅有图 7-16 中 9 个控制单元对九曲河大桥控制断面产生 NH_3-N 贡献率，其余控制单元的 NH_3-N 贡献率为 0。控制单元中对九曲河大桥控制断面 NH_3-N 贡献率最大的为 40 号控制单元，占比 27.28%；其次是 37 号和 41 号，分别占比 22.97%和 20.35%。

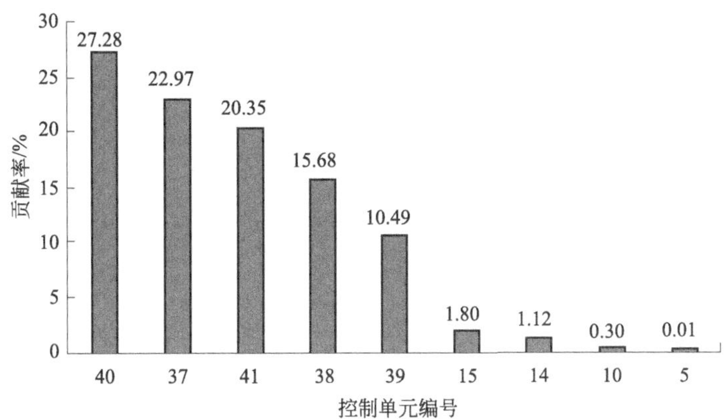

图 7-16 九曲河大桥控制断面 NH_3-N 污染贡献率

7.6 重点断面首要贡献源分析

7.6.1 全年污染源贡献分析

7.6.1.1 年 COD 污染贡献率

如图 7-17 所示，对 201 医院控制断面 COD 污染贡献率最大的是城镇生活点源，占比 34.04%；其次是农村生活源，占比 23.20%；然后是水产养殖源，占比 24.13%；之后是农业种植源，占比 17.22%。

7.6.1.2 年 TN 污染贡献率

磷石膏堆场对 201 医院控制断面没有 TN 贡献率，对 201 医院控制断面 TN 贡献率

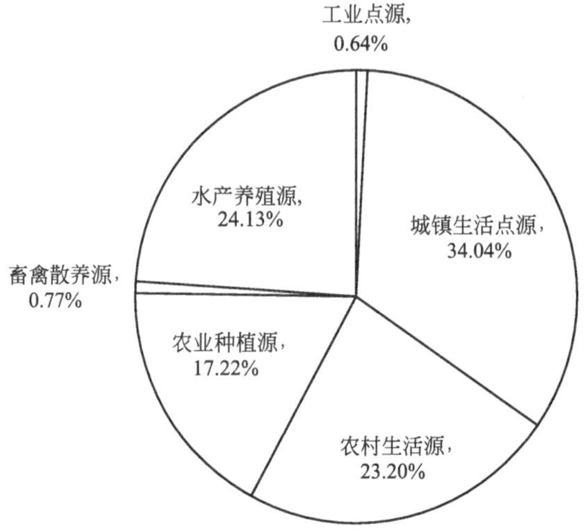

图 7-17　201 医院控制断面不同污染源 COD 污染贡献率

最大的是城镇生活点源，占比 42.75%；其次是农村生活源，占比 27.89 %；农业种植源占比 16.12%。如图 7-18 所示。

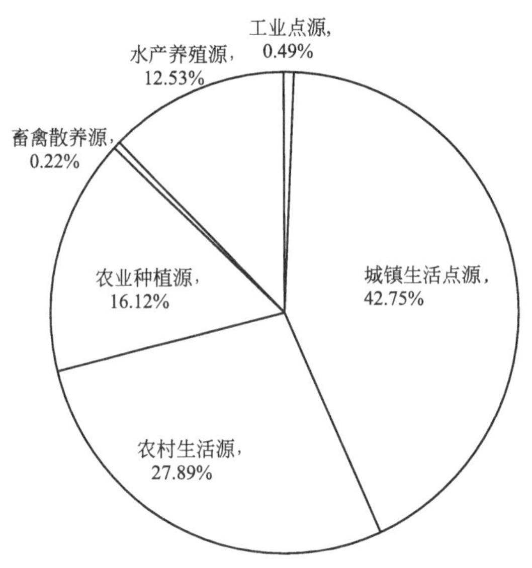

图 7-18　201 医院控制断面不同污染源 TN 污染贡献率

7.6.1.3　年 TP 污染贡献率

对 201 医院控制断面 TP 污染贡献率最大的是农业种植源，占比 61.67%；其次是城镇生活点源，占比 17.43%；农村生活源占比 10.23%、磷石膏堆场占比 0.37%。如图 7-19 所示。

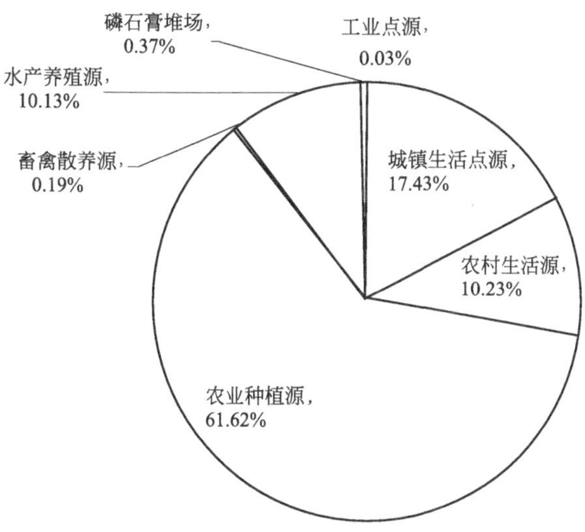

图 7-19　201 医院控制断面不同污染源 TP 污染贡献率

7.6.1.4　年 NH_3-N 污染贡献率

对 201 医院控制断面 NH_3-N 污染贡献率最大的是城镇生活点源，占比 39.79%；其次是农村生活源，占比 29.19%；之后是农业种植源，占比 25.00%。如图 7-20 所示。

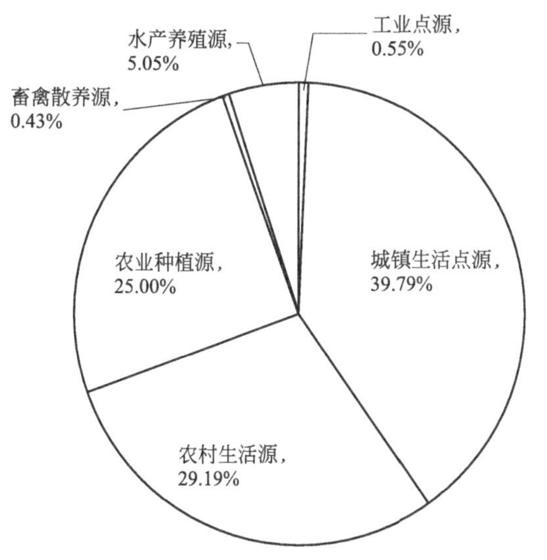

图 7-20　201 医院控制断面不同污染源 NH_3-N 污染贡献率

7.6.2　不同月份污染源贡献分析

7.6.2.1　不同月份 COD 污染贡献率

图 7-21 为点源和面源（非点源）在 1～12 月份对 201 医院 COD 污染贡献率。点源 1～12 月份的 COD 贡献率在小范围内波动增减，贡献率最高月份为 1 月（38.26%），

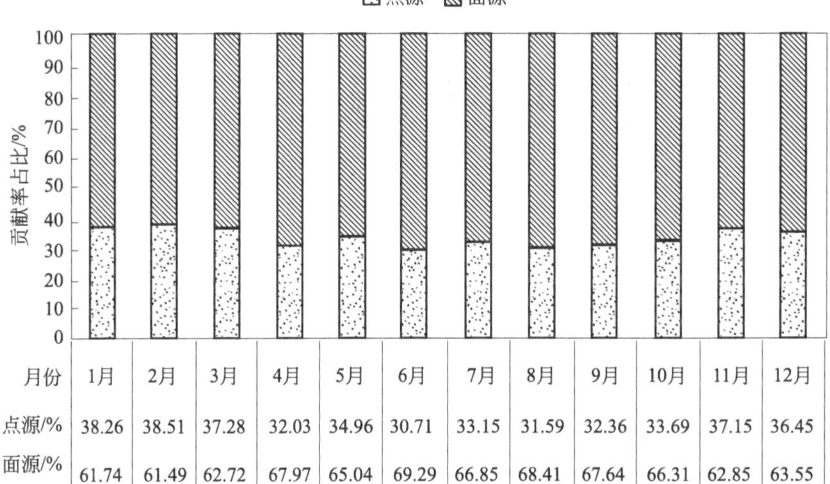

月份	1月	2月	3月	4月	5月	6月	7月	8月	9月	10月	11月	12月
点源/%	38.26	38.51	37.28	32.03	34.96	30.71	33.15	31.59	32.36	33.69	37.15	36.45
面源/%	61.74	61.49	62.72	67.97	65.04	69.29	66.85	68.41	67.64	66.31	62.85	63.55

图 7-21 点源和面源（非点源）对 201 医院不同月份 COD 污染贡献率

最低月份为 6 月（30.71%）。非点源的 COD 贡献率则与点源相反，在 6 月份贡献率最高（69.29%），1 月份贡献率最低（61.74%）。

7.6.2.2 不同月份 TN 污染贡献率

图 7-22 为点源和面源（非点源）在 1～12 月对 201 医院 TN 污染贡献率。从点面源来看，点源 1～12 月的 TN 贡献率基本是先减少后增加，即从 1 月至 6 月贡献率是逐渐减少，7～12 月份是逐渐增多。6～8 月份的 TN 贡献率最低（<35%）。点源 TN 贡献率最高月份为 1 月份（57.10%），最低月份为 6 月份（32.76%）。非点源的 TN 贡献率则与点源相反，即从 1 月至 6 月贡献率是逐渐增多，7～12 月份是逐渐减少。6～8 月份的 TN 贡献率最高。非点源各月份的 TN 贡献率均大于 40%。从图 7-22 中可以看出非点源是 TN 的主要贡献源。

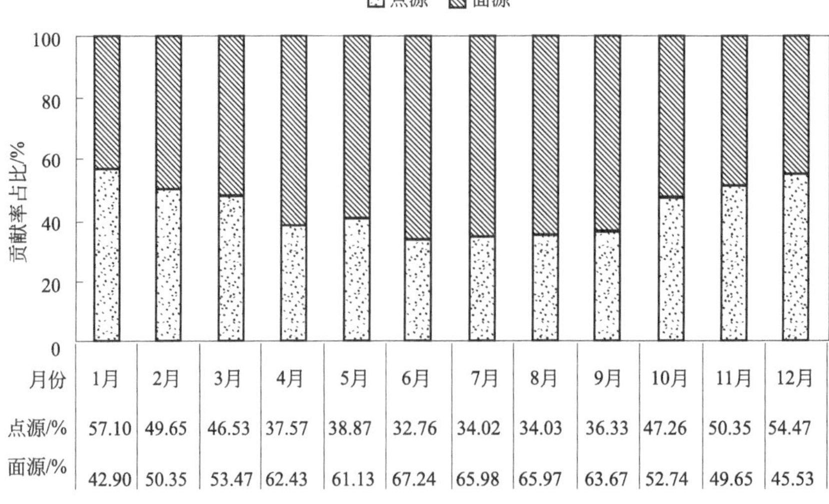

月份	1月	2月	3月	4月	5月	6月	7月	8月	9月	10月	11月	12月
点源/%	57.10	49.65	46.53	37.57	38.87	32.76	34.02	34.03	36.33	47.26	50.35	54.47
面源/%	42.90	50.35	53.47	62.43	61.13	67.24	65.98	65.97	63.67	52.74	49.65	45.53

图 7-22 点源和面源（非点源）对 201 医院不同月份 TN 污染贡献率

7.6.2.3 不同月份 TP 污染贡献率

图 7-23 为点源和面源（非点源）在 1～12 月份对 201 医院 TP 污染贡献率。从点面源来看，点源 1～12 月份的 TP 贡献率基本是先减少后增加，即从 1 月至 6 月贡献率是逐渐减少，7～12 月份是逐渐增多。6～8 月份的 TP 贡献率最低（<13.5%）。点源 TP 贡献率最高月份为 1 月份（25.05%），最低月份为 6 月份（12.73%）。非点源的 TP 贡献率则与点源相反，即从 1 月至 6 月贡献率是逐渐增多，7～12 月份是逐渐减少。6～8 月份的 TP 贡献率最高。非点源各月份的 TP 贡献率均大于 40%。从图中可以看出非点源是 TP 的主要贡献源。

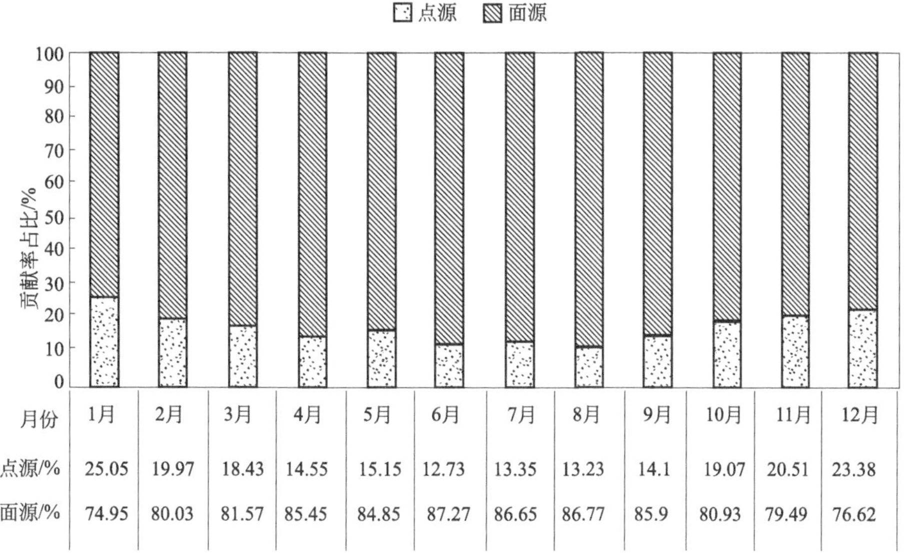

月份	1月	2月	3月	4月	5月	6月	7月	8月	9月	10月	11月	12月
点源/%	25.05	19.97	18.43	14.55	15.15	12.73	13.35	13.23	14.1	19.07	20.51	23.38
面源/%	74.95	80.03	81.57	85.45	84.85	87.27	86.65	86.77	85.9	80.93	79.49	76.62

图 7-23 点源和面源（非点源）对 201 医院不同月份 TP 污染贡献率

7.6.2.4 不同月份 NH_3-N 污染贡献率

图 7-24 为点源和面源（非点源）在 1～12 月份对 201 医院 NH_3-N 污染贡献率。从点面源来看，点源 1～12 月份的 NH_3-N 贡献率基本先减少后增加，即从 1 月至 6 月贡献率是逐渐减少，7～12 月份是逐渐增多。6～8 月份的 NH_3-N 贡献率最低（<38.5%）。点源 NH_3-N 贡献率最高月份为 1 月份（43.82%），最低月份为 6 月份（38.07%）。非点源的 NH_3-N 贡献率则与点源相反，即从 1 月至 6 月贡献率是逐渐增多，7～12 月份是逐渐减少。6～8 月份的 NH_3-N 贡献率最高。非点源各月份的 NH_3-N 贡献率均大于 40%。从图 7-24 中可以看出非点源是 NH_3-N 的主要贡献源。

7.6.3 不同水期水质污染源贡献分析

7.6.3.1 不同水期 COD 污染贡献率

如图 7-25 所示，点源 COD 污染贡献率从丰水期到枯水期逐渐增加，枯水期贡献率

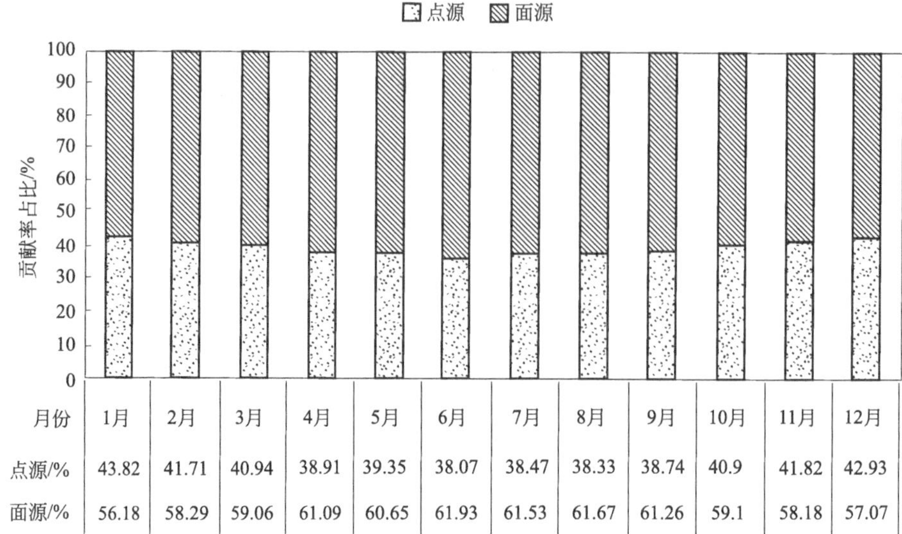

月份	1月	2月	3月	4月	5月	6月	7月	8月	9月	10月	11月	12月
点源/%	43.82	41.71	40.94	38.91	39.35	38.07	38.47	38.33	38.74	40.9	41.82	42.93
面源/%	56.18	58.29	59.06	61.09	60.65	61.93	61.53	61.67	61.26	59.1	58.18	57.07

图 7-24　点源和面源（非点源）对 201 医院不同月份 NH_3-N 污染贡献率

最高（35.17%），丰水期最低（31.90%）。非点源的 COD 污染贡献率则与点源相反，即丰水期到枯水期 COD 污染贡献率逐渐减少，丰水期最高（68.10%），枯水期最低（64.83%）。非点源丰水期、平水期和枯水期的贡献率均超过 64.00%。从图 7-25 中可以看出非点源是 COD 的主要贡献源。

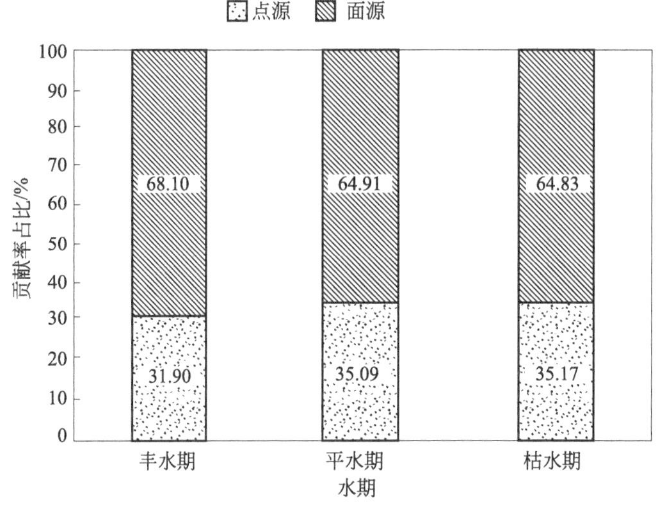

图 7-25　不同水期点源和面源对 201 医院断面 COD 污染贡献率

7.6.3.2　不同水期 TN 污染贡献率

如图 7-26 所示，点源 TN 污染贡献率从丰水期到枯水期逐渐增加，枯水期贡献率最高（45.65%），丰水期最低（33.97%）。非点源的 TN 污染贡献率则与点源相反，即丰水期到枯水期 TN 污染贡献率逐渐减少，丰水期最高（66.03%），枯水期最低（54.35%）。非点源丰水期、平水期和枯水期的贡献率均超过 54%。从图 7-26 中可以看出非点源是 TN 的主要贡献源。

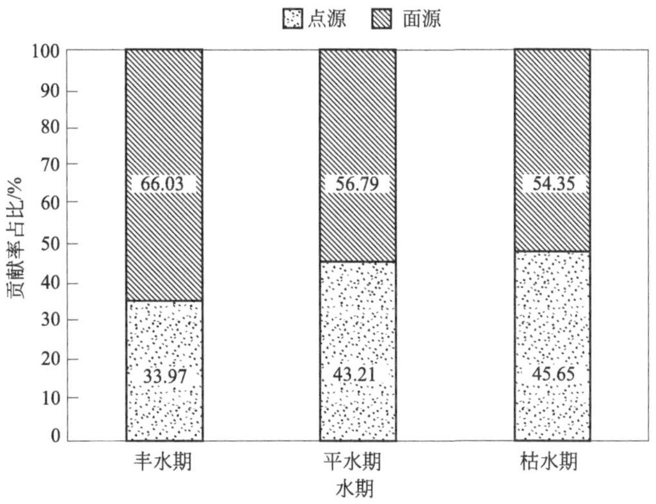

图 7-26　不同水期点源和面源对 201 医院断面 TN 污染贡献率

7.6.3.3　不同水期 TP 污染贡献率

如图 7-27 所示，点源 TP 污染贡献率从丰水期到枯水期逐渐增加，枯水期贡献率最高（18.52%），丰水期最低（13.32%）。非点源的 TP 污染贡献率则与点源相反，即丰水期到枯水期 TP 污染贡献率逐渐减少，丰水期最高（86.68%），枯水期最低（81.48%）。非点源丰水期、平水期和枯水期的贡献率均超过 81%。从图 7-27 中可以看出非点源是 TP 的主要贡献源。

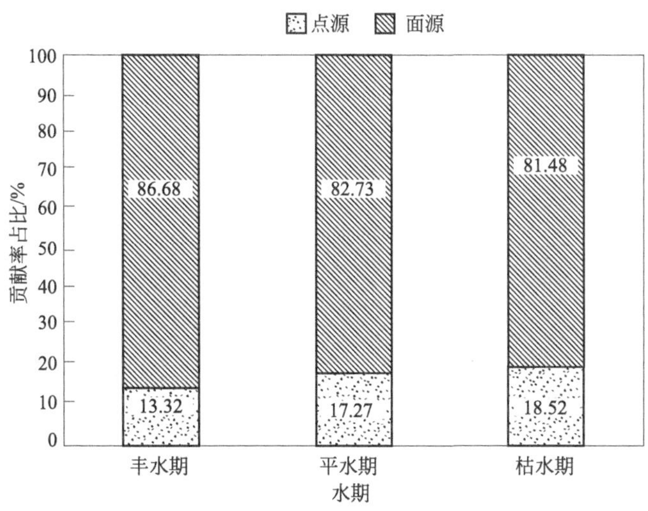

图 7-27　不同水期点源和面源对 201 医院断面 TP 污染贡献率

7.6.3.4 不同水期 NH_3-N 污染贡献率

如图 7-28 所示，点源 NH_3-N 污染贡献率从丰水期到枯水期逐渐增加，枯水期贡献率最高（40.63%），丰水期最低（38.35%）。非点源的 NH_3-N 污染贡献率则与点源相反，即丰水期到枯水期 NH_3-N 污染贡献率逐渐减少，丰水期最高（61.65%），枯水期最低（59.37%）。非点源丰水期、平水期和枯水期的贡献率均超过 59%。从图 7-28 中可以看出非点源是 NH_3-N 的主要贡献源。

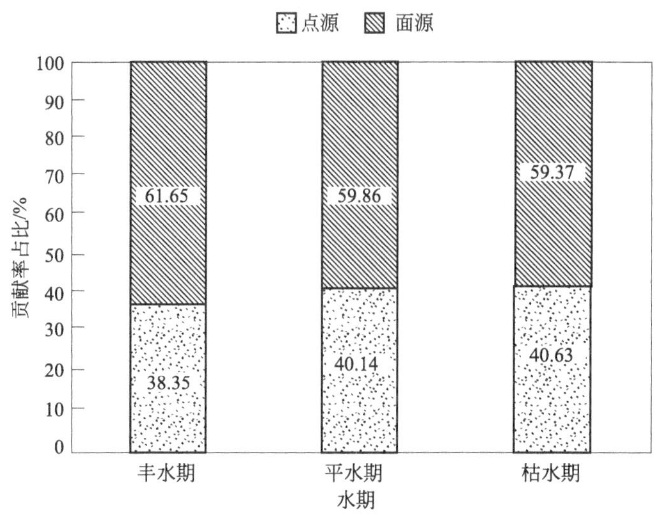

图 7-28　不同水期点源和面源对 201 医院断面 NH_3-N 污染贡献率

7.6.4 不同行政区域污染贡献分析

7.6.4.1 年 COD 污染贡献率

沱江流域共有 567 个乡镇，其中对 201 医院控制断面产生 COD 污染贡献的有 77 个乡镇，77 个乡镇中贡献率居前十的乡镇如图 7-29 所示。10 个乡镇共占比 58.52%，其余乡镇占比 41.48%。10 个乡镇中只有龙门山镇属于成都市，其余 9 个乡镇均属于德阳市。201 医院控制断面 COD 贡献率最大的乡镇是和兴镇，占比 19.23%；其次是连山镇，占比 10.14%；北外乡占比 7.66%。

7.6.4.2 年 TN 污染贡献率

沱江流域对 201 医院控制断面产生 TN 污染贡献的有 77 个乡镇，77 个乡镇中对 201 医院控制断面产生 TN 污染贡献率居前十的乡镇如图 7-30 所示。10 个乡镇共占比 59.69%，其余乡镇占比 40.31%。10 个乡镇中，只有龙门山镇属于成都市，其余 9 个乡镇均属于德阳市。201 医院控制断面乡镇 TN 贡献率最大的是和兴镇，占比 16.68%；其次是连山镇和八角井镇，分别占比 9.20%、8.57%。

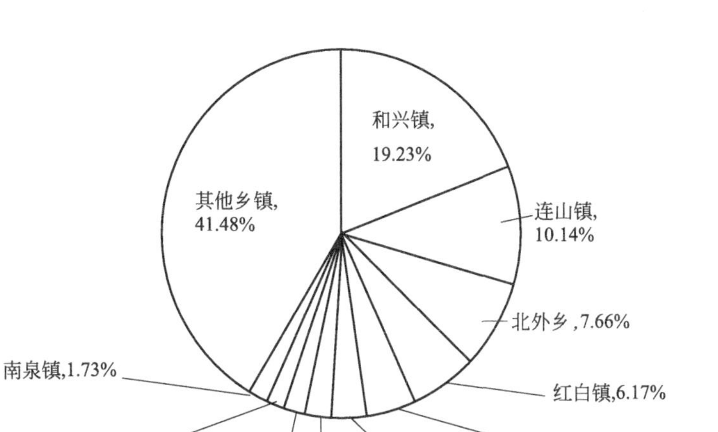

图 7-29 201 医院控制断面排污较大乡镇 COD 污染贡献率

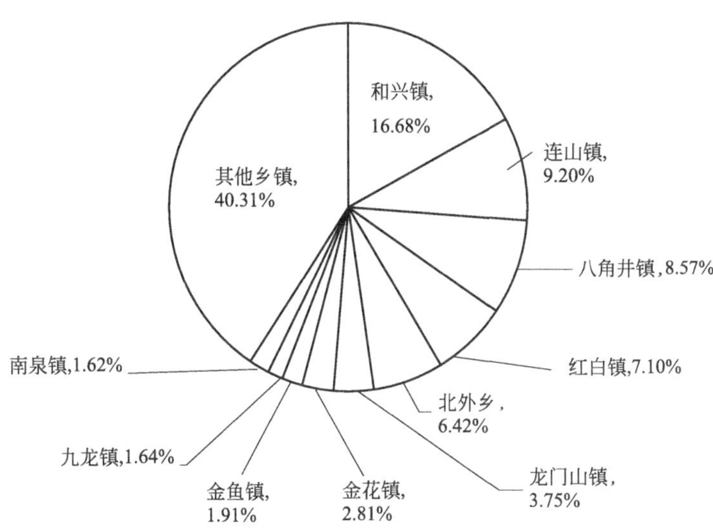

图 7-30 201 医院控制断面排污较大乡镇 TN 污染贡献率

7.6.4.3 年 TP 污染贡献率

沱江流域对 201 医院控制断面产生 TP 贡献的有 76 个乡镇，对 201 医院控制断面产生 TP 贡献率居前十的乡镇如图 7-31 所示。10 个乡镇共占比 55.92%，其余乡镇占比 44.08%。10 个乡镇中，只有龙门山镇属于成都市，其余 9 个乡镇均属于德阳市。201 医院控制断面乡镇 TP 贡献率最大的是和兴镇，占比 17.87%；其次是连山镇和北外乡，分别占比 9.36%、7.05%。

7.6.4.4 年 NH_3-N 污染贡献率

不同乡镇对 201 医院控制断面产生的 NH_3-N 污染贡献率如图 7-32 所示，乡镇

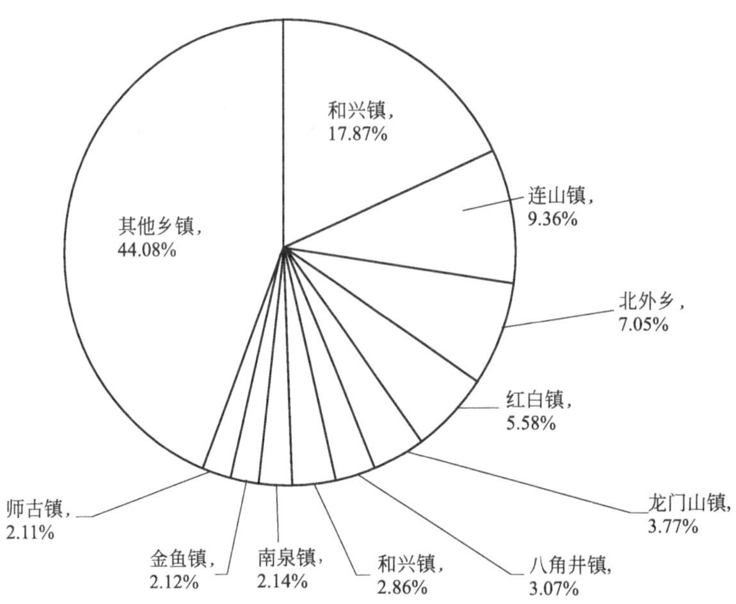

图 7-31　201 医院控制断面排污较大乡镇 TP 污染贡献率

NH_3-N 贡献率主要集中在德阳市。沱江流域 567 个乡镇中对 201 医院控制断面产生 NH_3-N 贡献的有 77 个乡镇，10 个乡镇共占比 54.93%，其余乡镇占比 45.07%。10 个乡镇中，只有龙门山镇属于成都市，其余 9 个乡镇均属于德阳市。201 医院控制断面乡镇 NH_3-N 污染贡献率最大的是和兴镇，占比 17.66%；其次是连山镇和北外乡，分别占比 9.30%、6.54%；红白镇占比 6.24%。

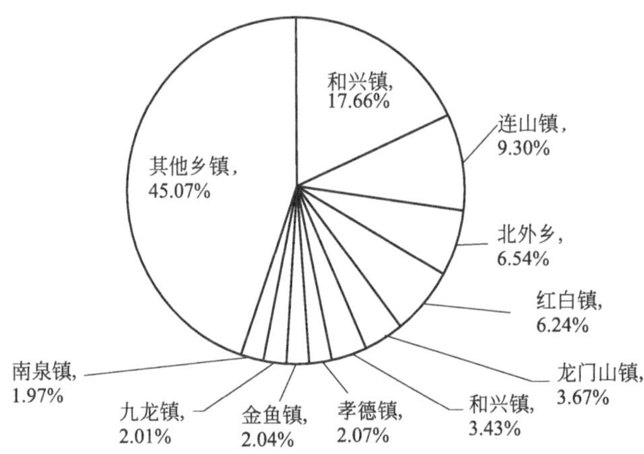

图 7-32　201 医院控制断面排污较大乡镇 NH_3-N 污染贡献率

7.6.5　不同控制单元污染贡献分析

7.6.5.1　年 COD 污染贡献率

不同控制单元对 201 医院控制断面的 COD 污染贡献率如图 7-33 所示，41 个控制单元中仅有以下 10 个控制单元对 201 医院控制断面产生 COD 污染贡献率，其余控制单元的 COD 污染贡献率为 0。控制单元中对 201 医院控制断面 COD 污染贡献率最大的为 26 号控制单元，占比 34.51%；其次是 30 号和 25 号，分别占比 21.13%和 13.15%。

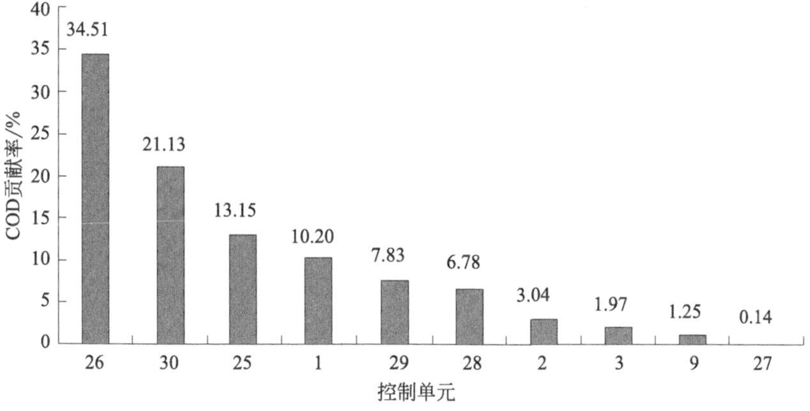

图 7-33　201 医院控制单元 COD 污染贡献率

7.6.5.2　年 TN 污染贡献率

不同控制单元对 201 医院控制断面的 TN 污染贡献率如图 7-34 所示，41 个控制单元中仅有图 7-34 中 10 个控制单元对 201 医院控制断面产生 TN 污染贡献率，其余控制单元的 TN 污染贡献率为 0。控制单元中对 201 医院控制断面 TN 污染贡献率最大的为 26 号控制单元，占比 30.25%；其次是 30 号和 25 号，分别占比 21.50%和 12.38%。

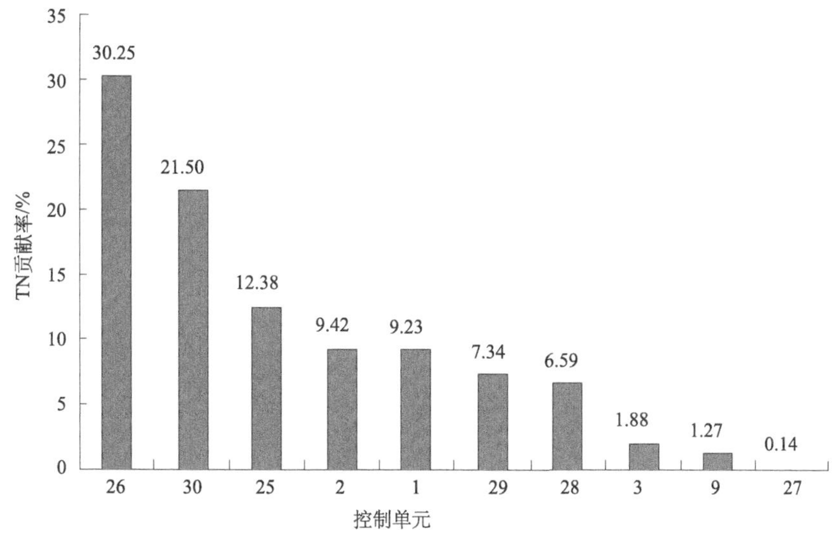

图 7-34　201 医院控制单元 TN 污染贡献率

7.6.5.3　年 TP 污染贡献率

不同控制单元对 201 医院控制断面的 TP 污染贡献率如图 7-35 所示，41 个控制单元中仅有图 7-35 中 10 个控制单元对 201 医院控制断面产生 TP 污染贡献率，其余控制单元的 TP 污染贡献率为 0。控制单元中对 201 医院控制断面 TP 污染贡献率最大的为 26 号控制单元，占比 33.47%；其次是 30 号和 25 号，分别占比 21.20%和 12.72%。

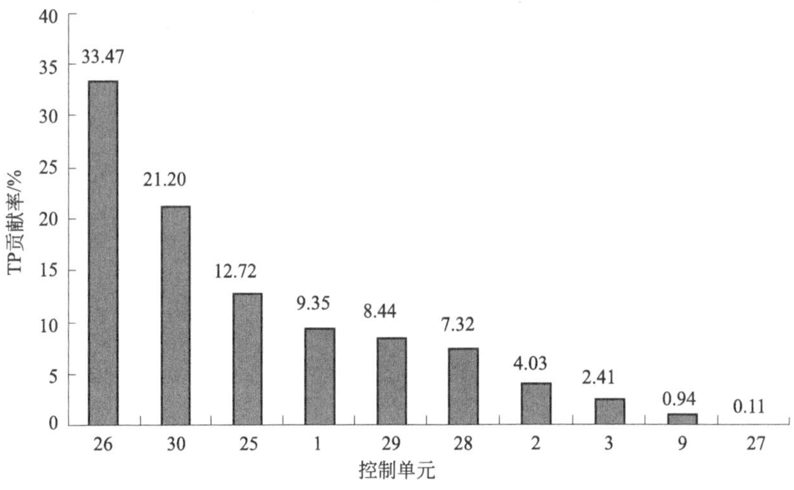

图 7-35　201 医院控制单元 TP 污染贡献率

7.6.5.4　年 NH_3-N 污染贡献率

不同控制单元对 201 医院控制断面的 NH_3-N 污染贡献率如图 7-36 所示，41 个控制单元中仅有图 7-36 中 10 个控制单元对 201 医院控制断面产生 NH_3-N 污染贡献率，其余控制单元的 NH_3-N 污染贡献率为 0。控制单元中对 201 医院控制断面 NH_3-N 污染贡献率最大的为 26 号控制单元，占比 32.17%；其次是 30 号和 25 号，分别占比 23.88%和 12.92%。

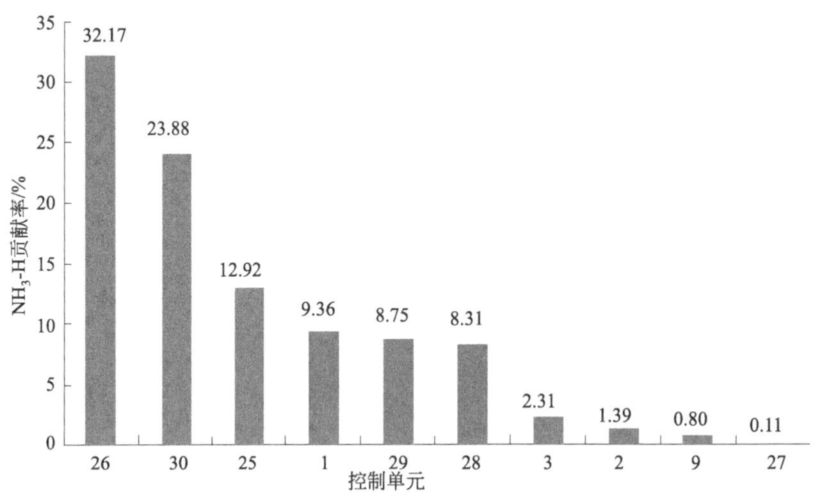

图 7-36　201 医院控制单元 NH_3-N 污染贡献率

7.6.6　管控清单分析

分析对重要跨境断面影响最大的污染源及其所在的乡镇，形成管控清单。

7.6.6.1 COD管控清单

通过对不同管控清单排放COD对下游的影响分析可知（表7-47）管控清单排名前十的污染源类型中仅畜禽散养源就占了6个，水产养殖源占2个。农村生活源和农业种植源分别各占1个。其所在的乡镇不同因此来源也不同，各种污染源贡献率较高的乡镇是和兴镇；其次是连山镇。从表7-47中可以看出畜禽养殖源以及和兴镇是COD的主要管控清单。

表7-47 COD管控清单及所在乡镇COD贡献率

排名	污染源类型(名称)	所在乡镇	贡献率/%
1	畜禽散养源	和兴镇	7.26
2	畜禽散养源	连山镇	4.39
3	畜禽散养源	红白镇	4.17
4	农村生活源	和兴镇	4.08
5	水产养殖源	和兴镇	3.28
6	畜禽散养源	龙门山镇	3.05
7	畜禽散养源	北外乡	2.96
8	农业种植源	和兴镇	2.05
9	畜禽散养源	金花镇	1.99
10	水产养殖源	连山镇	1.98

7.6.6.2 TN管控清单

通过对不同管控清单排放TN对下游的影响分析可知（表7-48）管控清单排名前十的污染源类型中仅畜禽散养源就占了6个，点源占2个，水产养殖源和农村生活源各占1个。点源中以德阳市的石亭江城市生活污水处理厂和柳沙堰城市生活污水处理厂为TN主要管控清单，非点源中以畜禽养殖源为主要管控清单。各种污染源贡献率较高的乡镇是和兴镇，其次是八角井街道。因此从表7-48中可以看出畜禽散养源以及和兴镇是TN的主要管控清单。

表7-48 TN管控清单及所在乡镇TN贡献率

排名	污染源类型(名称)	所在乡镇	贡献率/%
1	畜禽散养源	和兴镇	5.74
2	畜禽散养源	红白镇	5.40
3	农村生活源	和兴镇	4.63
4	点源(德阳市石亭江城市生活污水处理厂)	八角井街道	3.84
5	畜禽散养源	连山镇	3.82
6	点源(德阳市柳沙堰城市生活污水处理厂)	八角井街道	3.58
7	畜禽散养源	龙门山镇	2.75
8	畜禽散养源	北外乡	2.21
9	水产养殖源	和兴镇	2.15
10	畜禽散养源	金花镇	2.10

7.6.6.3 TP管控清单

通过对不同管控清单排放TP对下游的影响分析可知（表7-49）管控清单排名前十

的污染源类型中仅畜禽散养源就占了 6 个，农业种植源占 3 个，农村生活源占 1 个。虽然污染源来源的乡镇不同，但各种污染源贡献率较高的乡镇是和兴镇，其次是连山镇和北外乡。因此从表 7-49 中可以看出畜禽散养源以及和兴镇、连山镇、北外乡是 TP 的主要管控清单。

表 7-49　TP 管控清单及所在乡镇 TP 贡献率

排名	污染源类型(名称)	所在乡镇	贡献率/%
1	农业种植源	和兴镇	8.09
2	畜禽散养源	和兴镇	5.17
3	农业种植源	连山镇	4.79
4	畜禽散养源	红白镇	3.90
5	农业种植源	北外乡	3.33
6	畜禽散养源	连山镇	2.72
7	畜禽散养源	龙门山镇	2.33
8	畜禽养殖源	北外乡	1.97
9	畜禽散养源	金花镇	1.90
10	农村生活源	和兴镇	1.90

7.6.6.4　NH_3-N 管控清单

通过不同管控清单排放 NH_3-N 对下游的影响分析可知（表 7-50）管控清单排名前十的污染源类型中仅畜禽散养源就占了 5 个，农村生活源占 3 个，农业种植源和水产养殖源各占 1 个。虽然污染源来源的乡镇不同，但各种污染源贡献率较高的乡镇是和兴镇，其次是连山镇。从表 7-50 中可以看出畜禽散养源、农村生活源、和兴镇、连山镇是 NH_3-N 的主要管控清单。

表 7-50　NH_3-N 管控清单及所在乡镇 NH_3-N 贡献率

排名	污染源类型(名称)	所在乡镇	贡献率/%
1	农村生活源	和兴镇	6.39
2	畜禽散养源	红白镇	5.44
3	畜禽散养源	和兴镇	4.99
4	畜禽散养源	连山镇	3.30
5	水产养殖源	和兴镇	2.96
6	畜禽散养源	金花镇	2.91
7	畜禽散养源	龙门山镇	2.84
8	农村生活源	连山镇	2.77
9	农村生活源	北外乡	2.36
10	农业种植源	和兴镇	2.20

7.7　沱江流域污染源防控对策与建议

根据《沱江流域水质达标三年行动方案（2018—2020）》《沱江流域水污染防治规划（2017—2020 年）》等文件，基于上述对沱江流域的污染源入河、全流域控制断面的污染贡献率分析等结果，明确对各断面污染贡献较大的主要污染源、乡镇和控制单元，并针对性地选择以下几个方面开展污染调控工作。

7.7.1 开展工业源全面达标行动

① 系统整治“散乱污”企业。严格环境准入，全面排查不符合产业政策和布局规划、装备水平低、环境保护设施差的涉水“散乱污”企业，通过“关停取缔一批、升级改造一批、搬迁入园一批”，系统推进“散乱污”企业整治。

② 推进重点行业清洁化改造。实施“双达标”清洁生产行动，以造纸、氮肥、印染、医药等行业为重点，督促“双有”“双超”企业开展强制性清洁生产审核并实施清洁化改造。

③ 强化重点行业限期整治。全面推进工业污染源“双随机”抽查制度，对污染物排放超标或者重点污染物排放超总量的企业予以“黄牌”警示，限制生产或停产整治；对整治后仍不能达到要求且情节严重的企业予以“红牌”处罚，依法责令限期停业、关闭，每季度向社会公布“黄牌”“红牌”企业名单。

④ 工业集聚区废水收集处理全覆盖。落实相关规划和批复要求，加快现有集聚区废水集中处理设施和配套管网建设，新建、升级工业集聚区同步规划、建设和运行废水集中处理设施及配套管网。到2019年年底流域所有工业集聚区基本建成工业废水集中处理设施和配套管网并稳定运行，形成较为完善的工业集聚区废水处理体系，实现超标废水零排放，涉磷工业集聚区应增加总磷自动在线监控装置。地方政府建立不达标工业集聚区社会公开通报制度。

⑤ 提升工业用水重复利用率。工业企业要严格执行相关标准规定的单位产品排水量限值；以钢铁、纺织印染、造纸、石油石化、化工、制革等高耗水企业为重点，鼓励企业实施再生水利用和废水深度处理回用，推动重点企业冷却水循环利用。

7.7.2 实施城镇污水处置补短板行动

① 提升城镇生活污水处理能力。实施生活污水处理能力扩容工程，着重加快现有处理能力不足的城市、县城和重点镇的设施建设，推进水体污染严重、环境容量较低以及水环境敏感地区的设施建设，提高处理运行负荷和处理效率，同步建设脱氮除磷设施并安装总磷自动在线监控装置。建议沱江流域城市（县城）、重点流域小城镇实现污水处理设施全覆盖，新增城镇生活污水处理设施规模66.2万立方米/日，城市、县城、建制镇污水处理率分别达到95%、85%、50%。

② 推进城镇生活污水处理设施提标改造。因地制宜推进现有生活污水处理设施提标改造，重点强化脱氮除磷能力，到2020年沱江流域接纳工业废水比例≤30%且处理规模≥1000m^3/d的城镇污水处理厂排放标准达到《四川省岷江、沱江流域水污染物排放标准》（DB 51/2311—2016）排放限值要求，其他处理设施生活污水排放标准提升为一级A排放标准或相关规定的水质标准，全流域提标升级改造城镇污水处理厂规模75.1万立方米/日，提标升级改造后处理水应作为生态补水有效利用。

7.7.3 实施废污水管控能力提升工程

① 完善城镇生活污水收集系统。加快推进城镇生活污水管网建设，补齐重点城镇

生活污水处理设施配套管网，加快实施老旧污水管网改造和合流制排水系统雨污分流改造。因地制宜建设雨水收集设施，实现雨水就地就近收集利用，推进流域地级及以上城市建成区初期雨水处理，成都市优先实施。城市大型综合建筑体循环水冷却系统尾水排放纳入城市污水收集系统管理并满足《污水排入城镇下水道水质标准》（GB/T 31962—2015）规定要求。建议在重要的城镇，新建污水收集管网，改造老旧污水管网，改造合流制污水管网，流域地级及以上城市建成区基本实现污水全收集、全处理。

② 积极推动生活污水再生利用。结合再生水用途及其水质要求，合理确定再生水利用设施的规模及布局，积极推进成都、自贡、内江和资阳等缺水城市再生水利用设施建设。

③ 推进城乡垃圾无害化处置。加快城乡生活垃圾处理设施、收集转运设施以及餐厨垃圾处理设施建设，推进生活垃圾分类，新增生活垃圾无害化处理设施。建议城镇生活污水为主要污染源的控制单元，相关设市城市、县城（建成区）和建制镇生活垃圾无害化处理率分别达到95%、85%和70%。

7.7.4 实施面源系统防控工程

① 强化畜禽养殖污染整治。科学布局畜禽养殖场（小区），依法关闭或搬迁禁养区内规模化畜禽养殖场（小区）。推进畜禽养殖粪污资源综合利用，督促现有规模化养殖场（小区）根据污染防治需要，配套建设粪便贮存、处理、利用设施。在散养密集区，实施畜禽粪便污水分户收集、集中处理利用等环境整治措施。对于畜禽养殖污染贡献占比超过1%的控制单元，要求畜禽粪污综合利用率达到75%以上，规模养殖场粪污处理设施装备配套率达到95%以上。

② 推进化肥农药减量增效。推广高效、低毒、低残留农药、生物农药、农药减量控害技术及先进施药器械，推进病虫害统防统治和绿色防控融合。由于沱江流域TP的污染主要来自农业生产，建议加大管控力度，实现农药化肥使用量实现零增长。深入推广测土配方施肥，在农业污染源为首要污染源的城镇，实现主要农作物测土配方施肥技术覆盖率达到90%以上。

③ 加快农村环境综合整治。按照整县推进原则，加快农村环保基础设施建设，推进城镇污水处理设施和服务向村级延伸。完善农村垃圾收集转运设施，推行农村生活垃圾“户分类、村收集、镇（乡）转运、县处理”模式。建议农村生活污水贡献较大的乡镇，要求生活污水、垃圾得到处理的行政村比例分别达到45%、90%，大幅消除农村地区污水直排、垃圾下河现象。

7.7.5 实施磷污染减排攻坚行动

① 推进产业转型升级。沱江上游区域建立矿产逐步退出机制，关闭生产能力小于50万吨/年的小磷矿。严格执行《四川省岷江、沱江流域水污染物排放标准》（DB 51/2311—2016），新建涉磷项目倍量削减替代，以磷石膏综合利用量定产量，新生磷石膏实现零增长。

② 加大磷化工工业废水治理力度。全面实施磷化工企业清洁化改造，推进循环水

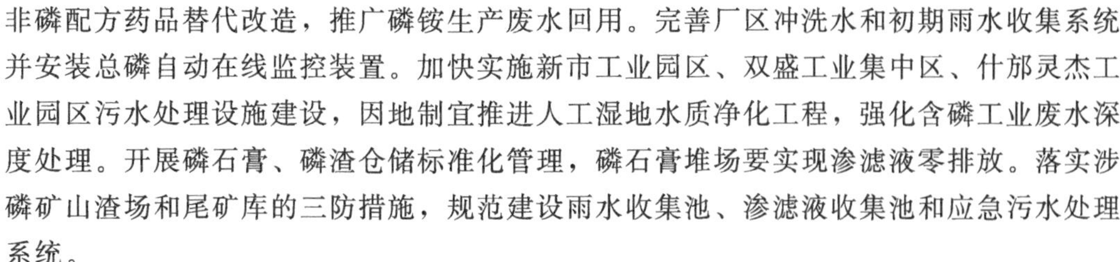

非磷配方药品替代改造，推广磷铵生产废水回用。完善厂区冲洗水和初期雨水收集系统并安装总磷自动在线监控装置。加快实施新市工业园区、双盛工业集中区、什邡灵杰工业园区污水处理设施建设，因地制宜推进人工湿地水质净化工程，强化含磷工业废水深度处理。开展磷石膏、磷渣仓储标准化管理，磷石膏堆场要实现渗滤液零排放。落实涉磷矿山渣场和尾矿库的三防措施，规范建设雨水收集池、渗滤液收集池和应急污水处理系统。

③ 由于磷的问题是沱江全流域的共性问题，因此需要采取逐步推进治理的方法，建议实施重点断面水质达标建设。以绵远河、石亭江、鸭子河、青白江的重点断面水质达标为核心，开展沿河涉磷污染重点企业专项整治，建立“散乱污”企业名单，严厉打击违法排放和超标排放行为。推进控源截污，补齐生活污水收集处理短板，实现城镇生活污水收集处理全覆盖，切实削减重点水体磷通量，改善重点断面水质。

7.7.6 全流域不同水系针对性精细化管控方案

通过本研究分析发现，沱江上游石亭江、鸭子河，以及青白江、毗河、九曲河、阳化河、绛溪河、球溪河、釜溪河、濑溪河等区域的污染物排放和入河占比较大，区域内存在污染指标超标问题，且这些区域的社会经济发展相对滞后，因此需要以这些区域为重点管控对象，制订并组织实施水质达标方案，实现入河污染物的减少和水质达标，建议青白江、毗河、阳化河、球溪河、濑溪河等入干流处水质达到Ⅲ类。

根据污染贡献分析成果，不同水系开展不同的管控措施如下。

① 石亭江：重点开展什邡市石亭江流域工业企业和磷石膏堆场污染治理，完善双盛、禾丰工业集中发展区废水集中处理设施。对生猪屠宰、化工企业等开展污染治理。开展流域畜禽散养污染治理、农村生活污水处理、河道清淤等工程。在筏子河支渠修建引水渠拦渣及人工湿地。

② 鸭子河：提标改造三星堆污水处理厂，完成广汉市乡镇污水处理厂及管网建设工程，关闭小型规模化畜禽养殖场，并综合治理较大型规模化畜禽养殖场污染，实施制药、印染等企业废水处理设施改造或关停。

③ 青白江：实施断面通量控制，系统整治“散乱污”企业，实施工业企业清洁化改造，加快生活污水截污纳管，开展污水处理设施扩容提标。严格控制畜禽养殖规模，强化畜禽养殖污染综合治理。

④ 毗河：实施“一县一厂、一镇一站、一村一点”工程，配套完善管网，补齐污水处理短板，50户以上农村新型社区全部建设污水处理设施。完成流域内污水处理厂的提标改造。推进新都工业园区污水处理设施建设，系统整治“散乱污”小作坊企业。实施长流河智慧产业城段综合整治，建设毗河湿地公园。实施调水工程，确保毗河枯水期生态基流。

⑤ 绛溪河：实施绛溪河流域污染综合治理，推进乡镇生活污水处理厂、垃圾中转站、垃圾房等基础设施建设，实施爱民桥—水磨滩河段生态河道工程建设。

⑥ 九曲河：实施资阳市第一污水处理厂扩能提标改造工程，加快主城区老旧管网改造及再生水厂、配套管网工程建设。清理取缔沿河非法排污口，完善沿河乡镇污水及

垃圾收集处理，清淤疏浚河道，强化沿岸生态岸线建设。开展“散乱污”企业专项治理。推进有机肥生产设施建设。整治麻柳河、老鹰河、申家沟、童家沟等黑臭水体。

⑦ 阳化河：实施乐至县城市生活污水处理厂三期、县再生水厂、乡镇污水处理厂及配套管网建设，推进卷洞河、鄢家河沿线16座农村污水集中处理设施建设。加快工业园区集中污水处理设施建设。推进畜禽养殖粪污综合利用。开展鄢家河生态修复工程，建设生态廊道。

⑧ 球溪河：推进仁寿县、资中县乡镇污水处理设施及配套管网建设，加快截污纳管，推进雨污分流。建设农村散户庭院式污水处理设施。推进工业企业清洁化改造，加快园区污水集中处理设施建设。畜禽、水产养殖业推广生态养殖和人工湿地生态净化模式。开展龙水河、通江河综合整治。

⑨ 威远河：实施威远县污水处理厂扩容提标改造。加快完善两岸新农村综合体集中居住区环保基础设施建设。强化化工、造纸、农副产品加工等行业控源减排，对工业园区开展循环化改造。在沿河农田区域建设滨岸缓冲带。对威远河县城及下游河道实施底泥清淤工程。枯水期从长葫灌区管理局购水，向威远河实施生态调水，增加基流。

⑩ 釜溪河：推进自贡市区污水处理厂、舒坪污水处理厂、乡镇污水处理设施、配套污水收集管网建设和贡井污水厂提标改造。推进雨污分流，建设“城市海绵体”。沿滩区建设中水利用设施。强化工业清洁化改造和污染治理，开展张家坝渣场渗滤液截流处理、鸿鹤化工厂泄漏物污染治理。实现全流域畜禽养殖污染治理或综合利用设施全覆盖。实施自贡水系连通工程，对釜溪河实施生态补水。推进金鱼河黑臭水体治理。

⑪ 濑溪河：实施城乡生活污水集中处理设施建设及升级改造，建设截污管网，推进农村聚居点污水处理设施建设。新建泸县城北嘉明工业片区、隆昌经济开发区污水集中处置设施和小型酒类企业废水集中处理站。开展隆昌河、三江河、龙市河、九曲河等河道清淤，实施泸县城区两河四岸生态整治工程。

参考文献

[1] 单保庆，王超，李叙勇，等．基于水质目标管理的河流治理方案制定方法及其案例研究[J]．环境科学学报，2015，35（08）：2314-2323.

[2] 李恒鹏，陈伟民，杨桂山，等．基于湖库水质目标的流域氮、磷减排与分区管理——以天目湖沙河水库为例[J]．湖泊科学，2013，25（06）：785-798.

[3] 何佳．滇池流域水质目标管理与精准治污实践[M]．北京：科学出版社，2019：142-148.

[4] 赵华林，郭启民，黄小赠．日本水环境保护及总量控制技术与政策的启示——日本水污染物总量控制考察报告[J]．环境保护，2007（24）：82-87.

[5] 解莹，杨春生，王慧亮，等．中国北方典型流域水质目标管理技术研究[M]．郑州：黄河水利出版社，2019：5-12.

[6] 邢乃春，陈捍华．TMDL 计划的背景、发展进程及组成框架[J]．水利科技与经济，2005（09）：534-537.

[7] 安德森，格林菲斯．欧盟《水框架指令》对中国的借鉴意义[J]．人民长江，2009，40（08）：50-53.

[8] 杜群，李丹．《欧盟水框架指令》十年回顾及其实施成效述评[J]．江西社会科学，2011，31（08）：19-27.

[9] 雷坤，孟伟，乔飞，等．控制单元水质目标管理技术及应用案例研究[J]．中国工程科学，2013，15（03）：62-69.

[10] 程鹏，李叙勇，苏静君．我国河流水质目标管理技术的关键问题探讨[J]．环境科学与技术，2016，39（06）：195-205.

[11] 单保庆，王超，李叙勇，等．基于水质目标管理的河流治理方案制定方法及其案例研究[J]．环境科学学报，2015，35（08）：2314-2323.

[12] 孟伟，张远，李国刚．流域水质目标管理理论与方法学导论[M]．北京：科学出版社，2015：6-14.

[13] 黄艺，蔡佳亮，吕明姬，等．流域水生态功能区划及其关键问题[J]．生态环境学报，2009，18（05）：1995-2000.

[14] 金帅，盛昭瀚，刘小峰．流域系统复杂性与适应性管理[J]．中国人口·资源与环境，2010，20（07）：60-67.

[15] 王永桂，张潇，张万顺．基于河长制的流域水环境精细化管理理念与需求[J]．中国水利，2018（04）：26-28.

[16] 杨水化，杨寅群，许静，等．武汉市后官湖水环境演变特征及其影响因素分析[J]．人民长江，2020，51（05）：47-53.

[17] 孟伟，张楠，张远，等．流域水质目标管理技术研究（Ⅰ）——控制单元的总量控制技术[J]．环境科学研究，2007（04）：1-8.

[18] 孟伟，刘征涛，张楠，等．流域水质目标管理技术研究（Ⅱ）——水环境基准、标准与总量控制[J]．环境科学研究，2008（01）：1-8.

[19] 孟伟，秦延文，郑丙辉，等．流域水质目标管理技术研究（Ⅲ）——水环境流域监控技术研究[J]．环境科学

研究，2008（01）：9-16.

[20] 孟伟，王海燕，王业耀．流域水质目标管理技术研究（Ⅳ）——控制单元的水污染物排放限值与削减技术评估[J]. 环境科学研究，2008（02）：1-9.

[21] 孟伟，张远，王西琴，等．流域水质目标管理技术研究：Ⅴ．水污染防治的环境经济政策[J]. 环境科学研究，2008（04）：1-9.

[22] 王金南，吴文俊，蒋洪强，等．中国流域水污染控制分区方法与应用[J]. 水科学进展，2013，24（04）：459-468.

[23] 美国环境保护局．美国 TMDL 计划与典型案例实施[M]. 王东，赵越，王玉秋，等译．北京：中国环境科学出版社，2012：25-31.

[24] Patil A，Deng Z Q. Bayesian approach to estimating margin of safety for total maximum daily load development [J]. Journal of Environmental Management，2011，92（3）：910-918.

[25] Lemly A D. A procedure for setting environmentally safe Total Maximum Daily Loads（TMDLs）for selenium[J]. Ecotoxicology & Environmental Safety，2002，52（2）：123-127.

[26] 孟伟．流域水污染物总量控制技术与示范[M]. 北京：中国环境科学出版社，2008：23-27.

[27] 王东，王雅竹，谢阳村，等．面向流域水环境管理的控制单元划分技术与应用[J]. 应用基础与工程科学学报，2012，20（增1）：8.

[28] 孟伟，张远，郑丙辉．水生态区划方法及其在中国的应用前景[J]. 水科学进展，2007（02）：293-300.

[29] 孟伟，张远，郑丙辉．辽河流域水生态分区研究[J]. 环境科学学报，2007（06）：911-918.

[30] 周启星．环境基准研究与环境标准制定进展及展望[J]. 生态与农村环境学报，2010，26（01）：1-8.

[31] 杨喆，程灿，谭雪，等．官厅水库及其上游流域水环境容量研究[J]. 干旱区资源与环境，2015，29（01）：163-168.

[32] 冯启申，李彦伟．水环境容量研究概述[J]. 水科学与工程技术，2010（01）：11-13.

[33] 周刚，雷坤，富国，等．河流水环境容量计算方法研究[J]. 水利学报，2014，45（2）：9.

[34] 董飞，彭文启，刘晓波，等．河流流域水环境容量计算研究[J]. 水利水电技术，2012，43（12）：9-14，31.

[35] 董飞，刘晓波，彭文启，等．地表水水环境容量计算方法回顾与展望[J]. 水科学进展，2014，25（03）：451-463.

[36] Miller-Pierce Mailea R，Rhoads N A. The influence of wastewater discharge on water quality in Hawai'i: A comparative study for Lahaina and Kihei，Maui[J]. Marine Pollution Bulletin，2016，103（1-2）：54-62.

[37] 赵骞，王卫平，杨永俊，等．河流和海洋污染物总量分配研究述评[J]. 中国人口·资源与环境，2014，24（增1）：82-86.

[38] 刘年磊，蒋洪强，卢亚灵，等．水污染物总量控制目标分配研究——考虑主体功能区环境约束[J]. 中国人口·资源与环境，2014，24（05）：80-87.

[39] 杨水化，王永桂．流域污染入河负荷的精细化解析研究[C]//中国环境科学学会，中国光大国际有限公司. 2020 中国环境科学学会科学技术年会论文集（第二卷）．[出版者不详]，2020：153-160.

[40] 董雯，李怀恩，李家科．城市雨水径流水质演变过程监测与分析[J]. 环境科学，2013，34（02）：561-569.

[41] 曹高明，杜强，宫辉力，等．非点源污染研究综述[J]. 中国水利水电科学研究院学报，2011，9（01）：35-40.

[42] 苏丹，唐大元，刘兰岚，等．水环境污染源解析研究进展[J]. 生态环境学报，2009，18（02）：749-755.

[43] 宋芳，秦华鹏，陈斯典，等．深圳河湾流域水污染源解析研究[J]. 北京大学学报（自然科学版），2019，55（02）：317-328.

[44] 张怀成，董捷，王在峰．水污染源源解析研究最新进展[J]. 中国环境监测，2013，29（01）：18-22.

[45] Imamoglu I，Li K，Christensen E R. PCB sources and degradation in sediments of Ashtabula River，Ohio，USA，determined from receptor models. [J]. Water Science & Technology，2002，46（3）：89-96.

[46] Zhang M，Chen X，Yang S，et al. Basin-scale pollution loads analyzed based on coupled empirical models and numerical models [J]. International Journal of Environmental Research and Public Health，2021，18

（23）：12481.

[47] Bai Hui，Chen Yan，Wang Yonggui，et al. Contribution rates analysis for sources apportionment to special river sections in Yangtze River Basin[J]. Journal of Hydrology，2021，600：126519.

[48] 刘爱萍，刘晓文，陈中颖，等．珠江三角洲地区城镇生活污染源调查及其排污总量核算[J]. 中国环境科学，2011，31（增1）：53-57.

[49] 陈伟．官厅水库流域上游张家口市点源污染调查分析[J]. 水资源保护，2004（01）：46-48，62-70.

[50] 杨水化，彭正洪，焦洪赞，等．城市富营养化湖泊的外源污染负荷与贡献解析——以武汉市后官湖为例[J]. 湖泊科学，2020，32（04）：941-951.

[51] 李怀恩．估算非点源污染负荷的平均浓度法及其应用[J]. 环境科学学报，2000（04）：397-400.

[52] 杨立梦，高红涛．国内外非点源污染模型研究进展[J]. 资源节约与环保，2016（05）：151.

[53] 刘园．流域水环境的污染源调查[J]. 水力发电，2020，46（09）：23-27，36.

[54] 王香爱，曹强，史夏燃．国内外污水处理研究进展[J]. 应用化工，2021，50（01）：176-182.

[55] 李新德，张紫悦．改进的模糊综合评价法对洺关水质的评价研究[J]. 水利科技与经济，2019，25（09）：1-5.

[56] 许静，王永桂，陈岩，等．长江上游沱江流域地表水环境质量时空变化特征[J]. 地球科学，2020，45（06）：1937-1947.